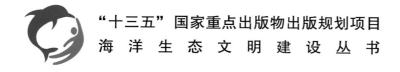

"十三五"国家重点出版物出版规划项目

海洋生态文明建设丛书

我国典型河口海洋生态环境脆弱性评估理论及应用
——辽河口为例

孙永光　付元宾　樊景凤　李培英　等著

海洋出版社

2019年·北京

图书在版编目（CIP）数据

我国典型河口海洋生态环境脆弱性评估理论及应用：辽河口为例/孙永光等著．—北京：海洋出版社，2018.11

ISBN 978-7-5210-0286-7

Ⅰ.①我…　Ⅱ.①孙…　Ⅲ.①辽河流域-环境生态评价-研究　Ⅳ.①P942.307.8②X826

中国版本图书馆 CIP 数据核字（2018）第 272713 号

责任编辑：张　荣
责任印制：赵麟苏

海洋出版社　出版发行

http://www.oceanpress.com.cn

北京市海淀区大慧寺路 8 号　邮编：100081
北京朝阳印刷厂有限责任公司印刷　新华书店发行所经销
2019 年 4 月第 1 版　2019 年 4 月北京第 1 次印刷
开本：889 mm×1194 mm　1/16　印张：14.75
字数：360 千字　定价：98.00 元
发行部：62132549　邮购部：68038093　总编室：62114335

海洋版图书印、装错误可随时退换

前 言

　　河口三角洲湿地是人口聚集、经济发达的地区，也是生态脆弱及敏感的地区。据不完全统计，全世界有一半以上的人口居住在距离海岸线 100 km 范围内的地区，有 2/3 的大城市为临海城市，有 13 个沿海城市处于大河河口三角洲地区，河口三角洲是地质演变、沧海桑田的历史见证，也是世界经济、文化发展最早、最活跃的地区之一。世界上著名的河口三角洲湿地有尼罗河三角洲、密西西比河三角洲、多瑙河三角洲、湄公河三角洲、恒河三角洲和长江三角洲等。在中国，人口超过 500 万的 18 座特大型、超大型城市中有 13 座都分布在河口三角洲地区。密集的人类活动与脆弱的生态环境这一矛盾是我国沿海地区一直存在的主要问题，近年来，随着全球变暖和极端气候的增加，这一问题愈发明显。无论是国际上还是国内，沿海各地方政府都在积极地应对气候带来的环境灾难，海平面上升、风暴潮、沿海地面沉降、岸线侵蚀、水资源短缺和地面盐水入侵等环境问题已经迫切地要求我们拿出切实可行的应对方法和技术。

　　海岸带特别是河口三角洲地区的生态环境安全已经成为海陆界面研究的重点。人类在认识与开发河口湿地的过程中发现，由于河口湿地具有独有的特征，对于外界干扰与迫害特别敏感，一旦破坏将很难进行恢复，对河口湿地的生态安全与人类生存安全造成严重威胁。关于生态脆弱性（Vulnerability）的研究起源于 20 世纪 60 年代，开始于生态学研究领域，国际上重要的国际生物学计划（IBP，20 世纪 60 年代）、人与生物圈计划（MAB，20 世纪 70 年代）以及之后的地圈—生物圈计划（IGBP，20 世纪 80 年代开始）等都把生态脆弱性作为重要的研究课题，1988 年在布达佩斯举办的第七届国际科联环境科学委员会（SCOPE）大会明确了"Ecotone"的含义，丰富了生态脆弱性的理论基础。20 世纪 90 年代脆弱性开始应用于社会经济领域，探讨不同社会经济系统对内外干扰的敏感性和应对能力。进入 21 世纪以来，自然—社会综合系统脆弱性成为研究热点，主要将自然、社会、经济、人文和环境、组织和机构等特征的人地耦合系统脆弱性概念进行融合，多因素、多维度耦合系统分析成为国内外脆弱性研究的热点问题。

　　河口三角洲湿地作为重要的海洋生态脆弱区，已经成为国内外学者重要的研究问题之一，前人卓有成效的研究成果为我们的工作提供了大量的理论基础。本专著在国家海洋局海洋公益性行业科研专项项目"海洋生态红线区划管理技术集成研究与应用"（201405007）、"典型海岛生态脆弱性评估及综合调控技术研究与示范"（201505012）和国家自然科学基金"辽河口盐沼植被演替动态对人类活动的响应机制研究"

（41606106）共同资助下，选择辽河口三角洲湿地作为实证研究对象。本专著重点关注生态脆弱性评估的理论基础、辽河口生态环境变迁过程、生态环境变化影响因素、河口湿地景观动态变化的驱动因素、河口水动力变化对河口湿地演变的影响、河口湿地水环境敏感性分析、沉积物环境要素敏感性分析、海洋生物多样性敏感性分析、人类活动对河口湿地演变的影响以及河口湿地海洋生态脆弱性评估理论方法与实践。

辽河口湿地位于辽东湾北部及两侧的滨海地区，海水入侵面积超过 4 000 km²，其中严重入侵区面积为 1 500 km²，盘锦地区海水入侵最大距离达 68 km，盐渍化土分布向陆最远超过 20 km（张晓龙，2010）。自 1990—2008 年近 20 年间，辽河口芦苇湿地面积减少 20.1%，翅碱蓬湿地面积减少 81.6%，围填海面积达到 61.8 km²，人工修筑道路和渠系长度增加近 3 倍，海水中无机氮、硝酸盐、COD 和重金属等污染物严重超标，对湿地生态环境健康和生态服务功能造成了严重的影响。针对河口湿地生态脆弱性，前人开展过大量的实证研究，但多集中于生态健康评价和生态风险评价的角度，而重点识别生态脆弱性的形成过程和进行多因素、多维度耦合系统分析的研究涉及较少。本书重点通过识别生态脆弱性的形成机制、影响因素、演化过程的生态环境演变特征基础上，系统构建多因素、多维度耦合系统分析基础上的海洋生态脆弱性评估理论与方法体系，为河口三角洲湿地生态脆弱性评估理论提供有效的理论与技术方法支撑。

本专著由国家海洋环境监测中心、国家海洋局第二海洋研究所、中国海洋大学、华东师范大学共同编写完成，撰写人员有：孙永光、付元宾、樊景凤、李培英、陈全震、陈沈良、黄伟、李淑娟、凡姚申、齐玥、李晴、张安国、康婧、于姬、袁蕾、马恭博和吴楠。全书共计包含 11 章内容，执笔人分别为：于姬、孙永光、付元宾、樊景凤、李培英、陈全震（第 1 章），张安国、黄伟、齐玥（第 2 章），李淑娟、吴楠、康婧（第 3 章），袁蕾、马恭博、李晴（第 4 章），齐玥、凡姚申（第 5 章），于姬、袁蕾（第 6 章），齐玥、康婧、王传珺（第 7 章），张安国、于姬（第 8 章），齐玥、康婧（第 9 章），康婧、王祥（第 10 章），张安国、孙永光（第 11 章）；全书由李晴、孙永光统稿。本专著的编辑和整理过程中，海洋出版社张荣编辑做出了重要贡献，国家海洋局第一海洋研究所李培英研究员和国家海洋环境监测中心苗丰民研究员也给予了大力支持，谨此向他们表示衷心的谢意。

2018 年 8 月 20 日

目　录

第1章 绪 论

1.1 河口湿地的概念、特征及划定标准

1.1.1 湿地的概念

湿地被誉为"地球之肾"，它不但自然资源丰富，对环境还具有重要的调节功能，对人类的生存与可持续发展具有重要的意义。我国的湿地类型多，分布广，根据 2013 年第二次全国湿地资源调查结果，我国的天然湿地和人工湿地总面积为 5 360×10^4 hm^2。国家林业和草原局在 1999 年进行的全国湿地资源调查中，参照《关于特别是作为水禽栖息地的国际重要湿地公约》的分类将我国的湿地划分为近海与海岸湿地、河流湿地、湖泊湿地、沼泽与沼泽化湿地、库塘 5 大类 28 种类型。[①] 其中，自然湿地中的近海与海岸湿地（又称为滨海湿地）是指：在滨海区域有自然滨海地貌形成的浅海、海岸、河口以及海岸性湖泊湿地，包括低潮时水深不超过 6 m 的永久性浅海水域。地形上包括河口、浅海、海滩、盐滩、潮滩、潮沟、泥炭沼泽、沙坝、沙洲、潟湖、红树林、珊瑚礁、海草床、海湾、海堤、海岛等（图 1-1）。其中的河口水域是指从近口段的潮区界（潮差为零）至口外河海滨段的淡水舌锋缘之间的永久性水域；河口三角洲/沙洲/沙岛包括河口系统四周冲积的泥/沙滩、沙洲、沙岛（包括水下部分），植被盖度小于 30% 的区域。河口湿地处于江河入海的海陆交界处，涉及河、海、陆、岛多种介质，是陆地生态系统和海洋生态系统在强烈的作用下，形成的高物质多样性和生态功能多样性的生态边缘区，而且由于河流、潮汐等作用，是面积仍在向海扩展或向陆收缩的

图 1-1 湿地部分类型图

① 数据来源于湿地中国网站，http：//www.shidi.org。

一种特殊的湿地（王丽荣，2000）。河口湿地在滨海湿地中占有重要的地位，是现代社会海洋生态文明的重要依托点，同时在调节气候、涵养水源、削减洪峰、净化环境、维持生物多样性等方面也具有极其重要的作用（Paul，2001）。河口湿地的发展变化直接反映人类社会与自然环境的物质与能量交换，其生态健康不仅关系到地区的自然环境与生态安全，也影响到人类社会的和谐发展（赵冬至，2013）。

1.1.2　湿地的特征

1. 属性特征

我国河流众多，海岸线漫长，河口湿地的大小、类型各不相同。但一般可分为 3 个区段：河流近口段、河口段和口外海滨。河流近口段是指三角洲以上枯季潮汐影响到的潮区界河段，通常划归为河流下游；潮流经常作用的潮流界的三角洲分流水道（河网）及三角洲本身，属河口段；而河水扩散的口外浅海谓口外海滨。河口湿地包括三角洲和前三角洲两大部分，其中三角洲又分为三角洲分流水道（水网）、三角洲（这里指除已围垦的人工湿地外的未围垦部分）和三角洲前缘滩地。前三角洲则是指水下三角洲，即陆上三角洲的向海延伸的部分（表 1-1）（王丽荣，2000）。

表 1-1　河口湿地类型和特点

位置	分型	特点
三角洲	分流水道	河流分汊，纵横交错成网，潮流经常作用，枯季咸潮上溯，淡水和微咸水生物多
	三角洲（未围垦）	三角洲围堤外的临河滩地，备受潮汐和洪水的影响，沉积物较细，生长淡水和微咸水水生植物及蟹类
	三角洲前缘滩地	包括分流河口拦门沙、近河口沙嘴、分流河口之间的岸滩，低潮出露，咸淡水交绥，泥沙沉积作用强，地形变化大，是三角洲的生长点，微咸水生物繁生
口外海滨	前三角洲	现代三角洲前缘拦门沙和分流河口间岸滩的向海坡处于水下，半咸水盘踞，半咸水和海相生物多

2. 功能特征

河口湿地生态系统是一类集淡水生态系统、半咸水生态系统、海水生态系统、湿地生态系统、河口岛屿生态系统为一体的复杂生态系统，且有可能包含红树林潮滩生态系统、海草床生态系统和珊瑚礁生态系统。河口湿地自古以来就为人类提供多种生态服务功能：供给服务（指人类从生态系统获得的产品），如提供食品（尤其是鱼类）、纤维等食品或初级生产力服务，为人类生存与发展所必须；调节服务（从生态系统过程的调节作用获得的效益），如气候和环境调节；支持服务（生态系统提供其他服务的基础），如农业综合开发的重点区域，对于维持为人类提供诸多惠益的重要生态系统起着至关重要的作用。此外，河口湿地在教育、美学、科研、文化、精神等方面也具有重大的价值，为人类的休闲娱乐、旅游活动以及科研教育等提供了丰富的资源。

1.1.3　湿地的分布

我国的河口湿地大多分布在东部沿海，自北向南面积较大的有鸭绿江、辽河、滦河、海河、黄河、长江、钱塘江、欧江、闽江、韩江、珠江和南渡江等，各入海河流在其河口处形成规模大小不一的河口三角洲或三角湾。我国主要的河口湿地如下。

1. 长江口湿地

长江为我国的第一大河，长江河口也是我国的重要河口，孕育了悠久的历史文明，长江三角洲区域也是我国经济社会高度发达的地区之一。长江河口在江苏省东南部和上海市北面（图 1-2），面积 $618.55×10^4$ hm²，主要包括近海与海岸湿地、河流湿地、潮间淤泥滩涂、潮间沙石海滩等，包括崇明岛、长兴岛、横沙岛、南汇东滩和九段沙湿地等（陆健健等，1988）。

图 1-2 长江口地图

长江河口三角洲潮间带生长有以芦苇（*Phragmites*）、海三棱藨草（*Scirpus mariquter*）和藨草（*Scirpus triqueter*）群落为主的植被，潮下带湿地区是重要的水产资源鳗鲡（*Anguilla japonica*）幼苗和中华绒螯蟹（*Eriocheir sinensis*）蟹苗的生长区域。长江河口物种资源丰富：现有鸟类 150 余种，占全国湿地鸟类的 6% 左右，主要有鹬类（55 种）、雁鸭类（33 种）、鸥类（27 种）、鹤类（14 种）（吴玲玲等，2004）；底栖动物现有约 60 种；鱼类 112 种。长江河口在地貌上是长江口北港和北支水道落潮流和崇明岛影区缓流的堆积地貌区，属涨势向东和向北的淤涨岸，潮下滩底质主要有细沙、粉砂质细沙、细沙质粉沙、粉沙和黏土质粉沙等多种类型（《中国湿地百科全书》，2009），河口湿地土壤多为沙质土，可以分为滨海盐土和潮土两大类型。

3

2. 黄河口湿地

黄河是我国的第二长河，黄河下游在历史上曾经被多次人为改道，河口也发生多次变化，现在的黄河河口是指 1855 年黄河于河南铜瓦厢决口，夺大清河注入渤海后冲积形成的近代三角洲，它以山东省垦利县宁海为顶点，西北至套儿河口，东南至淄脉河口。地理坐标为 36°55′—38°12′N，118°07′—119°18′E，行政区上 93% 属东营市，7% 属滨州市（张晓龙，2007）（图 1-3）。黄河三角洲总面积 4 800 km²，包括 2 290 km² 的三角洲湿地、1 608 km² 的浅海水域和 840 km² 的潮间泥滩（《中国湿地百科全书》，2008）。黄河口分为两大片，主要是现行的清水沟流路和有刁口河流路冲淤形成的新生湿地（徐兆鹏等，2009）。

图 1-3 黄河口及三角洲

黄河三角洲主要植被类型基本可分为内陆淡水湿地生态系统和滨海盐沼生态系统，植被类型多样。现有植物 393 种，其中野生种子植物 116 种（张晓龙等，2007），属国家二级保护植物的野大豆在自然保护区内分布广泛，人工植被有刺槐林、水稻等，天然植被有芦苇群落、翅碱蓬群落、柽柳群落、白茅群落、獐毛群落等（苏冠芳等，2010）。湿地植被覆盖率53.7%，形成了中国沿海最大的海滩植被。河口三角洲现有各种野生动物 1 543 种，其中水生动物 641 种，属国家一级重点保护水生野生动物的有达氏鲟、白鲟 2 种，属国家二级保护水生野生动物的有斑海豹、海豚、松江鲈鱼等 7 种。陆生无脊椎动物 583 种，脊椎动物 317 种（张晓龙等，2007）。浮游动物由原生动物、轮虫类、枝角类、桡足类等组成。鸟类资源丰富，共有 9 目 21 科（《中国湿地百科全书》，2009），是东北亚内陆和环西太平洋鸟类迁徙的重要中转站、越冬栖息地和繁殖地。近年来观察到的鸟类已达 283 种，属国家一级重点保护鸟类的有丹顶鹤、白头鹤、白鹤、东方白鹳、黑鹳、大鸨、金雕、白尾海雕和中华秋沙鸭 9 种。

河口三角洲土壤划分为 5 个土类，10 个亚类，20 个土属，134 个土种。其中 5 个土类分别是褐土、潮土、盐土、水稻土和砂姜黑土①。

3. 珠江口湿地

珠江口地区是中国重要的粮食、塘鱼等产地。位于 21°52′—22°46′N，112°58′—114°03′E，含伶仃洋，黄茅海和横琴海，南水岛附近水域，位于广东省深圳、佛山、珠海、东莞、中山、惠州 6 市境内（图 1-4）。由西江、北江、东江、潭江等相互连通的河道、低地岛屿、河滩沼泽地以及大片的潮间泥滩所组成的三角洲系统。其主流由磨刀门出海，支流由横门、崖门、虎跳门、泗湾门等出海。湿地河网发育，西北江三角洲主要水道有近百条，总长 1 600 km；东江三角洲有主水道 5 条，总长 138 km，主要入海河口处有东部的伶仃洋河口、南部的磨刀门河口以及崖门河口。珠江河口水域东西宽约 150 km，南北长约 100 km，30 m 水深以内的水域面积约 7 000 km²。河口大陆岸线长约 450 km。河口有 8 个入海口门，其形态及过流能力各不相同，其中以虎门和磨刀门为最大，两个口门入海量占八大口门总入海量的 50% 以上。

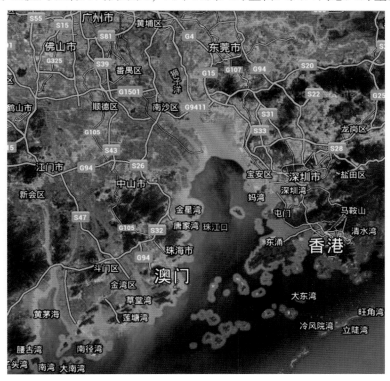

图 1-4 珠江河口地图

珠江河口三角洲地区生物资源丰富多样，河口生物包括浮游植物、浮游动物、鱼卵仔鱼、游泳生物、底栖生物、潮间带生物和红树林，以低盐性生物和广盐性热带、亚热带种类为主，形成了一个独特的河口内湾类型的海洋生态系统。浮游动物有 147 种，底栖动物平均生物量为 29 g/m²，平均个体数为 206.57 个/m²；鱼卵、仔稚鱼鉴定到种的有 49 种，到属的有 29 种，科以上的有 22 种；底栖生物 150 科 456 种；湿地内鸟类有 102 种，包括 28 种非雀形目

---

① 资料来源于黄河三角洲科研信息网。

鸟。湿地内主要经济鱼类有鲥鱼、七丝鲚、鳗鲡、赤眼鳟、海南红鲌和大眼红鲌；红树林已知有 11 科 13 种，湿地内红树林资源总计 13.08 km²，自然分布的真红树植物有 7 科 8 属 8 种，半红树植物有 4 科 5 种。珠江三角洲湿地是雁鸭类的重要越冬地。

三角洲区多为冲积土和海积淤泥，沿海草滩与红树林海岸发育有盐渍沼泽土。

4. 九龙江湿地

九龙河口位于福建省厦门龙海市境内（图 1-5）。湿地总面积 60 km²，主要由九龙江和另一条小河的河口系统的河道和小岛、微咸沼泽地、红树林沼泽地和潮间沙滩、泥滩组成。九龙江是福建省第二大河流，流域面积 1.47×10⁴ km²，年平均输沙量 250×10⁴ t。河口区属亚南亚热带季风型海洋性气候，年平均气温 21℃，最热月平均气温 29℃，最冷月平均气温 12℃（恽才兴，2010）。年平均降水量 1 100 mm 左右，年日照时数 2 171~2 235 h，无霜期 325~360 d，由于太平洋温差气流关系，每年平均受台风影响 5~6 次，而且多集中在 7—9 月，夏、秋季节最大风力为 12 级以上。

图 1-5　九龙江口地图

河口湿地主要为红树林、大米草、芦苇、咸草沼泽。湿地海拔 2.2~2.8 m，九龙江携带泥沙入海并淤积，形成河口三角洲，大量泥沙充填于金门岛以西海域，使该地带成为水深约 10 m 的浅海地带。中细砂构成的底质上覆盖薄层淤泥，滩坡平缓，小于 0.1%，滩沟相间，潮沟宽而浅，沼泽水源补给以海水、地表径流和大气降水为主，湿地是九龙江流域多年形成的大片淤涂，区内土壤主要是滨海盐土，在不同的位置分布不同的亚类：在甘文片的东北角属于海泥沙土，其余均为海泥土，滨海区内土壤主要是滨海盐土，由海积母质发育而成，因受海水侵蚀，土壤盐渍化和脱盐化交替出现，盐分高营养丰富，对植物和海产生物生长有利，滩面物质组成为灰色淤泥，土质黏重。

湿地内有维管束植物54科107属134种，湿地植被主要为红树林和滨海沙生植被，其中红树林植被有木榄、秋茄、海漆、老鼠勒、桐花树等10种，分布于南北两岸高潮区和中潮区第一层，部分延伸至中潮层第二层的上界附近，呈与岸线平行的狭长林带，以秋茄为优势种，白骨壤、桐花树、老鼠勒、黄槿为伴生种。至2005年年底，有红树林林地约5 km²，约占福建省红树林面积的一半，滨海沙生植被以月见草为优势种，芦苇、沟叶结缕草为伴生种，主要分布在滨海沙土上。哺乳动物有3目3科6种，鸟类有16目40科180种，包括鸻鹬类、鹭类等迁徙水禽。属国家二级重点保护动物的有赤颈鸊鷉鸟、卷羽鹈鹕、褐鲣鸟、海鸬鹚、黄嘴白鹭、岩鹭、小天鹅、赤腹鹰、鹗、游隼、燕隼、花田鸡、小杓鹬、小青脚鹬、褐翅鸦鹃和短耳鸮等28种；两栖动物有1目5科8种，爬行动物有1目6科17种；底栖动物有25种，主要由软体动物及甲壳动物组成，软体动物主要有黑口滨螺、中间拟滨螺、和石磺、褶牡蛎、黑荞麦哈等；甲壳动物有白脊藤壶、白条小藤壶和蟹等，其中藤壶和船蛆等为优势种（《中国湿地百科全书》，2009）。

5. 辽河口湿地

辽河口位于辽宁省西南部、渤海辽东湾北岸、辽河三角洲中心地带（图1-6）。辖两县两区（盘山县、大洼县、双台子区、兴隆台区），区域总面积4 071 km²。辽河口湿地是我国极具有代表性的滨海湿地，是辽河、大凌河、小凌河、大辽河等河流入海并形成的一个复合三角洲，三角洲面积约3 000 km²。属于北温带半湿润季风气候区，年平均气温4~10℃，全年无霜期150~180 d。河流平均年径流量为91.4×10⁸ m³/a，年输沙量为4 892×10⁴ t/a。潮间浅滩宽阔，达3~9 km。内原生湿地面积约2 230 km²，其中滩涂670 km²，苇地820 km²，河流和水库坑塘等水面740 km²（陈宜瑜，1995）。

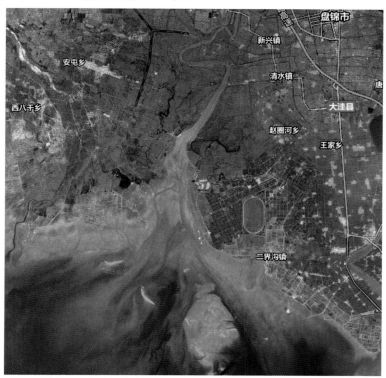

图1-6 辽河口地图

河口地区有良好的生态环境和特殊植被类型养育着丰富的动物资源，是天然的物种基因库，尤其是多种鸟类的理想栖息地和迁徙停歇地。分布有鸟类267种，其中国家一类保护鸟类9种，包括丹顶鹤、白鹤、白头鹤、东方白鹳等；国家二类保护鸟类38种，有灰鹤、白枕鹤、大天鹅等。河口地区是世界上最大的黑嘴鸥繁殖地，分布有黑嘴鸥7000余只，繁殖种群超过5000只，是名副其实的"黑嘴鸥之乡"。河口地区芦苇浩瀚、翅碱蓬滩涂绵延。共分布维管束植物126种，尤其是以芦苇为优势种的植被群落与苇田构成了达 $8×10^4 \ hm^2$ 的芦苇沼泽。滨海滩涂生长有茂密的翅碱蓬群落，是滩涂造陆的先锋植物，构成了保护区湿地生态类型中独特又著名的"红海滩"景观，成为重要的生态旅游资源。河口水域有淡水鱼类计22科61种，海水鱼类37科120多种；此外还有多种甲壳类及贝类。

河口地区土壤因受成土母质、水文、气候及耕作条件等综合因素的影响，类型多样，主要为风沙土、草甸土、盐土、沼泽土、水稻土等种类（国家海洋局第一海洋研究所，国家海洋环境监测中心，2013）。

6. 大洋河河口湿地

大洋河河口区位于丹东市东港市孤山镇附近，是鸭绿江口至辽河口之间最大的河口湿地。河口形状呈典型的喇叭形河口（图1-7）。

图1-7 大洋河口地图

河口生物资源丰富，有浮游植物28种，硅藻门22种，甲藻门5种，金藻门1种。枯水期该区域浮游植物是以夜光藻为主要优势种的群落。丰水期主要是以浮动弯角藻为优势种的群落。浮游动物有8大类40种和14种浮游幼虫。种类组成由河口半咸水种和近岸低盐种两个生态群落构成。种类多样性比较丰富，其中优势种为中华哲水蚤、强壮箭虫、双毛纺锤水蚤和拟长腹剑水蚤。底栖生物有 6 个门类 35 种底栖动物，该区域底栖动物优势类群为软体和环节动物，在整个生物群落中占有很大的比重（赵冬至等，2013）。

1.2 生态脆弱性评估理论内涵

生态脆弱性与生态敏感性的含义相近，二者均源于对生态交错带（Ecotone）的研究。生态交错带是指在生态系统中处于两种或两种以上的物质体系、能量体系、结构体系、功能体系之间所形成的界面以及围绕该界面向外延伸的"过渡带"的空间域（牛文元，1990）；生态敏感性是指区域由于边缘效应，抗干扰能力低，或可能发生自然灾害，或受到自然变化与人类活动的干扰容易发生生态系统结构、功能演变的性质（丁德文，2009）。可以发现，生态交错带的概念强调界面性，即区域的特殊性；生态敏感性则注重系统本身容易受到干扰影响的性质。生态脆弱性与二者相比拥有更为丰富的含义。《现代汉语词典》将"脆弱"定义为"不坚强、不牢固"，《辞海》将"脆弱"定义为"易折和易碎"，表示在汉语中脆弱的含义包含"易受损害性"和"受到损害后很难恢复到原状"。

国内外相关研究中关于脆弱性或生态脆弱性的定义很多，运用较为广泛的包括联合国政府间气候变化专门委员会（IPCC）第三次报告中针对气候变化的定义"脆弱性为系统对气候变化（包括气候变异和极端气候事件）导致负面影响的敏感程度和不能处理的程度"（IPCC WG2，2001），Timmerman（1981）在地质领域提出的概念"脆弱性是一种度，即系统在灾害事件发生时产生不利响应的程度，系统不利响应的质和量受控于系统的弹性，该弹性标志着系统承受灾害事件并从中恢复的能力"，Adger 等（2006）的定义"脆弱性为系统暴露于环境或社会变化中，因缺乏适应能力，而对变化造成的损害敏感的一种状态"。国内研究中，赵桂久（1993；1995）认为生态脆弱性是景观或生态系统的特定时空尺度上相对于干扰而具有的敏感反应和恢复状态；刘燕华等（2001）认为生态脆弱性拥有三层含义："①构成该生态系统的群体因子和个体因子存在内在的不稳定性；②生态系统对外界的干扰和影响较敏感；③在外来干扰和外部环境变化的胁迫下，系统易遭受某种程度的损失或损害并且难以复原"；赵跃龙（1999）认为生态脆弱性是生态环境内部和外部的干扰活动或过程的不良反应及对干扰活动的反应速度和程度（赵跃龙，1999）；王小丹（2003）认为"生态脆弱性指生态环境受到外界干扰作用超出自身的调节范围而表现出的对干扰的敏感程度"；邬建国（2000）则认为，生态脆弱性是相对而言的，绝对稳定的生态系统是不存在的。

从以上可以看出，目前对于生态脆弱性的定义基本可以分为两类：一类认为脆弱性是系统本身的属性和特质，当系统面临干扰时，这种特质便表现出来；另一类将脆弱性作为系统受到干扰时可能出现的后果，这种后果的严重程度取决于系统的暴露程度（陈萍等，2010；O'Brien K et al.，2004）。简言之，就是把生态脆弱性作为"原因"还是"结果"看待的区别。事实上，脆弱性是一个长期变化的过程，将其一概而论地作为"原因"或"结果"均有失偏颇，任何时空尺度下的脆弱性都可以是相邻时空脆弱性的原因或结果。另外，国内外脆弱性研究的具体情况还有所不同，国外更多地研究自然灾害、气候变化、海平面上升等人类不可控或难以控制的干扰引起的脆弱性，人类因子主要是调控因子，通过有意地开展生态保护和管理缓解生态脆弱性；国内研究中，人类因子一方面是生态脆弱性的干扰或触发因子，另一方面也可以成为脆弱性的调控因子，而人类调控除了生态保护和管理之外，还包括对开发利用活动进行管控、优化以及影响减缓的各项措施，使得我国生态环境脆弱性的干扰和适应因子更加复杂。

综上所述，生态脆弱性一方面是生态系统的固有性质，另一方面生态脆弱性又有其相对性（相对于外部干扰），表现为生态系统在外部干扰下演化和再组织，这种演化往往是朝向不利于生态系统自身健康和人类生产生活需求的方向发展。正因为生态脆弱性是相对于外部干扰而表现出来的一种性质，前人在研究生态脆弱性时也分为两种情况：一种是针对特定干扰源的脆弱性，如海平面上升、干旱、洪涝等；一种是不针对特定干扰源的脆弱性。本书研究即属于第二种情况，主要研究辽河口湿地生态系统在自然因素（主要是冲淤变化）和人为干扰因素影响下表现出的生态脆弱性，因此，将生态脆弱性分为敏感性和恢复力两部分，敏感性是指生态系统是否容易受到外部干扰而造成生态系统的演化或者退化；恢复力是生态系统在外部干扰下恢复原有状态或在新的状态下达到新的平衡的能力。

1.3 河口湿地生态脆弱性评估理论内涵

1.3.1 河口湿地生态脆弱性的特征

河口湿地位于海陆交互带，生境复杂而多样，且由于常有河流入海、受沿岸海域影响，水域较浅，极易受外部影响，具有其独特的环流和混合扩散过程，丰富的营养物质，为生物繁殖与生长提供了良好的栖息场所。且河口依附的陆域是人口集中、人类经济活动频繁的地区，河口湿地生态系统具有受人类扰动程度大的特征，目前河口湿地的开发利用方式多样，主要有围海造地、围垦养殖、港航运输、捕捞活动和临海工业建设等。因此，河口湿地生态系统具有其自身的脆弱性和外在的系统干扰，随着沿海地区城市化和工业化进程加快而不断增强，该区生态系统的脆弱性将更为明显。河口湿地生态脆弱性的特征主要体现在：生态环境的敏感性强、退化趋势明显及难恢复性3个方面。

第一，敏感性强。河口湿地生态服务功能突出，生态价值巨大，但同时，河口湿地作为海陆过渡带或边缘地区也极为敏感，易于在外在因素干扰下发生演化和退化，表现出较强的生态脆弱性，成为其可持续发展的巨大威胁。如：旱涝与水土流失等灾害引起的波动、水体水质受到介入污染、水热分配不均或水资源的紧缺压力、生物多样性受到胁迫、人为活动的不合理等。复杂的干扰诱因突发，河口湿地其地貌基底自身的不稳定性，使其对外界的扰动、响应的时间间隔短，敏感性较强。

第二，退化趋势明显。生态环境退化趋势主要表现为环境系统内部结构的失调及其生态功能的降低。河口湿地受人类活动的干扰使区域的土地利用变化频繁，景观破碎化程度加剧，生物多样性指数明显降低。区域生态系统各因子类型、数量、质量在空间和时间上的配置的不平衡性加强，其结构的不稳定性突出，生态功能明显下降，主要表现为：天然湿地萎缩、生物资源衰减、土地盐碱化湿地功能退化和生态环境恶化。

第三，生态系统的难恢复性。难恢复性表现在河口湿地生态系统在受到损害后，难以通过系统的自身调节能力与自身组织能力恢复至受损前的状态或向良性的方向发展，这一方面是由于河口湿地结构的独特性，自我调节能力有限；另一方面，河口湿地的干扰的复杂性，即使一定时期内主要干扰停止或基本停止，但由于其他干扰的作用，系统不能得到良好的恢复。如：在滨海地区进行开发，建设港口码头等设施，修建海堤、公路等以及直接填海造陆和围垦，对水系的破坏造成了滨海湿地生态系统的永久性破坏和丧失。

1.3.2 河口湿地生态脆弱性的驱动因素

国内外对于"河口湿地生态系统脆弱性"的研究甚少，并没有一个明确的概念或定义，也没有一个公认的说法。根据河口湿地生态系统的特征及生态系统脆弱性的概念，我们将"河口湿地生态脆弱性"定义为由于自身独特的条件和复杂的系统干扰下河口湿地生态系统的属性和功能丧失的程度和可能性。

河口湿地生态服务功能突出，生态价值巨大，但同时也极为敏感，易于在外在因素干扰下发生演化和退化，不易恢复，表现出较强的生态脆弱性。影响河口湿地生态脆弱性的因素非常复杂，因时间和空间的变化而异，针对本书的研究对象——辽河口湿地而言，生态脆弱性的驱动因素应从自然属性、生态压力和人类活动因素3个方面进行解读。

1. 自然属性

河口湿地生态系统特殊的地理位置、独特的地貌特征、水系连通性、气候、土壤特性和生物多样性等是它最直观的特点，也是最基本的属性。

地质地貌：由于地质构造运动和内外营力的作用，直接或间接地影响着物质和能量的空间配置，使生态环境呈现出易变性和波动性特征。河口湿地易产生盐碱地；岸滩易淤积、侵蚀等。

水系连通性：河口湿地的水系自然连通，在涨落潮间保证了湿地的水交换和营养物质的交换，从而保证了依赖湿地而生存的动植物的生长和栖息。湿地因地质构造和长期淤积将使水量减少，导致湿地盐渍化、沼泽化。

土地覆盖：指自然营造物和人工建筑物所覆盖的地表诸要素的综合体，直接反映地表性质状况。植被覆盖良好的区域的环境脆弱度低，如红树林、海草床等生态系统；相反植被覆盖差，地表裸露的地区，环境脆弱度高，易向不利于人类生存的方向发展，如荒漠沙地、干旱地区的农牧、林牧交错地带等。

气候因子：光、温、水条件时空分布的不均衡性使生态系统物质与能量结构不协调，致使环境脆弱。如气温升高可使湿地干涸、沼泽湿地面积减少、荒漠化加剧。

土壤因子：土壤质地、矿物质含量、有机质含量和氮、磷、钾等都是作物生长的关键因素。

生物多样性：生物多样性是生命系统的主要特征，物种的迁移和灭绝，群落的演替都反映着生态环境脆弱的程度。

辽河口湿地是由辽河、大辽河、大凌河、小凌河等河流在辽东湾顶部入海形成的河口冲击三角洲，由于入海径流量和输沙量不大，加之辽东湾北部潮汐作用较强，辽河三角洲形成主要受潮汐作用控制，形成了目前内凹形状的三角洲形态。据研究，历史上辽河口区域潮滩以每年1~2 m的速度向外淤长，近年来，由于围填海活动的影响，潮滩淤长速度受到影响，但与此同时也加快了河口区域冲积沙洲的发育。自20世纪90年代中期以来，位于鸳鸯沟处的水下沙洲逐渐露出水面，形成低潮高地，2000年以后完全露出水面，之后面积逐步扩大，高程逐步提升，其上的植被覆盖经历了"光滩→翅碱蓬→翅碱蓬与芦苇共生→芦苇为主"的发展过程，形成今天的鸳鸯岛。同时，位于鸳鸯岛下游的门头岗也已经露出水面，形成低潮高地。冲积作用显著改变了河口地区的自然环境，一是岸线的外扩和地形的不断抬升；二是伴随地形抬升地表植被的演替和生境条件的变化。

2. 生态压力

河口湿地生态脆弱性除与生态环境的自然属性相关外，还与其所受的生态压力密不可分。河口湿地生态环境自然属性仅是导致生态脆弱的潜在条件，而生态压力往往诱发这些潜在条件。如：多数的河口湿地都是在城市的边缘带上，受城市化、工业化等影响，流域内化肥和农药大量使用，导致河口土壤污染严重，生产力下降，加剧了生态系统的脆弱。因此，必须考虑生态环境所处的压力状况，主要涉及入海河口湿地区域的污染问题。河流是陆源污染物入海的主要途径，当前我国主要河口海域都是海洋环境污染较重的海域。

辽河是辽东湾顶部的主要入海水系，其上游承接东北老工业基地，重工业发达，人口众多，很多陆源污染物经辽河入海。据统计，2014 年，经辽河入海的 COD 有 47 184 t，氨氮（以氮计）有 72 t，亚硝酸盐氮（以氮计）有 146 t，总磷有 137 t，石油类有 87 t，重金属有 21 t。巨大的环境输入压力造成了严重的海水污染问题，根据《海洋环境质量状况公报》显示，近年来，辽河口海域均是以四类或劣四类水体为主，海洋环境的污染也直接影响了海洋生态系统的健康，辽河口生态监控区健康状况一直处于亚健康或不健康状态。

3. 人类活动

人类活动的干扰，河口湿地生态脆弱性在时空尺度上处于动态状态，向有利或不利的方向发展。人类将大量污染物排海或实施不合理的海洋资源开发利用活动往往造成一些相对稳定的生态功能失调并发生退化，导致脆弱生态环境的产生；但人类也有可能通过采用生态修复等措施促进生态环境向着稳定的方向演替，从而提高生态环境抵抗干扰能力和自我修复能力，降低生态环境的脆弱性。

河口海岸地区是人口聚集和经济发达地区，开发利用强度很高，对于脆弱的河口湿地生态系统势必产生严重的影响。影响辽河口湿地生态环境的人类活动主要有以下几个方面：一是围填海，辽河口历史上就有围海养殖的传统，近年来随着近海工业的发展，大规模的港口和工业用围填海代之而起，大规模的围填海不但造成了湿地面积的大幅度减少，同时河口地区的海岸人工化截断了岸滩发育的自然过程，束狭了入海河口，对河口湿地生态服务功能造成了严重损伤；二是油田开发，辽河油田对于地区经济发展发挥了重要作用，但同时也不可避免地损伤了湿地生态环境，除石油开采产生石油污染外，井场建设和油田路面硬化道路的修筑造成了湿地生境的破碎化，降低了湿地生境的承载能力；三是养殖活动，辽河口的养殖活动除大面积围海影响湿地生态功能外，养殖活动中饵料投放、污水排放等活动也是影响湿地生态环境的重要的面源污染。

1.4 河口湿地生态脆弱性评估国内外研究现状

1.4.1 生态脆弱性研究进展

人类很早就认识到脆弱性（vulnerability）的含义及现象，但对其进行学术研究则是在 20

世纪 60 年代开始在生态学领域展开，国外的国际生物学计划（IBP，20 世纪 60 年代）、人与生物圈计划（MAB，20 世纪 70 年代）以及之后的地圈—生物圈计划（IGBP，20 世纪 80 年代开始）等都把生态脆弱性作为重要的研究课题。20 世纪中后期以来，随着人类开发自然活动的不断加剧与升温，以气候变化和土地利用变化为代表的全球环境变化日益凸显，生态与环境问题大量涌现，全球环境变化与可持续发展已成为当前人类社会面临的两大重要挑战——全球变化及其区域响应已成为国内外相关研究组织和机构关注的焦点。1986 年，国际科联（ICSU）建立国际地圈—生物圈计划（IGBP），标志着全球变化科学新领域的诞生。1988 年，政府间气候变化专业委员会（IPCC）成立，着重关注人类社会经济活动所造成气候过程的影响（徐广才，2009）。1988 年，在布达佩斯举办的第七届 SCOPE 大会明确了"Ecotone"的含义，丰富了生态脆弱性的理论和实证研究（宋一兵，2014）。国外研究前期多以自然生态系统为研究对象，其中特别注重气候变化和自然灾害下的生态脆弱性研究，20 世纪 90 年代，脆弱性开始应用于社会经济领域，探讨不同社会经济系统对内外扰动的敏感性和应对能力（Timmerman P.，1981；Briguglio L.，1992）。21 世纪以来，自然—社会综合系统脆弱性成为研究热点，融合自然、社会、经济、人文和环境、组织和机构等特征的人地耦合系统脆弱性概念被提出（Füssel H. M.，2007；Adger W N.，2006），多因素、多维度耦合系统分析成为国外脆弱性研究的发展趋势。近年来，脆弱性研究多从气候变化和社会经济入手，涉及农、林、牧、渔等生产部门（Bryan B.，2001），横跨资源和灾害两大领域，同时关注自然要素与人类要素。研究主要针对区域尺度展开。在综合评价区域或国家的脆弱性时，多将研究对象界定为人—地系统，自然生态系统作为敏感性因子参与脆弱性评价，社会经济要素则作为适应性因子参与评价（Ma D G.，2007）。

国内脆弱性研究开展相对较晚，最早始于牛文元 1989 年从"Ecotone"的角度识别生态脆弱区域，将生态脆弱带定义为"生态系统中，凡处于两种或者两种以上的物质体系，能量体系、结构体系、功能体系之间所形成的'界面'以及围绕界面向外延伸的'过渡带'的空间域"（Niu W Y.，1990），这也将中国生态脆弱性研究的总体范围较多地限制在了生态交错带。朱震达进一步指出生态脆弱带环境退化的主要表现形式是土地的荒漠化（Zhu Z D.，1991），典型区域是中国北方农牧交错带。20 世纪 90 年代的国家"八五"重点科技攻关项目"生态环境综合整治和恢复技术研究"，对脆弱性生态环境进行了较为系统的研究（赵桂久，1993）。之后，众多学者针对不同生态脆弱区进行了丰富的理论与实证研究，并尝试在不同尺度上对人地耦合系统的脆弱性及适应能力和策略展开探讨（赵桂久，1995）。2008 年，海洋公益性行业科研专项资助了"我国大河三角洲的脆弱性调查及灾害评估技术研究"项目，对黄河、长江、珠江三大河口三角洲生态脆弱性进行了调查评估，将脆弱性区分为固有脆弱性和特殊脆弱性，其中将区域稳定性、地层稳定性、现代动力过程、气候变化与海平面上升等自然因素作为固有脆弱性，将人为污染、海域开发、资源消耗等外部压力作为特殊脆弱性（石学法，2011）。但总体来看，我国脆弱性理论研究还相对落后，实证研究也缺乏统一标准，且自然—经济—社会综合系统的定量研究也有待进一步开展（田亚平，2012）。

1.4.2 生态脆弱性评价研究进展

目前，生态脆弱性评估方法总体上可分为单要素评估方法和综合评估方法。单要素评估方法多见于早期的生态脆弱性研究中，针对某一风险因子进行单维度的评价（李平星等，2014）；同时，在特定环境要素或领域的研究中，单要素评估方法也是较为常用的手段，如基于 DRASTIC 模型的地下水脆弱性评估（孙才志等，2015）、基于景观指数的景观脆弱性评估（孙才志等，2015）、基于碳储量的土地脆弱性评估（艾晓艳等，2015）。单要素评估方法能够揭示单因子的影响过程以及特定要素生态脆弱性的变化特征，但难以反映自然—社会生态系统脆弱性的综合特征。随着人们对生态脆弱性的认识不断深入，自然—社会综合系统脆弱性成为研究热点，多因素、多维度耦合系统成为脆弱性研究的发展趋势（Liverman，1990；Newell et al.，2005；Adger，2006；Füssel，2007；池源等，2015），生态脆弱性综合评价法逐渐成为生态脆弱性评估的主要手段（Polsky et al.，2007；刘小茜等，2009；Morenoand Becken，2009）。当前，生态脆弱性综合评价方法繁多，通过梳理不同模型和方法的特点，大体上可将现有方法归纳为两大类：目标框架法和自然—人文因子法。

1. 目标框架法

目标框架法是以暴露度或压力—敏感性或状态—适应能力、恢复力或响应为目标层形成整体框架的评估方法，包括 EAS 模型、SRP 模型、PSR 模型、"影响—表现—胁迫"因子模型等。

1）ESA 模型

依据 IPCC 第 4 次评估报告，脆弱性（V）是暴露度（E）、敏感性（S）和适应能力（A）的函数（IPCC，2001），"暴露度—敏感性—适应能力"成为不同区域生态脆弱性评估指标选取的基本框架。李莎莎等（2014）从暴露度、敏感度、适应度角度，对钦州湾红树林在海平面上升影响下的脆弱性进行了评价，并将评价结果划分为不脆弱、低脆弱、中脆弱、高脆弱 4 个等级。周利光（2014）利用 ESA 模型，选取 21 个指标，计算了内蒙古锡林郭勒草原畜牧业对干旱的脆弱性指数。

2）SRP 模型

SRP（Sensitivity-Recovery-Pressure，敏感性—恢复力—压力）模型是一项专门用于评价某一特定地区的生态脆弱性的综合性评价。特定的生态系统往往面临着一定的压力，系统内部具有不稳定的结构对压力表现出敏感性，同时由于系统自身特性和人类调控，系统表现出一定的恢复力（李永化等，2015）。该模型结构与 ESA 模型基本一致，涵盖了生态脆弱性的构成要素，同样具有较为明显的适用性（李永化等，2015；韦晶等，2015）。国内有学者采用 SRP 模型对海平面上升背景下的长江口滨海湿地脆弱性进行了评价，并将评价区域划分为不脆弱、低脆弱、中脆弱、高脆弱 4 个等级（崔利芳，2014）。

3）PSR 模型

PSR（Pressure-Status-Response，压力—状态—响应）模型由联合国可持续发展委员会（UNCSD）提出，该模型综合考虑社会、经济、资源与环境，突出了人地关系，该模型最早应用与生态健康和生态安全评价，近年来，在生态脆弱性评价方面也逐步得到广泛应用（李中才等，2010；张锐等，2013）。PSR 模型与 ESA 模型和 SRP 模型有略微不同，主要表现在"状态"与"敏感性"相比范围更大，"响应"与"恢复力"或"适应能力"相比也更加强调人类的调控作用。余中元等（2014）将压力—状态—响应模型与脆弱性的风险—敏感性—

恢复力分析框架结合，构建了滇池流域社会生态系统脆弱性评价指标体系，构建了社会生态系统脆弱性分析框架。马骏等（2015）采用压力—状态—响应模型，选取 18 个指标，对2001—2010 年三峡库区（重庆段）生态脆弱性进行了综合定量评价，对生态脆弱性的时空分布及动态变化进行了分析。秦磊等（2013）采用人口密度、初级生产力、破碎度、湿地蓄水量等指标，利用压力—状态—响应模型对七里海生态脆弱性进行了评价。

4）影响—表现—胁迫因子模型

该模型将生态脆弱性评估指标分为影响因子、表现因子和胁迫因子 3 个目标层，其特点是某一指标可能隶属于两个及以上的目标层，使得指标体系内部关系更加复杂，且更符合实际特征。该方法在河口、湿地等区域生态脆弱性评估中进行了应用并取得了较好的效果（万洪秀等，2006；周亮进，2008）。周亮进从影响因素、表现因素、胁迫因素方面选择了 14 个评价指标，对闽江河口典型洲滩湿地脆弱度进行了评价（周亮进，2008）。

尽管不同的评估方法在具体操作上具有一定差异，但目标框架法总体思路和框架较统一，并能够取得基本相同的评估效果，即能够反映生态系统和生态脆弱性的综合状况和发展趋势，目前已成为生态脆弱性综合评估普遍采用的方法。

2. 自然—人文因子法

自然—人文因子法是指按照自然和人文两种类别选取评估指标进行生态脆弱性评估的方法，多用于复杂生态系统的评估。许多研究者采用该方法开展了城市生态系统脆弱性评估，城市生态系统本身是一个复杂、综合的生态系统，其脆弱性实质上是城市在特定的土地、水、大气等资源环境基础上，在社会经济发展过程中可能遭受损失的一种内在属性（Polsky et al.，2007），这决定了城市生态脆弱性同时拥有资源环境脆弱性和社会经济脆弱性的强烈属性，基于该特征建立了城市生态脆弱性评价指标体系（王岩和方创琳，2014；陈晓红等，2014；程钰等，2015），评价指标基本按照"自然—人文因子"的分类模式进行构建，进而得到城市生态系统综合脆弱性。该方法的应用与目标框架法相比较少，但对复杂生态系统的指标选取具有一定的指导意义。

总体而言，目前生态脆弱性评价方法模型在基本理念上大同小异，主要差别根据不同的评价对象选择适宜的评价指标，在评价指标的筛选方面，目前研究主要基于实证经验，在生态脆弱性的影响过程和机理方面研究较为薄弱。

1.4.3 技术路线

本书以辽河口湿地为研究对象，通过广泛收集区域历史数据资料和前人研究成果，同时开展植被、沉积物、水深地形、水文泥沙等要素的现场调查，获取较为完备的研究区数据资料集。通过分析历史资料，明确河口湿地生态环境存在的主要问题和主要的影响因素。以河口冲淤变化、典型人类活动和环境污染压力作为典型外部干扰因素，分析其对河口湿地景观格局、植被演替、典型生境、水环境、底质环境、生物多样性等影响，研究生态脆弱性的影响过程与形成机理。在生态脆弱性影响机理的研究基础上，利用主成分分析等统计分析方法，筛选影响湿地生态脆弱性的关键指标，从干扰压力、敏感性、恢复力 3 个方面，构建生态脆弱性评价指标体系，并对辽河口湿地生态脆弱性开展综合评估，为河口湿地区域生态保护提供技术依据，为河口湿地生态脆弱性评估提供理论与方法借鉴（图1-8）。

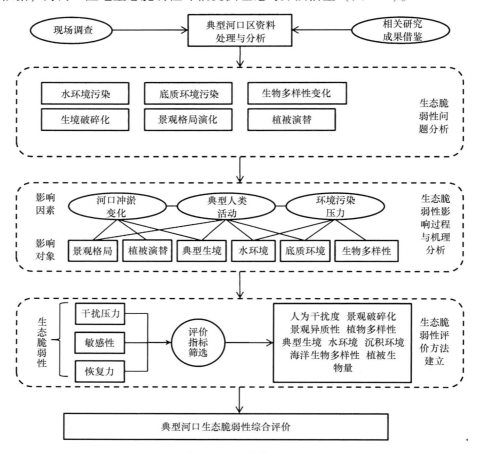

图1-8　技术路线图

1.5　小结

河口湿地是近海与海岸湿地的一种类型，它位于江河入海的海陆交界处，涉及河、海、陆、岛多种介质，是陆地生态系统和海洋生态系统相互作用下形成的一种特殊的湿地类型。河口湿地是现代海洋生态文明的重要依托点，同时在调节气候、涵养水源、削减洪峰、净化环境、维持生物多样性等方面起着重要的作用。河口湿地的发展变化反映人类社会与自然环境的物质与能量交换，随着自然变化与社会经济的发展，河口湿地生态系统的脆弱性越来越引起关注。

河口湿地生态脆弱性是一个长期变化的过程，本书将其定义为由于自身独特的条件和复杂的系统干扰下河口湿地生态系统的属性和功能丧失的程度和可能性。河口湿地生态脆弱性的特征主要体现在：生态环境的敏感性强、退化趋势明显及难恢复性3个方面；其驱动因素主要来源于自然属性、生态压力和人类活动因素3个方面。

我国生态脆弱性理论及评估方法的研究相对滞后，本书在分析现有研究进展的基础上，针对研究区域——辽河口湿地，开展生态脆弱性的影响过程与形成机理研究，并采用主成分分析等统计分析方法，从干扰压力、敏感性、恢复力3个方面，构建指标体系，开展辽河口湿地生态脆弱性综合评估，为生态脆弱性评估提供理论与方法借鉴。

参考文献

艾晓艳，赵源，王大川．2015．基于碳效应的荥经县土地系统脆弱性分析．中国农学通报．

陈萍，陈晓玲．2010．全球环境变化下人—环境耦合系统的脆弱性研究综述．地理科学进展，29（4）：454-462．

陈晓红，吴广斌，万鲁河．2014．基于BP的城市化与生态环境耦合脆弱性与协调性动态模拟研究——以黑龙江省东部煤电化基地为例．地理科学，34（11）：1337-1343．

陈宜瑜．1995．中国湿地研究．长春：吉林科学技术出版社．

程钰，任建兰，徐成龙．2015．资源衰退型城市人地系统脆弱性评估——以山东枣庄市为例．经济地理，35（3）：8793．

池源，石洪华，丰爱平．2015．典型海岛景观生态网络构建——以崇明岛为例．海洋环境科学，34（3）：433-440．

池源，石洪华，王晓丽，等．2015．庙岛群岛南五岛生态系统净初级生产力空间分布及其影响因子．生态学报，35（24）：8094-8106．

崔利芳，王宁，等．2014．海平面上升影响下长江口滨海湿地脆弱性评价．应用生态学报，25（2）：553-561．

丁德文，石洪华，张学雷，等．2009．近岸海域水质变化机理及生态环境效应研究．北京：海洋出版社．

李平星，樊杰．2014．区域尺度城镇扩张的情景模拟与生态效应——以广西西江经济带为例．生态学报，34（24）．

李莎莎，孟宪伟，等．2014．海平面上升影响下广西钦州湾红树林脆弱性评价．生态学报，34（10）：2702-2711．

李永化，范强，王雪，等．2015．基于SRP模型的自然灾害多发区生态脆弱性时空分异研究——以辽宁省朝阳县为例．地理科学，35（11）：1452-1459．

李中才，刘林德，孙玉峰，等．2010．基于PSR方法的区域生态安全评价．生态学报，30（23）：6495-6503．

刘小茜，王仰麟，彭建．2009．人地耦合系统脆弱性研究进展．地球科学进展，24（8）：917-927．

刘燕华，李秀彬．2001．脆弱生态环境与可持续发展．北京：商务印书馆．

陆建健．1988．湿地与湿地生态系统的管理对策．农村生态环境，（2）：39-42．

马骏，李昌晓，等．2015．三峡库区生态脆弱性评价．生态学报，35（21）：7117-7129．

牛文元．1990．生态环境脆弱带ECOTONE的基础判定．生态学报，9（2）：97-105．

秦磊，韩芳，等．2013．基于PSR模型的七里海湿地生态脆弱性评价研究．中国水土保持，（5）：69-72．

石学法，等．2011．我国大河三角洲的脆弱性调查及灾害评估技术研究报告．

宋一兵，夏斌，匡耀求．2014．国内外脆弱性研究进展评述研究．环境科学与管理，39（6）：53-58．

苏冠芳，张祖陆．2010．近20年来黄河河口湿地植被退化特征研究．人民黄河，32（12）：22-25．

田亚平，常昊．2012．中国生态脆弱性研究进展的文献计量分析．地理学报，67（11）：1515-1525．

万洪秀，孙占东，王润．2006．博斯腾湖湿地生态脆弱性评价研究．干旱区地理．

王丽荣，等．2000．中国河口湿地的一般特点．海洋通报．

王小丹，钟祥浩．2003．生态环境脆弱性概念的若干问题探讨．山地学报，21（S1）：21-25．

王岩，方创琳．2014．大庆市城市脆弱性综合评价与动态演变研究，34（5）．

韦晶，郭亚敏，孙林，等．2015．三江源地区生态环境脆弱性评价．生态学杂志，1968-1975．

邬建国．2000．景观生态学——格局过程尺度与等级．北京：高等教育出版社．15-60．

吴玲玲，陆建健．2004．长江河口湿地生物多样性及其生态服务价值．中国生物多样性保护与研究进展—第五届全国生物多样性保护与持续利用研讨会论文集．北京：气象出版社．84-90．

徐广才，康慕谊，等．2009．生态脆弱性及其研究进展．生态学报，29（5）：2578-2588．

徐兆鹏，王春光．2009．神奇的黄河口湿地．走向世界，1：11．

余中元，李波，等．2014．湖泊流域社会生态系统脆弱性分析——以滇池为例．经济地理，34（8）：143-150．

恽才兴．2010．中国河口三角洲的危机．北京：海洋出版社．

张锐，郑华伟，刘友兆．2013．基于PSR模型的耕地生态安全物元分析评价．生态学报，（16）：5090-5100．

张晓龙，李培英，刘月良，等．2007．黄河三角洲湿地研究进展．海洋科学，31（7）：81-85．

赵冬至，等．2013．入海河口滨海湿地生态系统空间评价理论与实践．北京：海洋出版社．

赵桂久，刘燕华，赵名茶，等．1993．生态环境综合整治与恢复技术研究（第一集）．北京：北京科学技术出版社．

赵桂久，刘燕华，赵名茶，等．1995.生态环境综合整治与恢复技术研究（第二集）．北京：北京科学技术出版社．

赵跃龙．1999．中国脆弱生态环境类型分布及其整合整治．北京：中国环境出版社，1-20．

中国湿地百科全书编纂委员会．2009．中国湿地百科全书．北京：北京科学技术出版社．

周利光，杜凤莲，张雪峰，等．2014．草原畜牧业对干旱的脆弱性评估——以内蒙古锡林郭勒草原为例．生态学杂志，33（1）：259-268．

周亮进．2008．闽江河口湿地脆弱性评价．亚热带资源与环境学报，（3）：25-31．

Adger W N. 2006. Vulnerability. Global Environmental Change，16（3）：282-281.

Briguglio L. 1992. Preliminary study on the construction of an index for ranking countries according to their economic vulnerability. UNCTAD /LDC/Misc，4.

Bryan B, Harvey N, Belperio T, et al. 2001. Distributed process modeling for regional aasessment of coastal vulnerability to sea-level rise. Environmental Modeling and Assessment. 6（1）：57-65.

Füssel H M. 2007. Vulnerability：A generally applicable conceptual framework for climate change research. Global Environmental Change，17（2）：155-167.

IPCC WG2. 2001. Climate change 2001：Impacts, adaptation and vulnerability. Cambridge：Cambridge University Press.

Liverman D M. 1990. Vulnerability to global environmental change. Understanding Global Environmental Change. Worcester, M A：Clark University：27-44.

Ma D G, Liu Y, Chen H, et al. 2007. Farmers' vulnerability to flood risk：A case study in the Poyang Lake Region. Acta Geographiea Sinica. 62（3）：321-332.

MORENO A, BECKEN S A. 2009. Climate change vulnerability assessment methodology for coastal tourism. Journal of Sustainable Tourism，（17）：473-488.

Newell B, Crumley C L, Hassan N et al. 2005. A conceptual template for integrative human environment research. Global Environmental Change，15（4）：299-307.

Niu W Y. 1990. The discriminatory index with regard to the weakness. overlapness and breadth of ECOTONE. Acta Ecologice Sinina，9（2）：97-105.

O'Brien K, Eriksen S, Schjolden A, et al. 2004. What's in a word? Conflicting interpretations of vulnerability in climate change Research. CICERO Center for International Climate and Environmental Research-Oslo, CICERO Working Paper：04.

Paul M. J. and Meyer J. L. 2001. Streams intheurbanl and scapeannual review of ecology and systematics, 32: 333-365.

POLSKY C, NEFF R, YARNAL B. 2007. Building comparable global change vulnerability assessments: the vulnerability scoping diagram. Global Environmental Change, (17): 472-485.

Timmerman P. 1981. Vulnerability, resilience and the collapse of society. A review of models and possible climatic applications. Environ monograph. Institute for Environmental Studies, University of Toronto, Canada.

Zhu Z D 1991. Fragile ecologicaI zones and land desertification in China. Journal of Desert Research, 11 (4): 11-22.

第 2 章　辽河口生态环境演变机制

2.1　辽河口湿地概况

2.1.1　地理位置

辽河口湿地位于渤海辽东湾北岸，辽宁省盘锦市境内，地理坐标介于 40°45′—41°10′N，121°30′—122°00′E。辽河口湿地是辽河三角洲中心地带、亚洲第一大苇场和国家级自然保护区——双台子河口自然保护区的所在地。辽河口湿地面积达 3 149 km²，由天然湿地和人工湿地组成。辽河口湿地区域有一望无际的天下奇观红海滩，有世界上植被类型保持完好的最大芦苇沼泽地，栖息着珍稀鸟类丹顶鹤、濒危物种黑嘴鸥等各类珍稀鸟类 260 多种，被誉为"鹤乡""黑嘴鸥之乡"，同时也是辽河口斑海豹重要的繁殖基地、中国最大的河蟹养殖基地和著名的文蛤、海蜇生产基地，在世界生物多样性保护中占有重要地位，并为人类提供各种生物资源和非生物资源，具有巨大的环境价值、生态价值及经济价值。

2.1.2　地质地貌

辽河口湿地地势低洼平坦，为海退冲积平原，地面高程一般在 2~4 m，地势北高南低，又北向南以 1/10 000 的坡降倾斜于辽东湾。区内多水无山，自然地貌东有千山山脉，西有医巫间山山脉，北有铁法丘陵，西南濒临辽东湾，呈盆地状，故有"辽河盆地"之称。受洪水和海水岸流影响，沿海滩涂由陆地不断向海洋延伸，滩涂土质肥沃，沼泽芦苇繁茂，为鸟类提供了理想的栖息环境。

辽河口湿地为辽河下游冲积平原，地势低洼平坦，海拔高度为 1.3~4.0 m，坡降为 1/20 000~1/25 000，河道明显，多芦苇泡沼和潮间带滩涂。

河口区则发育成现代河口三角洲、拦门沙浅滩及相伴出现的海底冲刷槽等。按照堆积和侵蚀两大地貌过程，该海区海底地貌分为如下类型。

1. 水下堆积浅滩

该区的潮下海底绝大部分属于水下浅滩，平坦开阔，辽河口以东水下浅滩物质由砂、黏土质粉砂和砂、粉砂、黏土组成。此外，辽河和辽河口口门处普遍发育拦门沙浅滩。这些以砂质粉砂和砂为主的砂体（盖州滩、大辽河西滩等）是大辽河水下三角洲典型的堆积地貌。

2. 拦门沙

在大辽河口及辽河口普遍发育有河口沙坝沉积体，这些以砂质粉砂、砂为主的砂体（如盖洲滩、大辽河口西滩等）是现代河口三角洲的典型堆积地貌即拦门沙，该区主要有大辽河口拦门沙和盖洲滩。大辽河口外拦门沙为黏土质粉砂（0.03 mm），靠近外海一侧粒径减至

0.01～0.025 mm，拦门沙位置季节性变化较大，夏季半年（5—11 月）普遍淤浅，浅滩向口门以上推进；冬季半年（12—翌年 4 月），浅滩向外海推移。盖州滩分布于辽河口外，是辽东湾典型的拦门沙，涨潮淹没，落潮出露，近南北走向，两端尖而中间宽阔，表面覆盖砂质粉砂，边缘为砂和粉砂。

3. 水下三角洲

水下三角洲是大辽河、辽河和大、小凌河共同加积形成的复合水下三角洲平原，向海可延伸至 20 m 等深线以外，几乎括及整个辽东湾。

4. 海底冲刷深槽

辽河口及大辽河口海底普遍分布着指状或齿状冲刷槽。辽河口分布着 3 条成因类同的冲刷深槽，其中以盖州滩深槽最大。近年来，随着盖州滩下移东偏，深槽也有延伸和东偏之势。此外，大辽河口的西水道和沿四道沟南行的沿堤水道，皆为海底冲刷深槽。

2.1.3　气候条件

辽河口湿地地处中纬度地带，属于北温带半湿润季风型气候区，年平均气温 8.4℃，无霜期为 167～174 d，年平均降水量为 623.2 mm，最大降水量 916.4 mm，最小降水量为 326.6 mm；年平均蒸发量为 1 669.6 mm，年日照时数为 2 768.5 h，大于 10℃积温为 3 425.3～3 475℃，多年平均光辐射量为 137.5～137.9（h·kcal）/cm^2。区内四季分明，春季（3—5 月）气温回暖快，降水少，空气干燥，多偏南风，蒸发量大，日照长。4—5 月，大于 8 级大风日数为 14 d，占全年大风日数的 35%左右；降水量 90.0 mm，占全年降水量的 15%；蒸发量为 585 mm，占年蒸发量的 60%，秋季（9—11 月）多晴朗天气，日照时数为 670 h，占全年日照数的 24%。冬季（12—翌年 2 月）寒冷干燥，最冷月为 1 月，平均气温为-10.3℃，极端最低气温为-29.3℃，降水量仅 16 mm，占全年降雨量的 2.5%，平均干燥度为 1.1，属半湿润、半干旱地区。

2.1.4　河流水文

1. 河流分布

辽河河口区湿地由大辽河、辽河、大凌河、小凌河等河流综合供水，形成辽东湾顶部延绵的永久性的淡水沼泽、盐沼、沙滩和潮间泥滩湿地。

辽河发源于河北省七老图山脉的光头山，其上源为老哈河、西拉木伦河、汇流后为西辽河。流经河北省、内蒙古自治区、吉林省，在辽宁省福德店附近与发源于吉林省辽源市的东辽河汇合后进入辽宁省境内称辽河干流。辽河自台安县六间房开始的下游称双台子河，横穿盘锦市流入渤海，其流域面积为 21.9×10^4 km，全长 1 390 km，其中保护区境内流域面积 700 km^2。据双台子河六间房水文站统计，多年平均年径流量 46.91×10^8 m^3，最大年径流量 80.95×10^8 m^3（1964 年），最小年径流量 24.38×10^8 m^3（1961 年），最高水位 8.8 m（1958 年二道桥子抽水站）。双台子河多年平均含沙量 3.4 kg/m^3。河水结冻期约 110 d（封冻期 11 月 16 日—12 月 12 日，解冻期 3 月 7 日—29 日）。

大凌河发源于辽宁省凌源市打鹿沟，流经朝阳、义县、经凌海市流入盘锦市，沿保护区东郭苇场的边界进入渤海。由于其发源于半干旱地区，平时地表径流较小，每逢雨季汛期，地表径流突增，并携带大量泥沙，当河流进入平原后，大量泥沙淤积河床，形成宽广滚动的河床，对地下水的补给十分有利。其流域面积为 23 549 km²，河长为 397 km，在保护区内流域面积超过 20 km²，长度为 22 km。大凌河在盘锦段的河道宽度 220~420 m，最高水位 8 m，最低水位约 3 m。最大径流量 36 700 m³/s，枯年径流量 1.7 m³/s，河水含沙量 13.11 kg/km³。河水结冻期 101 d（11 月 26 日—3 月 7 日）。

2. 泥沙含量

1）泥沙来源

根据 2006 年 9—10 月在河口区海域的 10 条垂线的同步泥沙测验资料，计算各测站的全潮单宽输沙量分析，辽河和盖洲滩对工程海域的泥沙来源贡献比较大，大辽河口经西水道输入的泥沙和西滩来沙对工程海域的泥沙影响相对较小，而海域悬浮泥沙来源则占少量。

2）水体含沙量及其分布特征

（1）泥沙粒径

全潮水文泥沙测验资料表明，辽河口盘锦湿地泥沙主要成分为黏土质粉沙，砂（≥0.063 mm）占 12.1%，粉砂（0.063~0.004 mm）占 65.3%，黏土（<0.004 mm）占 22.6%。悬移质中值粒径（D50）在 0.007 9~0.016 2 mm 之间变化，大、中、小潮悬沙的中值粒径差别不大，悬沙样品的分选系数在 1.46~2.07 之间变化。全部样品的分选系数平均值为 1.74，属分选中常范畴。

（2）含沙量的时空变化

根据 2007 年的水文泥沙测验成果（表 2-1），大辽河内的测站含沙量明显大于位于外海测站，河口内落潮含沙量大于涨潮含沙量，外侧海域则相反。中潮测验之前，刮了几天西南风，大风掀起了盖洲滩和西滩的泥沙，所以中潮含沙量最大。工程海域的全潮平均含沙量为 0.169 kg/m³，其中大潮期间平均含沙量为 0.199 kg/m³，中潮期间平均含沙量为 0.210 kg/m³，小潮期间含沙量为 0.098 kg/m³。含沙量垂向分布从大到小依次为上底层、中层、表层，平均含沙量比值约 1∶1.25∶1.5。

表 2-1　各测站水体含沙量　　　　　　　　　　　　　　　　　　　　　　单位：kg/m³

站名	落潮				涨潮			
	小潮	中潮	大潮	平均	小潮	中潮	大潮	平均
06-1	0.050	0.173	0.179	0.134	0.055	0.246	0.248	0.183
06-2	0.049	0.119	0.111	0.093	0.046	0.086	0.072	0.068
06-3	0.052	0.211	0.168	0.144	0.031	0.218	0.189	0.146
06-4	0.031	0.082	0.068	0.060	0.036	0.06	0.062	0.053
06-5	0.034	0.123	0.082	0.080	0.042	0.108	0.071	0.074
06-6	0.079	0.185	0.195	0.153	0.08	0.208	0.169	0.152
06-7	0.027	0.080	0.052	0.053	0.035	0.080	0.053	0.056
06-8	0.027	0.087	0.073	0.062	0.024	0.077	0.070	0.057
06-9	0.058	0.173	0.152	0.128	0.047	0.144	0.154	0.115
06-10	0.027	0.060	0.059	0.049	0.020	0.050	0.050	0.040
07-1	0.238	0.395	0.418	0.350	0.231	0.367	0.316	0.305

站名	落潮				涨潮			
	小潮	中潮	大潮	平均	小潮	中潮	大潮	平均
07-2	0.192	0.378	0.390	0.320	0.187	0.368	0.364	0.306
07-3	0.186	0.330	0.335	0.284	0.165	0.400	0.387	0.317
07-4	0.215	0.386	0.378	0.326	0.203	0.341	0.347	0.297
07-5	0.233	0.390	0.393	0.339	0.248	0.376	0.369	0.331
平均	0.100	0.211	0.203	0.172	0.097	0.209	0.195	0.167

3）近岸海底表层沉积物分布特征

根据 2007 年水文泥沙测验期间的 15 条垂线采取底质样品（表 2-2），辽河口海底表层沉积物以黏土质粉砂为主，占全部样品的 53%；其次为粉砂质砂，占全部样品的 20%。样品的中值粒径 D50 在 0.007 1~0.069 2 mm 之间变化，外侧海域全部样品的平均中值粒径为 0.02 mm，大辽河内平均中值粒径为 0.06 mm。从样品的中值粒径沿水深分布来看（图 2-1），水浅的测站沉积物质粗，水深的测站沉积物质细。全部样品的平均分选系数为 1.55，所取样品中以分选中常最多，占全部样品的 47%；其次为分选好，占全部样品的 40%；只有两个样品分选差，占全部样品的 13%。

表 2-2 底质粒径分析成果表

样品号	名称	粒级含量（%）			粒度参数		
		砂	粉砂	黏土	D50（mm）	Qdφ	Skφ
06-1	黏土质粉砂 YT	19.1	58.3	22.6	0.029 8	1.82	0.67
06-2	砂-粉砂-黏土 STY	20.1	57.0	22.9	0.031 7	1.89	0.66
06-3	黏土质粉砂 YT	16.5	55.0	28.5	0.024 6	2.25	0.69
06-4	黏土质粉砂 YT	8.7	51.9	39.4	0.007 1	1.40	0.35
06-5	黏土质粉砂 YT	12.0	56.9	31.1	0.014 6	2.43	0.11
06-6	粉砂 T	19.6	61.4	19.0	0.030 7	1.36	0.50
06-7	黏土质粉砂 YT	11.7	60.4	27.9	0.014 0	1.60	0.67
06-8	黏土质粉砂 YT	8.9	51.8	39.3	0.007 4	1.61	0.20
06-9	黏土质粉砂 YT	19.8	53.9	26.3	0.031 1	2.20	0.92
06-10	黏土质粉砂 YT	9.1	50.0	40.9	0.008 0	1.89	0.26
07-1	粉砂质砂 TS	49.3	37.4	13.3	0.062 6	1.09	0.70
07-2	粉砂质砂 TS	62.7	32.0	5.3	0.069 2	0.36	0.09
07-3	粉砂质砂 TS	54.0	30.6	15.4	0.065 2	1.45	1.06
07-4	砂质粉砂 ST	27.8	57.2	15.0	0.043 5	12.00	0.54
07-5	砂质粉砂 ST	42.0	47.6	10.4	0.057 7	0.71	0.29

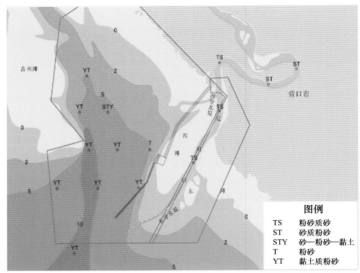

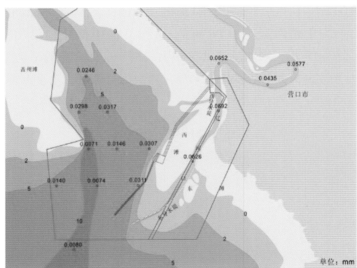

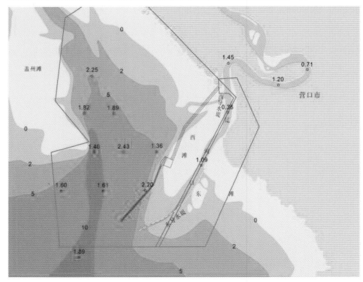

图 2-1 底质沉积类型、中值粒径、底质分选系数分布图

3. 潮汐特征

辽河口盘锦湿地海岸的潮汐为非正规半日混合潮，每日涨潮两次，落潮两次，涨落潮历时 12 h 24 min。正常情况下，潮时每日向后推迟 48 min。平均超差 2.7 m，大潮潮差大于 5.5 m，小潮潮差 3 m，因此，潮间带分布有大面积的滩涂，滩涂上有潮沟沟通海陆间的水文联系。海水平均盐度为 3.2%，枯水期年份盐度高，是平均值的 2~3 倍。根据四道沟水文站 1952—1972 年和 2003 年资料统计（以四道沟理论最低潮面为基准面）主要潮位特征值如下：最高潮位为 5.20 m（1956 年 9 月 4 日），最低潮位为 -0.30 m（1968 年 11 月 10 日）；平均高潮位为 3.32 m，平均低潮位为 0.64 m，平均潮位为 2.00 m（2003 年）最大潮差为 4.46 m（2003 年 6 月），平均潮差为 2.74 m（2003 年）。

4. 波浪特征

辽河口湿地外海以风浪为主，涌浪较少。1992 年 4—8 月在盖州滩东南侧海区设立了 1 号和 2 号短期波浪观测站，其 1 号站位于 40°39′34″N，121°56′51″E，采用 SBFI-I 波浪仪。2 号站位于 40°37′34″N，121°57′31″E，采用 MAREX-5 浮标。使用 1 号和 2 号站资料统计：常浪向为 SSW，1 号站频率为 23.1%，2 号站频率为 19.3%。其次为 SW 向，出现频率分别为 17.5% 和 12.1%。在观测期间，波高小于 0.5 m 的占总数的 2/3 左右，1 号站测波水深 4 m，其实测波高小于 0.5 m 的出现频率为 74.8%，2 号站测波水深 16 m，其实测波高小于 0.5 m 的出现频率为 68.1%。1 号站波高大于 1.0 m 的出现频率为 3.7%，2 号站为 4.4%。

5. 海流特征

1）潮流分布特征

辽河口湿地海域区内潮流有明显的往复性质。涨潮主流向为 NNE，落潮主流向为 SSW。大潮流速大于中、小潮流速，涨潮流速大于落潮流速。实测最大涨潮垂线平均流速为 0.95 m/s，流向 340°，出现在 YK04 站。实测最大落潮垂线平均流速为 0.74 m/s，流向 170° 和 210°，出现在 YK04 站和 YK10 站。

本水文测验海域，地形较复杂，受岸线和沙滩影响，不同垂线涨、落潮历时有较大变化。根据实测资料统计，实测海域 06-1 和 06-6 测站涨潮历时大于落潮历时 30 min 以上，06-2~06-5、06-7~06-9 测站涨、落潮历时基本相当，06-10、07-1~07-5 测站落潮历时远大于涨潮历时。具体详见表 2-3。

表 2-3　荣兴港区水文泥沙测验各测站涨、落潮历时汇总表

站名	落潮				涨潮				落潮—涨潮
	小潮	中潮	大潮	平均	小潮	中潮	大潮	平均	
06-1	5:35	6:10	5:50	5:52	6:55	6:11	6:40	6:35	-0:43
06-2	6:15	6:09	5:51	6:05	6:11	6:12	6:10	6:11	-0:06
06-3	6:22	6:09	6:16	6:16	6:02	6:01	6:03	6:02	0:14
06-4	5:59	6:27	6:16	6:14	6:31	6:01	6:00	6:10	0:03
06-5	6:05	6:10	5:56	6:04	6:34	5:58	6:20	6:17	-0:13
06-6	5:46	6:11	5:40	5:52	6:45	6:00	6:41	6:29	-0:36

站名	落潮				涨潮				落潮—涨潮
	小潮	中潮	大潮	平均	小潮	中潮	大潮	平均	
06-7	5:54	6:30	6:17	6:14	6:43	5:57	6:13	6:17	-0:03
06-8	5:55	6:43	6:17	6:18	6:42	5:44	5:38	6:01	0:17
06-9	5:58	6:06	5:50	5:58	6:34	5:59	6:09	6:14	-0:16
06-10	6:20	7:06	6:25	6:37	6:08	5:16	5:41	5:41	0:55
07-1	7:27	6:59	6:53	7:06	5:41	5:15	5:18	5:24	1:41
07-2	6:55	7:18	6:36	6:56	5:57	5:09	5:15	5:27	1:29
07-3	5:54	6:52	6:47	6:31	6:36	5:39	5:14	5:49	0:41
07-4	7:31	7:14	7:04	7:16	5:31	5:07	4:58	5:12	2:04
07-5	7:01	6:53	6:36	6:50	6:07	5:27	5:22	5:39	1:11

2）最大可能流速

按规则半日潮流海区的公式计算，可以看出，测区荣兴港区潮流最大可能流速在 77.0～177.2 cm/s。YK02 站各层的潮流最大可能流速均比其他各站各层的潮流最大可能流速大，YK02 站表层最大可能流速为 177.2 cm/s，（中层）0.6H 层为 156.8 cm/s，底层为 132.7 cm/s。其次为 YK04 站，YK04 站表层最大可能流速为 152 cm/s，0.2H 层为 147.5 cm/s，0.6H 层为 133.4 cm/s，0.8H 层为 123.3 cm/s，底层为 109.5 cm/s。潮流最大可能流速的方向均为偏 N 向。详见表 2-4～表 2-5。

表 2-4　2006 年各测站可能最大流速和水质点可能最大运移距离

站位号	层次	可能最大流速		可能最大运移距离	
		流速（cm/s）	方向（°）	距离（m）	方向（°）
YK01	表	88.3	331	13 970.3	340
	0.6H	87.4	328	13 526.0	333
	底层	77.0	329	11 612.4	337
YK02	表	177.2	12	28 263.4	12
	0.6H	156.8	6	25 299.4	6
	底层	132.7	5	21 683.3	2
YK03	表	95.5	18	15 815.9	21
	0.6H	93.3	18	15 138.5	20
	底层	75.2	15	12 683.7	12
YK04	表	152.0	341	23 843.2	340
	0.2H	147.5	340	22 821.5	339
	0.6H	133.4	339	20 490.8	338
	0.8H	123.3	340	19 007.9	339
	底层	109.5	339	16 389.8	338

续表

站位号	层次	可能最大流速		可能最大运移距离	
		流速（cm/s）	方向（°）	距离（m）	方向（°）
YK05	表	137.4	24	21 206.5	25
	0.2H	137.9	24	21 098.4	24
	0.6H	123.3	22	19 049.6	20
	0.8H	113.2	23	17 742.0	23
	底层	102.4	25	15 893.4	22
YK06	表	135.3	33	20 823.2	34
	0.6H	111.6	33	17 038.3	32
	底层	90.5	32	14 030.7	29
YK07	表	130.5	54	18 635.2	51
	0.2H	129.0	54	18 427.0	51
	0.6H	120.4	53	17 482.1	51
	0.8H	116.8	52	16 962.2	50
	底层	107.3	53	15 329.0	51
YK08	表	139.7	35	22 841.3	34
	0.2H	137.2	34	22 313.4	34
	0.6H	129.5	34	21 352.1	35
	0.8H	118.6	34	19 877.3	35
	底层	104.8	33	17 231.8	34
YK09	表	129.0	31	20 418.5	29
	0.6H	110.4	27	17 611.2	26
	底层	92.6	25	14 723.2	25
YK10	表	127.9	36	19 109.6	37
	0.2H	130.5	39	19 728.1	38
	0.6H	116.7	44	17 696.0	43
	0.8H	102.7	40	15 714.0	38
	底层	80.2	36	12 663.6	39

表 2-5　2007 年潮流可能最大流速

测站	表层		0.6 层		底层		垂线平均	
	流速（cm/s）	流向（°）	流速（cm/s）	流向（°）	流速（cm/s）	流向（°）	流速（cm/s）	流向（°）
06-1	0.94	328	0.82	327	0.81	328	0.81	328
06-2	1.47	5	1.16	13	0.95	11	1.21	10
06-3	1.60	8	1.24	347	1.03	347	1.22	349
06-4	1.60	30	1.24	38	0.92	39	1.39	38
06-5	1.46	24	1.12	27	0.70	26	1.15	23
06-6	1.28	42	1.06	37	0.88	36	1.05	40
06-7	1.25	54	0.94	56	0.76	56	0.98	55

测站	表层		0.6 层		底层		垂线平均	
	流速（cm/s）	流向（°）	流速（cm/s）	流向（°）	流速（cm/s）	流向（°）	流速（cm/s）	流向（°）
06-8	1.41	34	1.17	35	0.89	34	0.19	33
06-9	1.06	30	0.95	28	0.79	29	0.95	29
06-10	1.26	47	1.02	51	0.72	50	1.03	48
07-1	1.47	30	1.04	29	0.82	30	1.13	30
07-2	1.57	24	1.22	55	1.09	67	1.15	52
07-3	1.59	48	1.14	53	1.11	48	1.10	48
07-4	1.87	118	1.52	117	1.12	120	1.41	119
07-5	1.58	8	1.63	6	1.56	10	1.60	8

3）余流

按调和分析得出 2006 年观测期间各测站的余流情况见表 2-6，2007 年各测站的余流情况见表 2-7。

表 2-6　2006 年各站各层大、中、小潮期余流流速

测站	层次	大潮期余流		中潮期余流		小潮期余流	
		流速（cm/s）	流向（°）	流速（cm/s）	流向（°）	流速（cm/s）	流向（°）
YK01	表层	4.9	128	7.3	267	11.1	343
	0.6H	5.5	110	6.2	267	11.1	344
	底层	4.3	108	8.4	273	9.4	344
YK02	表层	12.0	184	6.5	6	17.7	12
	0.6H	9.8	184	2.7	336	17.2	8
	底层	8.0	177	2.0	319	14.3	7
YK03	表层	5.7	202	2.6	349	10.9	20
	0.6H	4.8	188	2.4	353	10.9	16
	底层	3.5	177	0.1	16	9.3	17
YK04	表层	10.7	158	1.5	4	15.4	345
	0.2H	10.3	156	2.5	311	15.1	344
	0.6H	9.0	153	1.8	308	14.2	344
	0.8H	7.6	152	1.2	315	13.2	344
	底层	6.0	148	0.5	356	11.6	342
YK05	表层	10.8	198	2.0	25	13.1	28
	0.2H	10.4	197	1.9	29	13.1	28
	0.6H	8.7	192	2.8	88	12.6	31
	0.8H	7.5	192	2.9	97	12.2	32
	底层	6.4	193	3.4	119	11.1	31

续表

测站	层次	大潮期余流		中潮期余流		小潮期余流	
		流速（cm/s）	流向（°）	流速（cm/s）	流向（°）	流速（cm/s）	流向（°）
YK06	表层	9.4	214	4.6	39	14.4	32
	0.6H	7.5	205	3.9	92	12.4	34
	底层	5.6	204	2.9	57	10.6	33
YK07	表层	5.6	231	10.0	60	15.2	54
	0.2H	5.3	226	9.8	66	15.3	54
	0.6H	4.8	222	8.2	68	14.5	53
	0.8H	4.3	213	7.6	68	14.2	52
	底层	3.6	211	7.3	68	13.3	52
YK08	表层	11.7	211	1.0	353	13.1	38
	0.2H	11.4	211	0.7	337	13.4	37
	0.6H	10.4	208	1.5	31	13.3	38
	0.8H	8.9	201	0.9	218	12.6	39
	底层	7.0	200	2.4	195	11.4	37
YK09	表层	10.2	207	0.2	3	13.0	38
	0.6H	8.1	211	3.2	55	14.3	32
	底层	6.3	202	0.7	178	13.3	28
YK10	表层	4.4	197	0.4	331	11.6	25
	0.2H	6.4	204	0.9	64	13.2	28
	0.6H	12.1	219	5.4	173	11.6	45
	0.8H	12.2	218	4.6	184	12.0	51
	底层	9.8	215	2.1	175	11.4	52

表 2-7 2007 年各站余流计算结果

站名	层次	小潮		中潮		大潮	
		流速（cm/s）	流向（°）	流速（cm/s）	流向（°）	流速（cm/s）	流向（°）
06-1	表层	9.7	309	6.1	155	2.3	160
	0.6H	4.3	316	6.2	162	4.8	177
	底层	3.7	320	7.0	178	3.5	200
06-2	表层	3.7	340	4.3	56	7.5	34
	0.6H	5.7	61	3.5	109	4.2	49
	底层	5.5	62	5.3	17	3.7	15
06-3	表层	10.4	332	3.4	281	7.7	297
	0.6H	3.0	335	5.6	284	8.6	289
	底层	3.1	21	3.7	284	4.1	317
06-4	表层	8.9	304	10.0	296	10.0	304
	0.6H	4.3	13	4.6	276	9.4	237
	底层	5.5	46	3.1	93	4.3	66

站名	层次	小潮		中潮		大潮	
		流速（cm/s）	流向（°）	流速（cm/s）	流向（°）	流速（cm/s）	流向（°）
	表层	7.2	320	10.0	170	2.6	332
06-5	0.6H	5.6	40	2.3	111	1.9	33
	底层	4.9	35	1.1	72	5.5	49
	表层	3.1	9	7.3	94	7.3	59
06-6	0.6H	5.7	70	0.6	74	6.7	51
	底层	5.8	76	6.8	23	6.2	18
	表层	6.4	36	4.9	297	6.3	331
06-7	0.6H	1.7	75	2.6	266	3.9	3
	底层	6.3	70	0.7	293	3.6	358
	表层	5.8	15	5.4	278	9.0	251
06-8	0.6H	5.7	43	2.0	250	1.0	74
	底层	6.2	64	2.1	182	3.6	77
	表层	2.7	358	3.7	281	5.7	337
06-9	0.6H	5.1	66	5.1	288	4.6	351
	底层	5.0	70	10.2	360	5.3	5
	表层	5.3	32	2.2	238	2.4	343
06-10	0.6H	4.3	76	5.3	199	1.6	126
	底层	3.9	66	4.4	179	3.4	95
	表层	3.3	56	8.9	156	3.7	123
07-1	0.6H	4.5	56	6.9	175	3.9	165
	底层	4.3	88	4.6	191	2.7	158
	表层	8.4	204	27.7	209	27.0	204
07-2	0.6H	10.1	145	23.2	201	22.0	195
	底层	15.1	121	17.4	204	15.1	195
	表层	23.7	217	9.0	198	6.9	86
07-3	0.6H	9.0	87	6.8	194	8.0	91
	底层	20.3	50	8.1	183	8.2	119
	表层	17.0	274	13.8	277	10.0	241
07-4	0.6H	3.3	232	10.1	284	2.6	298
	底层	4.9	202	6.7	268	0.8	17
	表层	11.6	101	8.9	158	2.6	118
07-5	0.6H	6.0	81	6.3	182	3.1	356
	底层	8.2	50	0.3	83	8.2	355

（1）余流流速

荣兴港区观测海域余流流速不大，总的为小潮大、大潮次之，中潮最小，大潮期各站各层余流流速在 3.5~12.2 cm/s 之间，各站各层最大余流流速为 12.2 cm/s，流向为 218°。出现在 YK10 站 0.8H；中潮期余流流速在 0.1~10.0 cm/s 之间，各站各层最大余流流速为

10.4 cm/s，流向为60°。出现在YK07站表层。小潮期平均余流流速在9.3~17.7 cm/s之间，各站各层最大余流流速为17.7 cm/s，流向为12°。出现在YK02站的表层。大辽河内所布测站07-2~07-5测站余流较大，最大值出现在中潮期间的07-2测站表层，达27.7 cm/s。

（2）余流流向

小潮期各站的余流流向基本为偏北向；中潮期大部分站、层为偏N向，但YK05站底层、YL08站底层、YK09站底层及YK10站的0.6H、0.8H、底层等为偏S向，YK01站各层为偏W向。大潮期YK01站各层为偏东向，YK04站各站为偏SE向，其余各站各层为偏S—SW向。

4）河口流场分布

潮流数模计算、分析根据实测资料分析，可知本海域大潮、中潮、小潮潮流场分布规律基本相同，且垂线平均流速从大到小总体表现依次为大潮、中潮、小潮，图2-2和图2-3分别为现状海域涨急、落急流场及流速分布图。

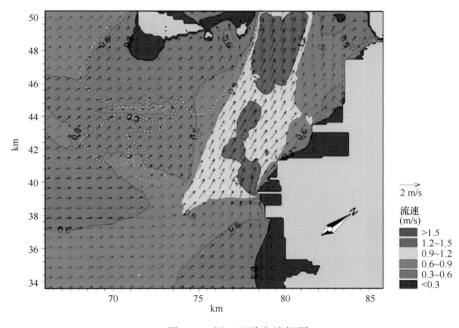

图2-2 河口区涨急流场图
（图中流速均为垂线平均流速，下同）

5）海冰特征

本海域每年冬季均有海冰生成。一般11月中旬左右见初冰，终冰在3月下旬左右，平均冰期为130 d，严重冰期为64 d（主要集中在1—2月）。

在正常年份，近岸约有5 km固定冰带，以外为流冰带。盖州滩东侧深槽是涨落潮的主要通道，水流急，不易形成固定冰。区域海域的流冰带，在风、流等综合作用下往复运动。流冰方向、速度和风、潮流的方向密切相关。流冰往往由薄冰、厚冰组成，并有堆积现象。

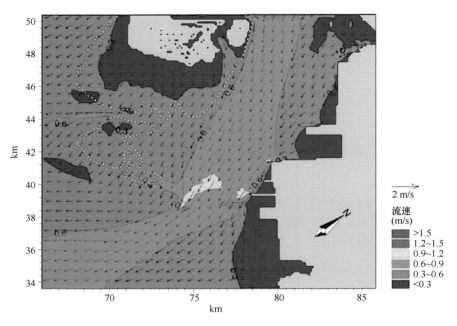

图 2-3　河口区落急流场图

2.1.5　生态特点

1. 天然的基因库

特殊的地理位置，良好的生态环境和特殊植被类型养育着丰富的动物资源，是天然的物种基因库，尤其是多种鸟类的理想栖息地和迁徙停歇地。分布有鸟类 267 种，其中国家一类保护鸟类 9 种，包括丹顶鹤、白鹤、白头鹤、东方白鹳等，国家二类保护鸟类 38 种，有灰鹤、白枕鹤、大天鹅等。其鸟类组成以水禽为主，共 114 种，大群集分布的种类有豆雁、翘鼻麻鸭、绿翅鸭、花脸鸭、红嘴鸭和多种水鸟；在分布的 42 种涉禽中，有 9 种超过国际 1% 标准，主要有大滨鹬、斑尾塍、中杓鹬、黑腹滨鹬、灰斑等。这里是世界上最大的黑嘴鸥繁殖地，分布有黑嘴鸥 7 000 余只，繁殖种群超过 5 000 只，是名副其实的"黑嘴鸥之乡"。

2. 生态景观独特

辽河口湿地生态景观独特，芦苇浩瀚、翅碱蓬滩涂绵延（图 2-4）。共分布维管束植物 126 种，尤其是以芦苇为优势种的植被群落与苇田构成了辽河三角洲 8×10^4 hm² 的芦苇沼泽，不仅具有养育野生动物、涵养水源、防洪泄洪等生态功能，还在维持区域生态安全、改善生态环境方面具有重要而无可取代的作用。绵延百里的滨海滩涂，生长有茂密的翅碱蓬群落，是滩涂造陆的先锋植物，构成了保护区湿地生态类型中独特又著名的"红海滩"景观，成为重要的生态旅游资源。

3. 产业园区

随着辽宁沿海经济带上升为国家战略，当地政府大力发展辽东湾经济区、辽河口生态经济区和荣兴港口工程，并在沿海区域兴建了大量的石油、化工冶炼等企业，形成了辽河口生

图 2-4 河口景观分布

态经济区、盘锦辽滨沿海经济区、盘锦经济开发区、盘锦石油装备制造基地、盘锦船舶工业基地、盘锦高新技术产业开发区、盘山县开发区以及大洼县临港经济区。

4. 旅游文化

辽河口湿地旅游资源丰富。古镇田庄台是中日甲午战争陆战最后一仗的战场，以清军骨墓、古战场遗址、古炮台为代表的甲午陆战遗址群，已经成为重要的爱国主义教育基地；大洼县东风镇是奉系军阀张作霖和著名将领张学良的祖居地；"辽河碑林"以全国唯一通代碑林而闻名。辽河口湿地以其厚重的农垦文化、石油文化、渔雁文化、生态文化（盘锦红海滩风景区）等地域文化展示在世人面前，呈现出独特的文化特质。

2.2 辽河口湿地生态环境演变

2.2.1 辽河口湿地保护历史沿革

辽河口湿地位于中国辽东湾最北端，辽宁省盘锦市辽河三角洲的最南端、双台子河入海处的芦苇沼泽、河口滩涂地带，自古以来人烟稀少，原始的湿地生态环境，为野生动物的栖息与繁殖提供了良好的条件。1985 年 8 月经盘锦市市政府批准，建立了盘锦市双台河口水禽自然保护区；1987 年，经辽宁省省政府批准，升为省级保护区；1988 年 5 月，经国务院批准晋升为国家级自然保护区。双台子河口国家级自然保护区是一个以保护丹顶鹤等珍稀水禽及其赖以生存的湿地生态环境为主的野生动物类型自然保护区。1991 年由国家林业部批准，与世界自然基金会香港分会编制了《辽宁双台河口国家级自然保护区管理计划》。1993 年 7 月，双台河口自然保护区加入"中国人与生物圈保护区网络"。1996 年 4 月，经中国政府批准，加入"东亚及澳大利西亚涉禽迁徙航道保护区网络"。2002 年，经中国政府批准，加入"东北亚鹤类网络"。2004 年，经中国政府批准，保护区加入到《湿地公约》国际重要湿地名录。2007 年，被国家林业局确定为全国 51 个示范自然保护区之一。2010 年，经盘锦市市政府批准，将保护区 8×10^4 hm² 的土地使用权全部确权给保护区管理局。

2.2.2 陆域植物、动物多样性演变

1. 野生植物群落多样性

辽河口湿地植物物种数量相对较丰富。高等植物区系属华北植物区，受区域湿地环境影响，分布的植物种类比较多，主要由盐沼和耐盐植物组成。保护区内分布有维管束植物 128 种，多为草本种类，其中芦苇为分布面积最广阔的优势种类。128 种植物隶属于 38 科，其中豆科 12 种、禾本科 8 种、菊科 26 种、莎草科 9 种。目前，辽宁省统计到的高植物种类有 2 200 种，所以保护区内高等植物种类占辽宁省的 5.77%。保护区浮游植物有 4 门 104 种，辽宁省低等植物种类有 8 000 种，浮游植物占辽宁省低等植物种类的 1.3%。

辽河口湿地的植物具有适应耐盐碱生境的特点，在生长季节植物茎秆或叶片往往能分泌出盐分。在地势较高的陆地上有柽柳、旱柳灌丛，同时小片状地分布着国家珍稀二级保护植物野大豆；在盐沼地主要生长着地上一年生、地下多年生的芦苇；在靠近海滩的湿地多分布着一年生的草本碱蓬——翅碱蓬群落，这就要受到周期性涨落潮水的影响，体现了河口湿地植物群落恢复演替的规律。保护区植物区系分布类型多属于世界广布种。保护区植物资源最显著特点有：植物物种、属较少，单优植物群落斑块出现的现象常见；盐生植物多，最为常见盐生植物如翅碱蓬。

按照《中国植被》的分类单位，辽河口自然植被类型以湿生为主，除了人工稻田外，主要有 4 个植被型：小乔木、灌木灌丛；草甸；沼泽；水生植被；主要有 16 个群系：柽柳灌丛群系、桑-柳小乔木林群系、胡枝子-多花胡枝子群系、柽柳-白茅灌草群系、野大豆群系、香蓼群系、碱蓬群系、白茅群系、委陵菜群系、芦苇沼泽群系、香蒲群系、眼子菜-菹草群系、泽泻群系、金鱼藻群系、狐尾藻群系、翅碱蓬群系；主要有 21 个群丛：柽柳群丛、桑-柳灌群丛、旱柳群丛、胡枝子群丛、野大豆群丛、野大豆-杂草群丛、香蓼群丛、碱蓬群丛、白茅群丛、委陵菜群丛、芦苇沼泽群丛、香蒲沼泽群丛、眼子菜-菹草群丛、菹草群丛、泽泻群丛、翅碱蓬群丛、金鱼藻群丛、狐尾藻群丛、金鱼藻-狐尾藻群丛、浮萍群丛、紫萍群丛。

2. 野生动物多样性

辽河口湿地野生动物资源十分丰富。保护区记录到甲壳类动物有 5 目 22 科 49 种，其中十足目种数最多，有 38 种，占绝对优势。软体类动物有 4 纲 12 目 26 科 63 种，其中双壳纲的动物有 42 种，在该类群中占 67%。鱼类资源软骨鱼纲有 4 目 4 科 5 种，硬骨鱼纲有 15 目

53 科 119 种;鲤形目与鲈形目拥有的物种数分别是 25 种与 39 种,其占种数的比例分别为 21% 与 33%。浮游动物、棘皮动物与寡毛类动物分别有 51 种、21 种与 11 种。昆虫为保护区目前所了解的最大物种类群,共计有 11 目 77 科 299 种;磷翅目为该昆虫类群中最大的目,共有 26 科 144 种;鞘翅目次之,有 20 科 69 种。保护区记录到野生兽类哺乳纲动物有 8 目 12 科 22 种;其中啮齿目有 9 种,为哺乳动物纲中物种最多的目;两栖爬行类动物有无尾目和有鳞目,共有 15 种。保护区记录到鸟类有 18 目 59 科 269 种;雀形目为鸟类物种数最多的目,共有 27 科 105 种;鸻形目次之,有 8 科 58 种。

野生兽类哺乳纲动物种类相对简单,但是物种的分布区类型还是较复杂,共有 11 型,以古北型为主。两栖类动物区系有 5 种分布类型,相对较简单,以季风型为主。鸟类物种区系可划分为古北种、东洋种和广布种 3 种类型:①古北种:有 220 种,占本保护区的绝对优势;②东洋种:有 12 种,为保护区的弱势种;③广布种:有 37 种。

其中,辽河口湿地列入国家重点保护动物种类有 44 种,国家一级保护动物有 9 种,均为鸟类,即黑鹳、东方白鹳、白尾海雕、金雕、白鹤、白头鹤、丹顶鹤、大鸨、遗鸥;国家二级保护动物有 35 种,即黄嘴白鹭、白鹮、白琵鹭、疣鼻天鹅、大天鹅、小天鹅、白额雁、鸳鸯、鹗、凤头蜂鹰、秃鹫、白头鹞、白腹鹞、白尾鹞、鹊鹞、雀鹰、苍鹰、大𫛚、毛脚𫛚、红隼、红脚隼、灰背隼、燕隼、矛隼、蓑羽鹤、白枕鹤、灰鹤、小杓鹬、小青脚鹬、雕鸮、雪鸮、纵纹腹小鸮、鹰鸮、长耳鸮和短耳鸮。

2.2.3 水环境演变

辽河口湿地区内集水主要来源于地表水和地下水。其中,地表水包括流经本区入海的双台子河、大辽河、绕阳河、大凌河等河流水系和降水的地表径流。地下水为第四系浅层和第三系地下水,均属松散岩类空隙水。保护区内的辽河和大凌河为形成和维持本区湿地生态系统的主导因素。辽河口湿地海水平均盐度为 32,枯水年份盐度较高,高出平均值 2~3 倍。以下为近几年来辽河口湿地水质变化趋势(图 2-5)。

2.2.4 沉积物演变

辽河口湿地区成土物质主要来源于河水携带的大量泥沙沉积而成,土壤以沼泽土和盐土、潮滩土为主,由于受长年积水影响,土壤透气性差,养分分解慢;又因土壤含盐量高,影响植物根系对土壤养分的代换吸收,造成土壤养分大量积累。水是该区土壤形成特别是盐渍化过程的基本条件。辽河、绕阳河、双台子河及大凌河等河流自上游携带大量泥沙入海,被高矿化海水(含盐量为 30 g/L)所侵袭,成为海渍淤泥(含盐量为 0.4%~3%),逐年堆积在河口附近,使浅海地区逐渐向陆地发展,形成海涂潮滩土;海水后退,滩涂变成陆地,耐盐植物出现,开始了土壤的盐渍化过程,此时地面仅生长着极少数的碱蓬植物,地表几乎裸露,在蒸发的影响下,地表积盐超过了海渍淤泥的含盐量,地下水矿化度浓缩增高达 60 g/L。同时,海潮的入侵和海水溯河倒灌向滨海及河流两岸的地下水补给盐分,这些盐分参与土壤积盐过程,地下水受海水补给影响地区的土壤为滨海盐土;再向内地的一定范围内,地面生长着大量的耐盐性植物,在本区年蒸发量大于年降水量的气候影响下,地下水中的盐分随水沿毛细管上升至地面,水分蒸发后,盐分残留在地表,形成了草甸土;海

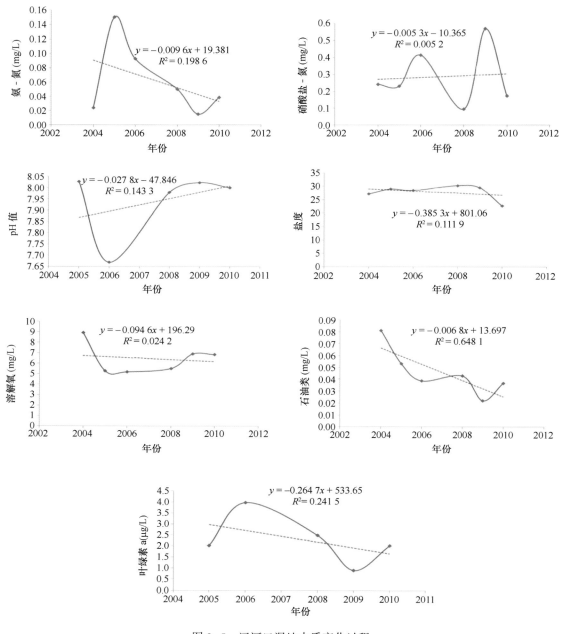

图 2-5　辽河口湿地水质变化过程

水继续后退，早年的滨海盐土逐渐脱离海水的影响，一些地势较低的地区土壤常年积水或季节性积水，且排水不良，地面大量生长芦苇等半水生耐盐植物，土壤在盐渍化过程中，还附加了沼泽化过程，形成了沼泽盐土。因而潮滩盐土、滨海盐土、草甸盐土、沼泽盐土构成了本区的土壤结构。

依据调查显示，辽河口湿地沉积物有机碳含量呈上升趋势在 2004—2011 年，而硫化物含量呈下降趋势。见图 2-6。

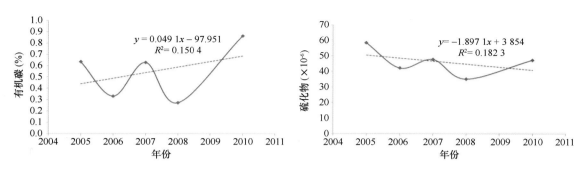

图 2-6　辽河口湿地沉积物环境变化过程

2.2.5　岸滩大型底栖动物多样性演变

数据统计表明，辽河口湿地岸滩大型底栖动物数量呈降低趋势，生物量也呈现降低趋势。见图 2-7。

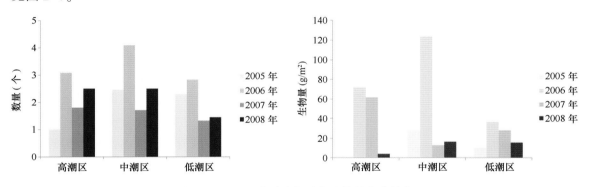

图 2-7　辽河口岸滩底栖动物生物量变化趋势

2.2.6　近岸海域大型底栖动物多样性演变

调查数据显示，2003—2011 年辽河口湿地近岸海域大型底栖动物密度呈下降趋势，而生物量则呈上升趋势，见图 2-8。

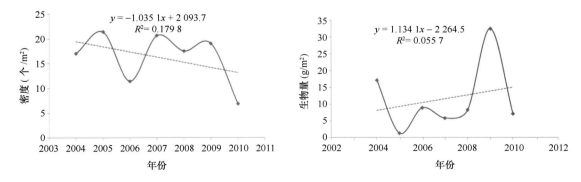

图 2-8　辽河口近岸海域底栖动物多样性变化

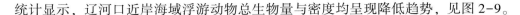

2.2.7 浮游生物多样性演变

统计显示，辽河口近岸海域浮游动物总生物量与密度均呈现降低趋势，见图2-9。

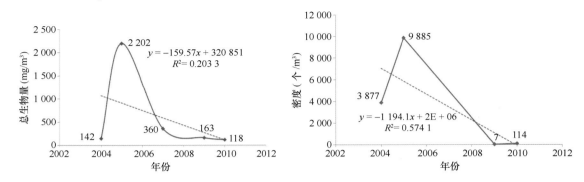

图 2-9 浮游动物变化趋势

2.3 海域开发变迁及其影响

2.3.1 岸线历史演变

从早全新世开始，辽河口湿地区域发生海侵，到中全新世达到高潮，其范围北至盘山一带，称为"盘山海侵"。钻孔资料证实，本区第四纪时期至少发生过3次海侵。据《海城大震构造背景的初步探讨》记载：自秦至西晋的537年间，辽东湾海岸线基本上是稳定的。从隋唐时期起，海水开始向南退却，海岸线南移。至宋、辽时期，海岸线复又大幅度北迁。当时的海岸线东至盖县，向北经营口、海域西折向西，至盘山东北经羊圈子复转向西南。元朝时期，海岸线大体同前。明朝，海岸线在盘山以东大幅度向南推进，而西段盘山至锦州一段变化甚小。但至清朝末期（1840年）后，海岸线东段变化较小，而西段南进幅度较大。自清末以来，西段海岸线大幅度南移至现今海岸位置，见图2-10。

辽河口湿地大陆岸线107 km，占全省陆岸线的5.1%，为淤泥岸。利用类型比较单一，仅围海养殖岸线、自然岸线、其他岸线3种类型。养殖岸线长69.0 km，占全市岸线64.5%，随着经济发展的需要，部分养殖用海将被填成辽滨临港工业园，用地变成围海造地岸线。自然岸线15.9 km，占全市岸线的14.9%，该岸线主要位于双台子河口湿地保护区，由于利益的驱动，也在逐渐遭到破坏。其他岸线长22.5 km，占全市岸线的21.0%，主要为海岸防护工程或者筑路工程。

2.3.2 海域使用利用情况

1990年前完成大洼三角洲防洪大堤、接官厅挡潮闸暨排水总干、混江沟挡潮闸暨排水总干和南河沿输水总干扩建4项骨干工程，主要以水系、河道整治、河闸建设以及水库建设为主，近几年来，随着辽河口生态经济区、辽东湾新区、盘锦港区和旅游资源开发建设，大量围海造地，以满足滨海经济开发的需求。辽河口湿地海域利用情况统计见表2-8所示。

辽河口—大凌河口：用海布局整体上是表现为"四点两线三面"。"四点"指的是位于双

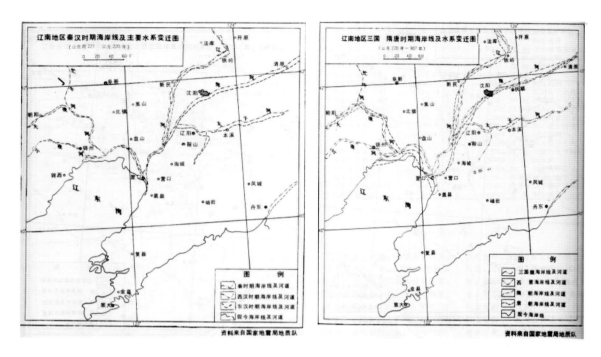

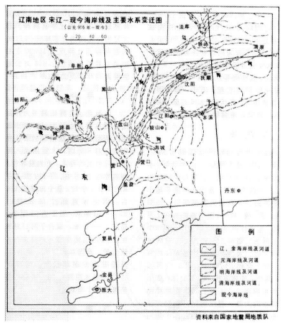

图 2-10　辽南地区秦汉、隋唐、宋辽—至今海岸线及主要水系变迁图

台河口东侧的盐业用海、双台河入海口正南 20 km 以外海域的油气开采用海、二界沟附近的渔港用海和辽河口的港口建设用海。"两线"指盘山县双台河口至辽河口之间的围海养殖和底播养殖，呈带状沿海岸线分布。"三面"指大凌河口至双台河口之间的滩涂上的围海养殖、盘锦辽河口附近的盘锦港和辽东湾顶端、双台子河入海处附近海域的国家级自然保护区—双台河口湿地生态保护区。

表2-8 辽河口湿地海域利用情况统计

序号	一级用海类型	二级用海类型	确权				未确权				合计	
			海域证确权		土地证		无证		养殖证			
			数量（宗）	面积（hm²）	数量（宗）	面积（hm²）	数量（宗）	面积（hm²）	数量（宗）	面积（hm²）	数量（宗）	面积（hm²）
1	渔业用海	渔港					5	10.51			5	10.51
		围海养殖	131	2 584.9			72	6 483.84	2	85.47	205	9 154.21
		底播养殖	27	8 887.68			7	18 937.7			34	27 825.38
2	工矿用海	油气开采	6	5.32							6	5.32
		盐业用海	5	127.29							5	127.29
3	围海造地用海	港口建设用海	4	195.66							4	195.66
4	其他用海	其他用海	1	0.01							1	0.01
	合计		174	11 800.86			84	25 432.05	2	85.47	260	37 318.38

2.4 辽河口湿地生态环境存在问题

近年来，受油田开采、稻田种植、苇田养蟹等人类活动的影响以及上下游污染叠加、生态缺水、保护体系不完善，对辽河口湿地的生态安全造成严重威胁。

2.4.1 湿地水系咸淡水交汇受阻

辽河口湿地生态环境受自然条件影响（如干旱缺水、河道变化等）生态质量下降，湿地急需生态补水。近年来，气候变暖变干，降水减少，天然径流降幅较大。1980—2008 年，流经本区的大凌河和绕阳河多年平均降水比 1956—1979 年分别减少 6.2% 和 5.4%，天然径流分别减少 26.26% 和 21.39%。同时，由于上游水库拦蓄，使得下游来水减少，例如大凌河、双台子河上游修建的 7 座水库，库容就达 $71.9 \times 10^8 \ m^3$，占总径流量的 85% 以上。致使河道径流量减少，造成河水携带大量泥沙淤积于河口处。据 1998—2008 年实测，河道径流量由多年平均值 $31.9 \times 10^8 \ m^3$/年下降至 $17.7 \times 10^8 \ m^3$/年，年淤积量近千万吨，年增加滩涂面积超过 $200 \ km^2$。入海河口变化导致河口湿地发生局部变化，海岸线下移，河口区域呈现向下"漂移"趋势，部分地区湿地严重旱化，失去保护价值。

在淡水资源不断减少的同时，辽河口湿地区周边水田面积却不断增加，从 1980 年的 $6.96 \times 10^4 \ hm^2$ 上升到 2008 年的 $1.76 \times 10^5 \ hm^2$，导致周边农业用水挤占保护区内苇田用水。尤其在春季，降水只占年降水量的 15.5%，蒸发量达到全年最大，同时保护区周边稻田生长进入最需要补水的时期，导致芦苇湿地缺水较大，需要人工灌溉来维持。目前的供水原则是先生活、后工业生产，其次是水田和养殖用水，然后才是供应湿地、保证芦苇生产。随着社会和经济的发展，城市生活和工业用水迅速增加，继续挤占农业用水。河流中上游水库、拦河坝不断增加，河道径流减少，经常断流。当地水田面积大，而且近年来水产养殖业发展迅速，养殖面积不断增加，用水量增加很快。在这种形势下，湿地供水更趋于紧张。

辽河口天然湿地主要分布在东郭苇场和赵圈河苇场。由于苇区内灌溉工程、设施不配套等多种原因，导致每年有 1/3 的苇塘供水不足，沼泽植被退化，芦苇生长密度和高度降低，芦苇质量下降，芦苇湿地的生态服务功能受到严重威胁。因此，当务之急需要对区内湿地制定科学补水规划。

2.4.2 渔业资源衰退和生境退化

调查资料表明，辽河口湿地芦苇和翅碱蓬面积不断减少、覆盖度显著下降，仅芦苇从 1987—2002 年就减少了 60%。湿地生境的退化和破碎化使文蛤和沙蚕等重要生物的栖息地严重退化，甚至丧失（Zhang et al.，2016）。其中大型底栖动物个体趋向小型化发展，生物多样性降低，栖息丰度明显增加，小型底栖贝类占绝对优势，海洋经济动物数量显著减少，河口生态系统的渔业经济价值也明显降低。辽河口历史上渔业资源十分丰富，但从 20 世纪 80 年代以后，特色渔业资源已严重枯竭、资源衰退严重（陈远等，2012；徐玲玲等，2009；孙雯等，2006）。

2.4.3 近岸海域污染严重

近年来，由于受石油开发、海洋工程、过度采捕以及围垦养殖活动的影响，辽河口湿地生态系统污染加剧，辽河口湿地氮、磷营养盐、有机物、石油类复合污染严重，辽河口湿地污染量增加和污染物净化功能下降的问题日趋明显（刘春涛等，2009；Yang et al.，2015；Yuan et al.，2015，2017；Zhang et al.，2016，2017）。

参考文献

鲍永恩，黄水光 . 1993. 辽河口海口沉积特征及潮滩动态预测 . 沉积学报，11（2）：105-111.

陈远、姜靖宇，李石磊，等 . 2012. 盘锦蛤蜊岗、小河滩涂文蛤及其相关资源调查报告 . 河北渔业，（1）：46-49.

谌艳珍，方国智，倪金 . 2010. 辽河口海岸线近百年来的变迁 . 海洋学研究，28（2）：14-21.

刘春涛，刘秀洋，王璐 . 2009. 辽河河口生态系统健康评价初步研究 . 海洋开发与管理，26（3）：43-46.

刘娟，孙茜，莫春波，等 . 2008. 大辽河口及邻近海域的污染现状和特征 . 水产科学，27（6）：286-289.

刘振乾，吕宪国，刘红玉 . 2000. 黄河三角洲和辽河三角洲湿地资源的比较研究 . 资源科学，22（3）：60-65.

罗先香，张秋艳，杨建强，等 . 2010. 双台子河口湿地环境石油烃污染特征分析 . 环境科学研究，23（4）：437-444.

孟伟，刘征涛，范薇 . 2004. 渤海主要河口污染特征研究 . 环境科学研究，17（6）：66-69.

潘桂娥 . 2005. 辽河口演变分析 . 泥沙研究，（1）：57-62.

王建步，张杰，陈景云，等 . 2015. 近30余年辽河口海岸线遥感变迁分析 . 海洋环境科学，34（1）：86-92.

王西琴，李力 . 2006. 辽河三角洲湿地退化及其保护对策 . 生态环境，15（3）：650-653.

徐玲玲，张玉书，陈鹏狮，等 . 2009. 近20年盘锦湿地变化特征及影响因素分析 . 自然资源学报，24（3）：483-490.

张明，郝品正，冯小香，等 . 2010. 辽河口三角洲前缘岸滩演变分析 . 海洋湖沼通报，（3）：142-148.

张楠，孟伟，张远，等 . 2009. 辽河流域河流生态系统健康的多指标评价方法 . 环境科学研究，22（2）：162-170.

张绪良，张朝晖，谷东起，等 . 2009. 辽河三角洲滨海湿地的演化 . 生态环境学报，18（03）：1002-1009.

中国海湾志编纂委员会 . 1998. 中国海湾志，第十四分册（重要河口）. 北京：海洋出版社：432-480.

周广胜，周莉，关恩凯，等 . 2006. 辽河三角洲湿地与全球变化 . 气象与环境学报，22（4）：7-12.

周洁，李迪华，任君为，等 . 2017. 辽河口湿地黑嘴鸥繁殖栖息地的动态变化、保存与恢复 . 中国园林，（11）：123-128.

Yang xiaolong, Yuan xiutang, Zhang anguo, Mao yuze, Li qiang, Zong humin, Wang lijun, Li xiaodong. 2015. Spatial distribution and sources of heavy metals and petroleum hydrocarbon in the sand flats of Shuangtaizi Estuary, Bohai Sea of China. Marine pollution bulletin, 95（1）：503-512.

Yuan xiutang, Yang xiaolong, Na guangshui, Zhang anguo, Mao yuze, Liu guize, Wang lili, Li xiaodong, 2015. Polychlorinated biphenyls and organochlorine pesticides in surface sediments from the sand flats of Shuangtaizi Estuary, China: levels, distribution, and possible sources. Environmental Science and Pollution Research, 22（18）：14337-14348.

Yuan xiutang, Yang xiaolong, Zhang anguo, Ma xindong, Gao hui, Na guangshui, Zong humin, Liu guize, Sun yongguang. 2017. Distribution, potential sources and ecological risks of two persistent organic pollutants in the intertidal sediment at the Shuangtaizi estuary, Bohai Sea of China. Marine Pollution Bulletin, 114（1）：419-427.

Zhang anguo, Wang lili, Zhao shilan, Yang xiaolong, Zhao qian, Zhang xuehui, Yuan xiutang. 2017. Heavy metals in seawater and sediments from the northern Liaodong Bay of China: levels, distribution and potential risks. Regional Studies in Marine Science, 11: 32-42.

Zhang anguo, Zhao shilan, Wang lili, Yang xiaolong, Zhao qian, Fan jinfeng, Yuan xiutang. 2016. Polycyclic aromatic hydrocarbons (PAHs) in seawater and sediments from the northern Liaodong Bay, China. Marine Pollution Bulletin, 113 (1-2): 592-599.

第3章 辽河口生态环境变化影响因素识别

3.1 理论基础

3.1.1 生态环境定义

生态这一概念是德国生物学家在 1866 年提出的，是指有机体与环境之间的关系。国内外各种文献中，有关"生态环境"的定义和内涵不尽相同，没有形成统一的概念。总体上讲，"生态环境"的定义和内涵主要有以下几种观点：最早的观点认为"生态环境"是指生态系统中除人类以外不同层次的生物组成的生命系统，主要侧重于"生态系统"的定义；另一种观点侧重于"环境"的定义，即由各种自然要素构成的自然系统，具有环境与资源的属性。早期研究中，狭义的观点认为"生态环境"就是生境，即生物的生活环境，主要包括地理位置、地形地貌、水热条件等；后来逐渐扩展为"人类周围的自然界"，因而赋予生态环境有别于一般环境的定义，成为生物圈这一自然环境的代名词。生态环境是人类生存与发展的物质基础和空间条件，是生命系统和环境系统通过物质循环、能量流动和信息交换而形成的有机整体，其中环境系统是指生物以外的自然条件，包括地质地貌、气候，水文、土壤等因子，生命系统是指人类以外的生物界，主要研究对象是生物多样性特征和生物对生境的影响等。一般来说，"生态环境"是指以人类为中心的生态系统，从长远来看，生态环境的科学与研究具有特殊的重要性和决定性的意义。目前，关于生态环境的内涵与复杂程度远远超过了传统生态学对"生态环境"的定义。

从上述各种观点中可以看出，尽管对生态环境的研究角度和理解不尽相同，但都强调了生态环境包括生物因素和非生物因素；人类是生态环境的主体，人类周围的自然界是客体，主体与客体相互联系、相互作用并相互影响。

因此，在环境科学的研究范畴内，可将生态环境定义为：以人类为中心的各种自然要素（生物要素、非生物要素）和社会要素的综合体。其中的自然要素在人类活动的影响下，不再是原始的、纯粹的自然，而是人化的自然。其中的社会要素因受自然环境的影响，无不打上自然的烙印而成为自然化的社会。

3.1.2 生态影响含义

人类非污染活动引起生态系统发生变化的现象叫非污染生态影响（即生态影响），这一概念是相对工业与生活污染源对环境的影响行为而提出的，这类影响可能是有利的，也可能是不利的，它并非有毒或有害物质引起，而是人类活动超出了大自然的承载能力而发生的生态环境问题。也有学者认为，所谓非污染生态影响是指人类的开发建设活动对自然资源和区域环境产生的非污染型的影响，比如土地利用和土地覆被变化对地球生态系统碳循环的影响。

旅游活动对自然保护区的影响；高速公路建设对城市及郊区生态环境的影响等，它是区别于污染生态影响而命名的。

3.1.3 生态环境影响的特征

生态影响有别于传统意义上的生态影响和环境影响，它是人类认识自然、改造自然和保护自然过程中一个新阶段。起初，人类盲目开发自然资源，污染环境从而出现"八大公害"的重大事件，使人们认识到保护环境的重要性，从盲目开发到防治污染的转变是人类环境保护历史上一个里程碑。因此，非污染生态影响有其自己的特点，如两面性、累积性、潜在性等特点。

1. 两面性

两面性是指有利影响与不利影响共存。人类活动对自然生态系统的影响既有有利的一面，也有不利的一面。因为开发建设项目一般会带来可观的效益（经济效益、社会效益、环境效益），而目前绝大部分的开发建设活动都会给生态环境带来不利的影响和破坏。因此，在评价人类开发建设活动的生态影响时，要两者兼顾，权衡利弊，最终做出一个全面的评价。

2. 潜在性和累积性

潜在性也可以称之为隐蔽性。当人类活动以一定方式作用于生态系统时，对自然产生的非污染生态影响开始可能很小，甚至不明显，即在短期内没有表现，以隐藏的方式存在。然而当经过长期的发展过程，影响累积到一定量时，就会发生质的变化，从而对生态系统产生巨大的、甚至毁灭性的影响。累积性还包含另外一个方面即生态效应的累积性。对于生物物种、生境的改变可能影响遗传性能导致物种退化，甚至消亡。人类文明在开发初期，创造了人类历史的辉煌成就，然而随着人类开发建设活动的不断深入，对生态环境破坏的不断加剧，这些对生态环境的不利影响逐渐累加，最终发展到目前这种状况。因此，我们在评价人类开发建设活动产生的生态影响时，既要注意其隐蔽性，又要预见其累积性，从而提前采取措施，找到对策。

3. 整体性

生态影响最显著的一个特点是具有整体性，它会影响生态系统的完整性。生态完整性是某一等级生态体系表现的良好状态，即在长久时间内该生态系统体系处于波动稳定平衡状态，这一波动稳定平衡是以生物组分为中心的波动平衡，而且是水平波动平衡状态。在每个生态系统中，生物与生物之间，生物与大地之间都有着不可或缺的能量与物质的频繁交换，生态系统通过能流、物流和信息流的流动，使整个系统保持生态平衡。但是，当有人为活动作用于系统时，能流、物流和信息流所遵循的规律发生紊乱，可能造成某个环节发生变化。生态系统的各个环节紧密联系，任何一个环节发生改变，必然会影响其他部分以至整个系统，从而破坏生态系统的完整性。因此，生态影响要从生态完整性这一全新角度出发，选取不同的指标，对区域开发建设活动进行评价。

3.2 影响因素指标体系构建

指标是反应生态环境变化的基本尺度和衡量标准，指标体系是判断生态环境变化的根本条件和理论基础，其选取的合适与否将直接影响判断结果的准确性和可靠性。影响因素指标体系构建可以弥补单一指标的不足，能较全面地反映生态环境现状。由于区域的自然、社会经济情况不同，研究者所处的背景不同，建立的指标体系也不同，所以很难有统一的指标体系。

3.2.1 指标选取原则

1. 代表性原则

生态环境的组成因子众多，各因子之间相互作用、相互联系构成一个复杂的综合体。影响指标体系不可能包括生态环境的全面因子，只能从中选择最具代表性、最能反映生态环境本质特征的指标。

2. 全面性原则

生态环境是一个由自然—社会—生态因素组成的复杂综合体，包括大气、水、岩石、土壤、生物、社会经济等各方面，因此，选取指标要尽可能地反映生态系统各个方面的特征。

3. 综合性原则

生态环境是自然、生物和社会构成的复合系统，各组成因子之间相互联系、相互制约，每一个状态或过程都是各种因素共同作用的结果。因此，指标体系中的每个指标都应是反映本质特征的综合信息因子，能反映生态环境的整体性和综合性特征。

4. 简明性原则

指标选取以能说明问题为目的，要有针对性地选择有用的指标，指标繁多而容易顾此失彼，重点不突出，掩盖了问题的实质。因此，指标要尽可能地少，尽可能地简单。

5. 方便性原则

指标的定量化数据要易于获得和更新。虽然有些指标对环境质量有极佳的表证作用，但数据缺失或不全，就无法进行计算和纳入指标体系。因此，选择指标必须实用可行，可操作性强。

6. 适用性原则

易于推广应用。从空间尺度来讲，选择的指标应具有广泛的空间适用性，对省、市、县等不同的区域而言，都能运用所选择的指标客观地反映出区域的生态环境变化情况。

3.2.2 指标体系的构建

1. 生态敏感性指标体系

基于国内外学者的研究成果以及生态脆弱性的成因分析，建立了生态敏感性指标体系，即原始的敏感性指标，如表3-1所示。

表 3-1 生态敏感性指标

原始敏感性指标	
空间格局安全敏感性	海洋保护区核心斑块面积百分比
	生境景观格局多样性
	生境破碎化指数
	重点保护生境面积百分比
植被多样性敏感性	植被 NDVI 指数
	物种丰富度指数
	物种多样性指数
	植被盖度
	外来物种入侵面积比
底栖生物敏感性	大型底栖动物种数
	大型底栖动物密度
	大型底栖动物多样性
产卵场敏感性	鱼卵物种数
	鱼卵数量
	鱼卵密度
	鱼卵多样性
	仔鱼物种数
	仔鱼数量
	仔鱼密度仔鱼多样性
沉积物敏感性	沉积物盐度
	沉积物粒度
	沉积物有机碳
	pH 值
	营养盐（氮、磷）
	CU、Pb、Zn、Cr、Hg
	石油污染物含量
盐水入侵敏感性	矿化度
	K^+、Na^+、Ca^{2+}、Mg^{2+}
	HCO_3^-、SO_4^{2-}、Cl^-
	电导率
	pH 值
水环境污染敏感性	悬浮物
	总氮
	透明度
	总磷
	CU、Pb、Zn、Cr、Hg
	DO
	COD
	盐度
	石油类污染物

2. 环境影响因子指标体系

环境影响因子指标主要包括表 3-2 罗列出来的 2 个一级指标、7 个二级指标与 21 个三级指标。

表 3-2 环境影响因子指标

一级指标	二级指标	三级指标	实际采取的指标
自然环境影响要素	气候	气温	气温
		降雨量	降雨量
		湿度	
		日照时长	日照时长
		风速	风速
		风力	
		风向	
	自然灾害	寒潮	寒潮
		雷暴	雷暴
		暴雨	
		赤潮	
		台风	
		地震	
		海啸	
		水土流失率	
	地形	起伏度	起伏度
		坡度	坡度
		坡向	
		海拔高度	海拔高度
	潮汐	潮差	
		海岸侵蚀率	
		海平面升降	
	生物入侵	外来物种数量	
人类活动影响要素	人口	常住人口数量	常住人口数量
		人口密度	人口密度
		人口自然增长率	人口自然增长率
	经济	GDP 总量	GDP 总量
		人均 GDP	人均 GDP
		第二产业比重	第二产业比重
		第三产业比重	第三产业比重
		海洋水产业产值	海洋水产业产值
	旅游	旅游业产值	旅游业产值
		年均旅游人数	年均旅游人数
	工业污染	工业企业数量	工业企业数量
		污染物排放总量	污染物排放总量
	养殖	年捕捞量	
		近海养殖面积	
		人工养殖密度	
	近海工程	围域填海面积	
		大规模围填海工程项目	

3.3 影响因素识别方法体系

3.3.1 层次分析法

不同的环境因素对区域生态环境的影响程度是不同的，因此在具体的研究过程中，需要对环境影响因素根据其重要性赋予权重。本文采用的是层次分析法。层次分析法的核心是根据决策者的经验判断，来提高决策依据的准确性，通常适用于目标结构较为复杂和统计数据缺少的情况。层次分析法是对主观判断加以形式化的分析和处理，并逐渐消除主观性，从而将其转化为客观的描述。但在实际的操作过程中，由于客观事物存在复杂性，决策者自身认知的主观性，需要对判断矩阵进行一致性检验，来确保结果的可信度。具体步骤如下：

第一步，建立判断矩阵 A。根据 Satty 教授提出的比例九标度体系（表 3-3），依据各因素对目标层次的重要性两两相互比较而形成判断矩阵 A，判断矩阵 A 中第 i 行和第 j 列的元素 x_{ij} 表示指标 x_i 与 x_j 比较后得到的标度系数。

第二步，计算判断矩阵中的每一行各标度数据的几何平均数，记作 W_i。

第三步，进行标准化处理。标准化处理的公式是：

$$W'_i = \frac{W_i}{\sum W_i} \tag{3-1}$$

根据公式计算所得出的结果即为各个指标的权重系数。

第四步，一致性检验。一致性指标判断公式是：

$$CI = \frac{\lambda_{\max} - n}{n - 1} \tag{3-2}$$

判断矩阵的平均随机一致性指标 RI 值（表 3-3）。根据以上两个指标，对判断矩阵 A 进行一致性检验，当矩阵阶数大于 2，并且一致性比率 $CR = CI/RI < 0.10$ 时，即可判定该矩阵具有一致性，计算的权重系数具备可信度，反之则需要对判断矩阵进行调整，直至使之具有一致性。

表 3-3 比例标度值体系别（重要性分数 xij）

取值含义	1~9 标度	5/5~9/1 标度	9/9~9/1 标度
i 与 j 同等重要	1	1　（5/5＝）	1　（9/9＝）
i 比 j 较为重要	3	1.5　（6/4＝）	1.286　（9/7＝）
i 比 j 更为重要	5	2.33　（7/3＝）	1.8　（9/5＝）
i 比 j 强烈重要	7	4　（8/2＝）	3　（9/3＝）
i 比 j 极端重要	9	9　（9/1＝）	9　（9/1＝）
介于上述相邻两级之间重要程度的比较	2、4、6、8	1.222　（5.5/4.5＝） 1.875　（6.5/3.5＝） 3　（7.5/2.5＝） 5.67　（8.5/1.5＝）	1.125　（9/8＝） 1.5　（9/6＝） 2.25　（9/4＝） 4.5　（9/2＝）
j 与 i 比较	上述各数的倒数	上述各数的倒数	上述各数的倒数

表 3-4 平均随机一致性指标 RI 值

n	1	2	3	4	5	6	7	8	9	10	11	12	13	14	15
RI	0	0	0.52	0.89	1.12	1.26	1.36	1.41	1.46	1.49	1.52	1.54	1.56	1.58	1.59

3.3.2 典范对应分析法

典范对应分析是在对应分析基础上建立起来的，兼顾对应分析与多元回归分析的排序方法，在具体的计算过程中每一步都要同环境因子进行回归。其基本思路是在对应分析的迭代过程中将计算出的样方排序坐标值分别同环境因子进行多元线性回归。典范对应分析包含有两个矩阵：解释变量数据矩阵和环境数据矩阵。第一步和对应分析一样，要计算出样方排序值和种类排序值，然后通过回归分析方法，并结合环境因子，从而得到样方排序值，代表着样方种类组成和生态重要值对解释变量的作用，同时得出环境因子的影响程度。最后将样方排序值加权平均，得到种类排序值，进而让种类排序坐标值也间接与环境因素有关。典范对应分析的整体运算可以通过 Canoco 软件进行操作。

CCA 的矩阵必须有样方与解释变量、环境分别组成对应的解释变量数据矩阵和环境数据矩阵，否则不能做 CCA 分析。本研究中因无法获取与解释变量相应的样方环境因子，所以不能使用 CCA 分析方法。

3.3.3 灰色关联度分析法

灰色关联度分析法是一种定量描述和比较系统变化以及发展态势的系统分析方法，主要通过不同因素的样本数据，通过公式计算出灰色关联度，进而得出不同因素之间关联程度的强弱、大小和顺序。主要依托于空间理论的数学基础，按照规范性、偶对称性、整体性和接近性的灰色关联四公理原则，确定参考序列和若干个比较数列之间的关联系数和关联度。主要目的是分析出系统中不同因素间的重要关系、寻找影响特定目标的主要因素，进而了解目标因素的特点，增强系统稳定性。

灰色系统关联分析的基本流程是先将各个影响因子与目标因素的关联系数求出，然后通过关联系数计算得出关联度，根据关联度的数值大小加以排序和分析，最后得出两者之间的关联程度和重要性。这种方法与精确的数学方法相比，是将主观的意图和观念加以概念化和模型化，将原本灰色的系统在结构、模型方面逐渐明晰，模糊的因素之间的关系逐渐明确。因此，这一方法更加适用于样本数据量不大，数据灰度较大以及数据分布缺少典型规律的研究。

分析区域自然与人为因素对区域生态敏感性的影响程度，判断影响区域生态敏感型的主要因素是研究的主要目的，生态敏感性指标体系以及影响因子指标体系中涉及的统计数据种类较多，并且数据分布没有规律，因此选择灰色关联度进行分析。

3.4 辽河口生态环境影响因素案例研究

3.4.1 所需数据与数据获取来源

1. 生态敏感性指标数据

在实际的研究过程中根据数据的获取情况有选择性的挑选相应的敏感性指标，并对选择的原因及其数据来源加以详细说明（表3-5）。

表 3-5 生态敏感性指标选择过程以及数据来源说明

原始敏感性指标		采用的敏感性指标	未采用的原因	采用指标的数据来源
空间格局安全敏感性	海洋保护区核心斑块面积百分比		研究区域没有海洋保护区,无相关数据	
	生境景观格局多样性	生境景观格局多样性		根据景观类型和面积,结合香农-威纳指数计算所得
	生境破碎化指数	生境破碎化指数		2001 年、2008 年与 2013 年鸳鸯岛土地类型用地面积以及破碎化指数公式得出
	重点保护生境面积百分比	重点保护生境面积百分比		重点生境面积是用鸳鸯岛的面积(4.4 km²)代替,然后与辽河三角洲滨海湿地(3 000 km²)做比值得出 2001 年与 2008 年无重点保护生境,数值记为 0
植被多样性敏感性	植被 NDVI 指数		缺少近红外波段与红外波段的测量数值,无法计算	
	物种丰富度指数	物种丰富度指数		2013 年的数据根据调查所得的鸳鸯岛的植物物种种类数及株数,利用、Margalef 指数计算。2001 年由于植被只有翅碱蓬,丰富度为 0。2008 年没有相关数据记为 0
	物种多样性指数	物种多样性指数		2013 年的数据根据调查所得的鸳鸯岛的植物物种种类数及株数,利用香农-威纳指数计算。2001 年植被只有翅碱蓬,多样性为 0。2008 年无相关数据记为 0
	植被盖度	植被盖度		根据现场划定测量的样方数据中的植被盖度进行求和得到的
	外来物种入侵面积比		未统计相关数据	
底栖生境敏感性	大型底栖动物种数	底栖动物数量		现场调查的近岸底栖动物的数据,调查数据是 2004—2010 年,研究中是要分析 2001 年、2008 年与 2013 年的影响变化,因此用相近的 2004 年、2010 年的数据替代 2001 年、2013 年的数据
		底栖动物重量		
		底栖动物生物量		
	大型底栖动物密度	底栖动物密度		
	大型底栖动物多样性		缺少底栖动物的物种类型的数据,无法计算	

续表

原始敏感性指标		采用的敏感性指标	未采用的原因	采用指标的数据来源
产卵场敏感性	鱼卵物种数		现场测量的数据中没有该项数据	现场的调查数据。缺少 2001 年、2013 年的数据，用相近的 2006 年、2010 年的数据代替
	鱼卵数量	鱼卵数量		
	鱼卵密度	鱼卵密度		
	鱼卵多样性		缺少鱼卵物种类型的数据，无法计算	
	仔鱼物种数		现场测量的数据中只有 2004 年、2005 年的细胞数量，数据量太少，无法计算分析	
	仔鱼数量			
	仔鱼密度			
	仔鱼多样性			
沉积物敏感性	沉积物盐度		缺少相关数据	
	沉积物粒度		缺少相关数据	
	沉积物有机碳	有机碳		数据来源于沉积物质量的调查数据，缺少 2001 年与 2013 年的数据，用相近的 2005 年与 2010 年的数据代替
		硫化物		
	pH 值		无相关测量数据	
	营养盐（氮、磷）	总氮		2013 年的数据是根据现场调查的样方数据求和得到的。
		总磷		
	Cu、Pb、Zn、Cr、Hg	重金属含量		2008 年的数据是根据现场测量得到的沉积物质量要素的相关数据得到的。2001 年的数据无法获取，记为 0
	石油污染物含量		无相关测量数据	
盐水入侵敏感性	矿化度		无数据来源，无法进行计算分析	
	K^+、Na^+、Ca^{2+}、Mg^{2+}			
	HCO_3^-、SO_4^{2-}、Cl^-			
	电导率			
	pH 值			
水环境污染敏感性	悬浮物		无相关数据	
	总氮		无相关数据	
	透明度		无相关数据	
	总磷		无相关数据	
	Cu、Pb、Zn、Cr、Hg		无相关数据	
	DO	DO		
	COD	COD		
	盐度	盐度		来源于通过现场测量的海水水质的相关测量数据，其中，缺少 2001 年、2013 年的数据，用相近的 2004 年与 2010 年的对应数据来代替
	石油类污染物	石油类污染物		
		pH 值	根据现场调查的海水水质的数据新增加的四项指标	
		氨-氮		
		硝酸盐-氮		
		叶绿素 a		

2. 环境影响因子数据

在实际的研究分析过程中用到的环境影响指标主要包括表3-6罗列出来的2个一级指标、7个二级指标与21个三级指标。在初期的数据收集过程中，由于有关鸳鸯岛的数据来源较少，无法获取相关数据，因此多采用的是鸳鸯所在的盘锦市的相关数据，原始数据的差异可能会使最终的研究结果产生偏差，所以就具体的数据来源加以说明。

表 3-6　环境影响因子指标数据选择过程及其来源说明

一级指标	二级指标	三级指标	实际采取的指标	未采取原因	数据来源
自然环境影响要素	气候	气温	气温		2001年、2008年盘锦市统计年鉴，2013年盘锦湿地的调查报告
	自然灾害	降雨量	降雨量		2001年、2008年盘锦市统计年鉴，2013年盘锦市调查报告
		湿度		无法找到可靠数据	
		日照时长	日照时长		2001年、2008年、2013年盘锦市统计年鉴
		风速	风速		2001年、2008年盘锦市统计年鉴，2013年盘锦市调查报告
		风力		年鉴、调查报告没有统计数据，无法做关联度分析	
		风向			
		寒潮	寒潮		2013年盘锦市调查报告，2008年盘锦市统计年鉴，2001年数据未找到，为计算方便，记为1次
		雷暴	雷暴		
		暴雨			
		赤潮			
		台风		鸳鸯岛自然灾害少，未找到相关数据，无法做关联度分析	
		地震			
		海啸			
		水土流失率			
	地形	起伏度	起伏度		从网上相关资料获取
		坡度	坡度		2001年、2008年、2013年盘锦市统计年鉴
		坡向		未找到相关数据	
		海拔高度	海拔高度		2001年、2008年、2013年盘锦市统计年鉴
	潮汐	潮差		未找到相关数据	
		海岸侵蚀率			
		海平面升降			
	生物入侵	外来物种数量		鸳鸯岛刚开发，没有外来物种入侵	

续表

一级指标	二级指标	三级指标	实际采取的指标	未采取原因	数据来源
人类活动影响要素	人口	常住人口数量	常住人口数量		盘锦市统计年鉴
		人口密度	人口密度		盘锦市统计年鉴
		人口自然增长率	人口自然增长率		盘锦市统计年鉴
	经济	GDP 总量	GDP 总量		盘锦市统计年鉴
		人均 GDP	人均 GDP		盘锦市统计年鉴
		第二产业比重	第二产业比重		盘锦市统计年鉴
		第三产业比重	第三产业比重		盘锦市统计年鉴
		海洋水产业产值	海洋水产业产值		盘锦市统计年鉴
	旅游	旅游业产值	旅游业产值		盘锦市统计年鉴
		年均旅游人数	年均旅游人数		盘锦市统计年鉴
	工业污染	工业企业数量	工业企业数量		盘锦市统计年鉴
		污染物排放总量	污染物排放总量		计算盘锦市统计年鉴中固体废弃物、工业废水、工业 SO_2、烟粉尘排放量
	养殖	年捕捞量		调查报告中只有 2013 年的数据，统计年鉴、实地调查报告中都未找到 2001 年、2008 年相关数据，无法做关联度分析	
		近海养殖面积		统计年鉴、实地调查报告中都未找到 3 年相关数据，无法做关联度分析	
		人工养殖密度			
	近海工程	围域填海面积		调查报告中只有 2013 年的数据，统计年鉴、实地调查报告中都未找到 2001 年、2008 年相关数据，无法做关联度分析	
		大规模围填海工程项目			

3.4.2 生态脆弱性关联度分析

1. 数据分析过程

1) 原始数据标准化

根据研究需要和数据的可获得性，本研究选取了 2001 年、2008 年、2013 年 3 年的数据进行研究。区域生态敏感性指标中，空间格局安全敏感性和植被多样性敏感性数据来自于遥感，其余来自于对鸳鸯岛的实地调查；环境影响因子数据主要来源于盘锦市政府统计公报和统计局的相关资料等。

首先，由于数据的量纲不同，为研究成果的可靠性和科学性，选用均值化对数据进行无量纲化处理，公式如下：

$$X'_i = \frac{X_i}{\overline{X}} \tag{3-3}$$

其中，X'_i 为均值化的标准值；X_i 为数据 i 的原始值；$\overline{X}$ 为所有数据的平均值。

通过两种数据处理方式的对比和现有数据的分布情况，对敏感性因子以及影响因子的相关数据进行了均值化的处理，以生境景观格局多样性为例（表3-7）。

表3-7 生境景观格局多样性与自然环境影响因子数据均值化结果

年份	生境景观格局多样性	气温（℃）	降雨量（mm）	日照时长（h）	风速（m/s）	坡度（°）	海拔高度（m）	起伏度（m）	寒潮（次）	雷暴（次）
2001	0.1	9.1	611.6	2 759.5	3.2	2.0	4.0	17.8	1	1
2008	1.1	10.1	626.5	2 282.3	4.3	2.0	4.0	17.8	3	20
2013	1.9	8.9	667.4	2 688.2	5.8	2.0	4.0	16.9	5	23
均值	1.0	9.4	635.2	2 576.7	4.4	2.0	4.0	17.5	3	14.7
均值化数据										
2001	0.1	1.0	1.0	1.1	0.7	1.0	1.0	1.0	0.3	0.1
2008	1.1	1.1	1.0	0.9	1.0	1.0	1.0	1.0	1.0	1.4
2013	1.8	1.0	1.1	1.0	1.3	1.0	1.0	1.0	1.7	1.6

2）指标权重确定

根据层次分析法计算出了区域生态敏感性影响因子指标的权重（表3-8），为接下来的生态脆弱性关键敏感因子分析奠定了基础。

表3-8 生态敏感性影响因子指标权重

一级指标	二级指标	三级指标	权重	一级指标	二级指标	三级指标	权重
自然环境影响要素	气候	气温	0.390 8	人类活动影响要素	人口	常住人口数量	0.310 8
		降雨量	0.390 8			人口密度	0.493 4
		日照时长	0.150 9			人口自然增长率	0.198 0
		风速	0.067 5		经济	GDP 总量	0.309 3
	自然灾害	寒潮	0.75			人均 GDP	0.081 9
						第二产业比重	0.292 0
		雷暴	0.25			第三产业比重	0.192 7
						海洋水产业产值	0.124 1
	地形	起伏度	0.258 3		旅游	旅游业产值	0.55
		坡度	0.637 0			年均旅游人数	0.45
					工业污染	工业企业数量	0.25
		海拔高度	0.104 7			污染物排放总量	0.75

3）关联系数

研究中运用灰色关联分析对每一个区域生态敏感性指标与环境影响因子之间的关联度加以计算，下面以生境景观格局多样性与自然环境影响因子的关联度为例，阐述具体计算过程。

设经过数据处理后的目标数列为：

$$\{x_0(t)\} = \{x_{01}, x_{02}, \cdots, x_{0n}\} \tag{3-4}$$

与目标数列进行相关性比较的 p 个数列（比较数列）为：

$$\{x_1(t), x_2(t), \cdots, x_p(t)\} = \begin{Bmatrix} x_{11} & x_{12} & \cdots & x_{1n} \\ x_{21} & x_{22} & \cdots & x_{2n} \\ \vdots & \vdots & \cdots & \vdots \\ x_{p1} & x_{p2} & \cdots & x_{pn} \end{Bmatrix} \tag{3-5}$$

其中，n 为比较数列的数据个数。

从几何的角度来看，相关程度就是目标序列与比较数列所呈现的曲线形状之间的相似性。在比较序列和参考序列的曲线形状接近时，两者之间的关系更大；否则两者间的关系较小。因此，曲线间的差值可作为衡量关联度的标准。

将第 k 个比较数列（$k = 1, 2, \cdots, p$）各期的数值与目标数列对应期的差值的绝对值表示为：

$$\Delta_{ok}(t) = |x_0(t) - x_k(t)| \quad t = 1, 2, \cdots, n \tag{3-6}$$

对于第 k 个比较数列，分别记 n 个 $\Delta_{ok}(t)$ 中的最小数和最大数为 $\Delta_{ok}(\min)$ 和 $\Delta_{ok}(\max)$。对 p 个比较数列，又记 p 个 $\Delta_{ok}(\min)$ 中的最小者为 $\Delta(\min)$，p 个 $\Delta_{ok}(\max)$ 中的最大者为 $\Delta(\max)$。这样 $\Delta(\min)$ 和 $\Delta(\max)$ 分别是所有比较数列在各期的绝对差值中的最小者和最大者。见表 3-9。

表 3-9 绝对差数据

年份	气温（℃）	降雨量（mm）	日照时长（h）	风速（m/s）	坡度（°）	海拔高度（m）	起伏度（m）	寒潮（次）	雷暴（次）
2001	0.9	0.9	1.0	0.6	0.9	0.9	0.9	0.2	0.0
2008	0.0	0.1	0.2	0.1	0.1	0.1	0.0	0.1	0.3
2013	0.9	0.8	0.8	0.5	0.8	0.8	0.9	0.2	0.3

注：$\Delta(\min)$ 为 1.795 94；$\Delta(\max)$ 为 0.013 67。

于是，第 k 个比较数列与目标数列在 t 时期的关联系数的计算公式如下：

$$\zeta_{ok}(t) = \frac{\Delta(\min) + \rho\Delta(\max)}{\Delta_{ok}(t) + \rho\Delta(\max)} \tag{3-7}$$

其中，ρ 为分辨系数，取值范围为（0，1），作用是削弱 $\Delta(\max)$ 过大造成的关联系数失真的影响力。引入分辨系数主要目的是增加彼此的差异性。一般 ρ 取值为 0.5，鉴于具体数据的差异较小，因此在计算过程中选取的 ρ 值为 0.2。

可以看出，关联系数反映了特定时期内两个数列的密切程度。在 $\Delta_{ok}(t) = \Delta(\min)$ 时，$\zeta_{ok}(t) = 1$，此时关联系数最大；而在 $\Delta_{ok}(t) = \Delta(\max)$ 时，此时的关联系数最小。因此，关联系数的变化范围为（0，1）。当目标数列的数据个数为 n 个时，那么根据 p 个比较数列可以算出 $n \times p$ 个关联系数。见表3-10。

表3-10　关联系数

年份	气温 （℃）	降雨量 （mm）	日照时长 （h）	风速 （m/s）	坡度 （°）	海拔高度 （m）	起伏度 （m）	寒潮 （次）	雷暴 （次）
2001	0.3	0.3	0.3	0.4	0.3	0.3	0.3	0.6	0.9
2008	1.0	0.9	0.7	0.8	0.9	0.9	0.9	0.9	0.6
2013	0.3	0.3	0.3	0.4	0.3	0.3	0.3	0.7	0.6

4）关联度

关联系数能够反映各个比较数列和目标数列的相关性，但是关联系数代表的关联信息分布分散，难以进行整体性比较。因此，需要通过求平均值的方法来将关联信息集中处理，计算公式为：

$$r_{ok} = \frac{1}{n} \sum_{i=1}^{n} \zeta_{ok}(t) \tag{3-8}$$

关联度反映的是不同因素之间相关程度的大小，具体的数值大小意义并不是很大，主要是要得出的比较数列同目标数列之间关联度大小的排序，从而判断出各个比较因子相对于目标因素的主次关系。见表3-11。

表3-11　关联度

项目	气温 （℃）	降雨量 （mm）	日照时长 （h）	风速 （m/s）	坡度 （°）	海拔高度 （m）	起伏度 （m）	寒潮 （次）	雷暴 （次）
关联度	0.5	0.5	0.4	0.5	0.5	0.5	0.5	0.7	0.7

2. 生态敏感性与环境影响指标的关联度分析

关联度反映的是两大指标之间整体的关联程度，通过对关联度进行排序，可以识别环境影响因子指标体系中对生态敏感性指标影响较大的因素。根据已取得的数据与计算公式，计算区域生态脆弱性关联度，由此可以判断环境影响因子对不同区域生态敏感性指标的影响力大小。

根据表3-12可以看出，对空间格局安全敏感性的影响较大的主要是人为因素，其中年均旅游人数、污染物排放总量的影响是最大的，而自然因素的影响力相对较小；同样，对植被多样性敏感性的影响较大的是人为因素，包括年均旅游人数、污染物排放、GDP总量等，寒潮、雷暴、风速等自然因素也对植被多样性敏感性产生较大的影响；与底栖生境敏感性关联较大的影响因素主要是自然因素，包括起伏度、日照时长、气温、坡度与海拔高度等，而人文因素中的常住人口数量、GDP总量与旅游业产值等因素是对底栖生境敏感性有着较大的影响力；对产卵场敏感性影响较大的自然因素包括日照时长、降雨量、坡度与海拔高度，而第三产业比重、旅游业产值以及与人口相关的影响因素对产卵场敏感性的影响程度较大；对沉积物敏感性影响较大的主要是自然环境因素，包括雷暴、寒潮、日照时长、坡度、海拔高度、起伏度和降雨量等，人为因素中只有工业企业数量、年均旅游人数与常住人口数量的影响力较大；对于水环境污染敏感性而言，自然因素中的坡度、海拔高度、起伏度、气温、降雨量与日照时长的影响力较大，而第二产业比重、常住人口数量与第三产业比重等人为因素对水环境污染敏感性的影响力较大。

表 3-12　生态敏感性指标与环境影响因素的关联度排序表

排序	空间格局安全敏感性	植被多样性敏感性	底栖生境敏感性	产卵场敏感性	沉积物敏感性	水环境污染敏感性
1	年均旅游人数	年均旅游人数	常住人口数量	第三产业比重	雷暴	坡度
2	污染物排放总量	雷暴	GDP 总量	旅游业产值	寒潮	海拔高度
3	寒潮	污染物排放总量	起伏度	日照时长	工业企业数量	起伏度
4	雷暴	GDP 总量	日照时长	常住人口数量	年均旅游人数	第二产业比重
5	GDP 总量	寒潮	气温	降雨量	日照时长	人口密度
6	人均 GDP	人均 GDP	旅游业产值	坡度	坡度	气温
7	海洋水产业产值	旅游业产值	坡度	海拔高度	海拔高度	降雨量
8	工业企业数量	海洋水产业产值	海拔高度	起伏度	起伏度	日照时长
9	风速	工业企业数量	雷暴	自然增长率	常住人口数量	常住人口数量
10	第三产业比重	风速	降雨量	人口密度	降雨量	第三产业比重
11	气温	第三产业比重	寒潮	第二产业比重	人口密度	自然增长率
12	常住人口数量	常住人口数量	人均 GDP	污染物排放总量	风速	风速
13	人口密度	日照时长	第二产业比重	气温	第二产业比重	工业企业数量
14	降雨量	降雨量	年均旅游人数	风速	气温	海洋水产业产值
15	第二产业比重	人口密度	风速	工业企业数量	人均 GDP	旅游业产值
16	坡度	坡度	自然增长率	海洋水产业产值	第三产业比重	人均 GDP
17	海拔高度	海拔高度	人口密度	人均 GDP	GDP 总量	GDP 总量
18	起伏度	起伏度	第三产业比重	GDP 总量	海洋水产业产值	寒潮
19	日照时长	第二产业比重	工业企业数量	寒潮	自然增长率	年均旅游人数
20	旅游业产值	气温	污染物排放总量	年均旅游人数	污染物排放总量	雷暴
21	自然增长率	自然增长率	海洋水产业产值	雷暴	旅游业产值	污染物排放总量

对每一个影响因子的关联度值进行加总，最终得出区域生态敏感性与各个环境影响因子的总关联度值及其排序，见表 3-13。

表3-13 环境影响因子的关联度排序表

排序	影响因子	关联度值
1	坡度	13.046 76
2	海拔高度	13.046 76
3	起伏度	13.023 36
4	第二产业比重	12.984 85
5	人口密度	12.930 35
6	日照时长	12.830 09
7	气温	12.787 05
8	降雨量	12.762 10
9	常住人口数量	12.599 10
10	第三产业比重	12.130 70
11	自然增长率	11.830 28
12	工业企业数量	11.765 41
13	风速	11.730 96
14	雷暴	11.242 46
15	旅游业产值	11.125 32
16	寒潮	11.074 50
17	海洋水产业产值	10.983 04
18	人均GDP	10.852 07
19	GDP总量	10.774 45
20	年均旅游人数	10.490 85
21	污染物排放总量	10.050 20

根据表3-13的排序，坡度、海拔高度、起伏度、第二产业比重与人口密度等因素对区域生态敏感性影响较大。综合来看，自然环境因子的影响力要大于人为环境因子的影响力，这可能与研究岛屿的开发程度与形成原因有关。

3. 生态敏感性与环境影响指标的加权关联度分析

利用层次分析法对环境影响因子指标体系中的21个三级指标根据二级指标的分类分别赋予权重，然后结合关联度的计算结果得出区域生态敏感性与二级影响指标的加权关联度，以此为依据最终判断影响区域生态敏感性的主要环境因素（表3-14~表3-16）。

表 3-14 生态敏感性二级指标与环境影响二级指标加权关联度排序表

排序	空间格局安全敏感性	植被多样性敏感性	底栖生境敏感性	产卵场敏感性	沉积物敏感性	水环境污染敏感性
1	自然灾害	工业污染	人口	人口	自然灾害	地形
2	工业污染	旅游	地形	地形	地形	气候
3	旅游	自然灾害	气候	气候	气候	人口
4	经济	经济	经济	工业污染	人口	经济
5	气候	气候	旅游	旅游	经济	旅游
6	地形	地形	自然灾害	经济	工业污染	自然灾害
7	人口	人口	工业污染	自然灾害	旅游	工业污染

从表 3-14 中可以看出，自然灾害、工业污染和旅游三大影响力指标对空间格局安全敏感性与植被多样性敏感性的影响较大；人口、地形与气候因素对底栖生境敏感性、水环境污染敏感性与产卵场敏感性的影响力是最大的；自然灾害、地形与气候对沉积物敏感性的影响较大。

表 3-15 生态敏感性与影响因子二级指标加权关联度排序

排序	影响因子	加权关联度
1	地形	13.045 50
2	气候	12.712 53
3	人口	12.638 06
4	经济	11.750 13
5	自然灾害	11.116 49
6	旅游	10.609 15
7	工业污染	10.479 00

表 3-16 影响因子二、三级指标关联度对应表

排序	影响因子	加权关联度	三级指标	关联度	排序
1	地形	13.045 50	坡度	13.046 76	1
			海拔高度	13.046 76	2
			起伏度	13.023 36	3
2	气候	12.712 53	日照时长	12.830 09	1
			气温	12.787 05	2
			降雨量	12.762 10	3
			风速	11.730 96	4
3	人口	12.638 06	人口密度	12.930 35	1
			常住人口数量	12.599 10	2
			人口自然增长率	11.830 28	3
4	经济	11.750 13	第二产业比重	12.984 85	1
			第三产业比重	12.130 70	2
			海洋水产业产值	10.983 04	3
			人均 GDP	10.852 07	4
			GDP 总量	10.774 45	5

排序	影响因子	加权关联度	三级指标	关联度	排序
5	自然灾害	11. 116 49	雷暴	11. 242 46	1
			寒潮	11. 074 50	2
6	旅游	10. 609 15	旅游业产值	11. 125 32	1
			年均旅游人数	10. 490 85	2
7	工业污染	10. 479 00	工业企业数量	11. 765 41	1
			污染物排放总量	10. 050 20	2

总的来看，对区域生态敏感性影响最大的因素主要有地形、气候与人口。而其中地形因素当中的坡度与海拔高度两个因素的影响力更大，气候因素中的日照时长与气温的影响力相较于其他两个因素影响更大，人口因素中的人口密度对区域生态敏感性的影响更大，经济因素中的第二产业、第三产业比重两个因素的影响力比其他因素更大。

3.4.3　生态脆弱性指标因子排序分析

根据灰色关联度计算结果将区域生态敏感性的各个三级指标与环境影响因子的关联度进行排序，并做成相应的柱状图，以此来分析不同的环境因子对区域生态敏感性因子的影响程度。

1. 空间格局安全敏感性因子排序

从图 3-1 中可以看出，与生境破碎化指数关联度较大的影响因子包括污染物排放总量、年均旅游人数与 GDP 总量，说明在所采用的影响因子中，污染物排放总量对生境破碎化指数的影响最大，年均旅游人数、GDP 总量、寒潮、人均 GDP 与雷暴等因素对生境破碎化指数也有较大影响。

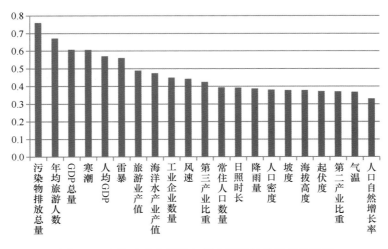

图 3-1　生境破碎化指数与影响因子的关联度排序图

图 3-2 中显示的年均旅游人数、雷暴、污染物排放总量等因素与重点生境保护面积百分比的关联度最大，说明这几大影响因子对重点生境保护面积的影响力最大。除此之外，GDP总量、寒潮、海洋水产业产值与工业企业数量以及风速等因素对重点生境保护面积百分比也有较大的影响力。

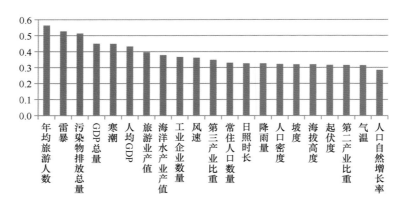

图 3-2　重点生境保护面积百分比与影响因子关联度排序图

从图 3-3 中可以看出，与景观生境多样性关联度最大的因素是年均旅游人数，表明对景观生境多样性的影响力最大。另外，寒潮、雷暴、GDP 总量与人均 GDP 以及人为因素中的工业企业数量、海洋水产业产值与污染物排放总量和自然环境因素中的风速、气温都对景观生境多样性有较大的影响。

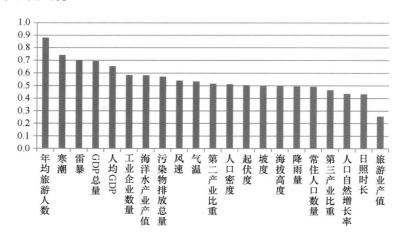

图 3-3　景观生境多样性与影响因子的关联度排序图

2. 植被多样性敏感性因子排序

根据图 3-4 来看，影响因素中的年均旅游人数、雷暴、污染物总量与植被物种多样性指数的关联度大，说明这几个因素对物种多样性指数的影响程度大。另外，GDP 总量、寒潮旅游业产值、海洋水产业产值、工业企业数量以及风速等因素对物种多样性指数的影响力也较大。物种丰富度指数与植被盖度同样受以上因素的影响较大，不做详细叙述。

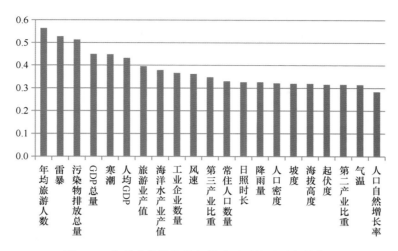

图 3-4　物种多样性指数与影响因子的关联度排序图

3. 底栖生境敏感性因子排序

从图 3-5 中可以看出，人口自然增长率与底栖动物数量的关联度最大，表明对底栖动物数量的影响力最大。而雷暴、气温、海洋水产业产值、第二产业比重、起伏度、坡度与海拔高度等地形因素对底栖动物的数量有较大的影响。

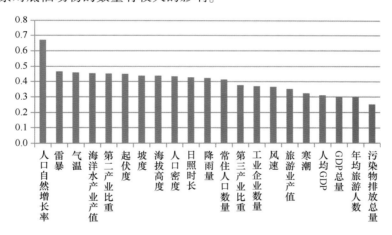

图 3-5　底栖动物数量与影响因子的关联度排序图

图 3-6 中的人口自然增长率与底栖动物密度的关联性最大，说明底栖动物密度受此因素的影响最大。而起伏度、日照时长、第二产业比重、气温、坡度、海拔高度、人口密度与降雨量等因素对底栖动物密度的影响力也较大。

从图 3-7 中可以看出，人口自然增长率、旅游业产值、日照时长、第三产业比重与海洋水产业产值与底栖动物重量的关联度大，因此对底栖动物重量的影响程度大的主要是人为因素的作用。另外坡度、海拔高度与起伏度等因素对底栖动物重量的影响也是比较大的。

图 3-8 中显示人口自然增长率与底栖动物生物量的关联度最大，说明对底栖动物生物量的影响程度最大。而第二产业比重、海洋水产业产值、起伏度、气温、人口密度、坡度、海拔高度与降雨量等因素对底栖动物生物量也有较大的影响。

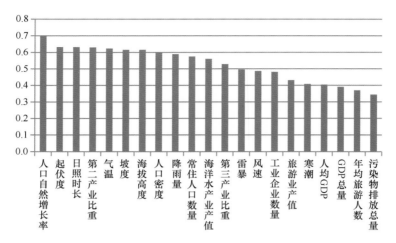

图 3-6 底栖动物密度与影响因子关联度排序图

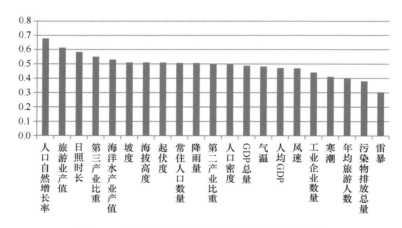

图 3-7 底栖动物重量与影响因子关联度排序图

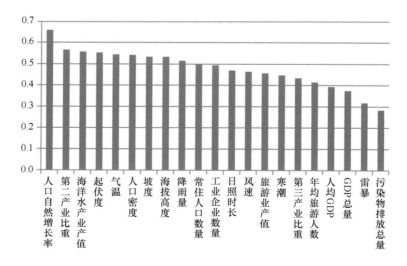

图 3-8 底栖动物生物量与影响因子关联度排序图

4. 产卵场敏感性因子排序

根据 2001 年、2008 年、2013 年鱼卵数量与环境因素的关联系数，得出鱼卵数量与环境因素的关联度（图 3-9），以此来分析环境因素对鱼卵数量的影响。从图中可以看出，对鱼卵数量的影响最大的前三个环境因素分别是第三产业比重、日照时长和常住人口数量，关联度分别为 0.596 7、0.562 9、0.507 6。在排名前 10 位的影响因素中，自然因素占 70%，关联度值和占前 10 位关联度和的 68.5%，可见，自然因素对鱼卵数量的影响是主要的。

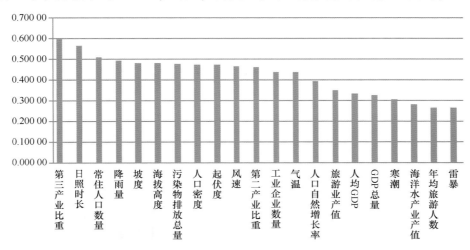

图 3-9　鱼卵数量与环境因素的关联度排序图

鱼卵密度和环境因素的关联度如图 3-10 所示，可以看出，旅游业产值对鱼卵密度的影响最大，远远高于其他因素的关联度值。人口自然增长率、海洋水产值对鱼卵密度的影响也较大。自然因素中日照时长、起伏度、坡度、海拔高度和气温对鱼卵密度的影响较大，这些因素间的关联度差值较小，都是不可忽视的影响因素。

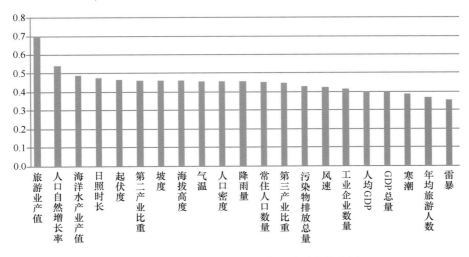

图 3-10　鱼卵密度与环境因素的关联度排序图

5. 沉积物敏感性因子排序

总氮与环境因素关联度排序如图 3-11 所示。可以看出，雷暴对总氮的影响最大。在前 10 位影响因素中，雷暴、降雨量、日照时长、坡度、海拔高度、气温、起伏度等自然因素对沉积物中总氮有较大影响，常住人口数量、年均旅游人数、人口密度对总氮的影响也较大，综合来看，自然因素对总氮的影响更大一些。

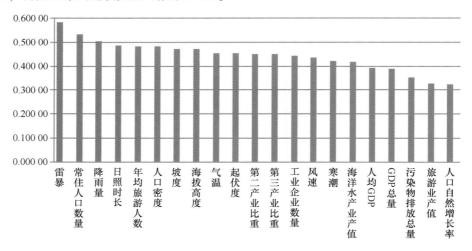

图 3-11　总氮与环境因素的关联度排序图

总磷与环境因素的关联度排序如图 3-12 所示。雷暴对沉积物中总磷含量的影响最大，远远超过位于第 2 位的寒潮。年均旅游人数、人均 GDP、工业企业数量、污染物排放量等人为因素也对沉积物中总磷的含量产生较大影响。

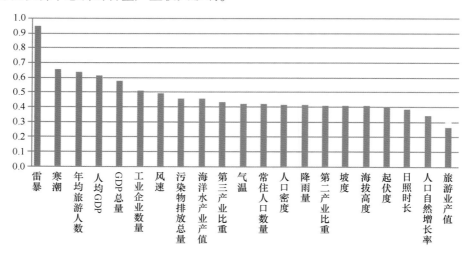

图 3-12　总磷与环境因素的关联度排序表

重金属与环境因素关联度的排序如图 3-13 所示。同样的，雷暴对沉积物中重金属含量的影响最大，关联度值远远高于紧随其后的年均旅游人数。年均旅游人数、寒潮、工业企业数量、人均 GDP、风速、GDP 总量对重金属的影响较大。

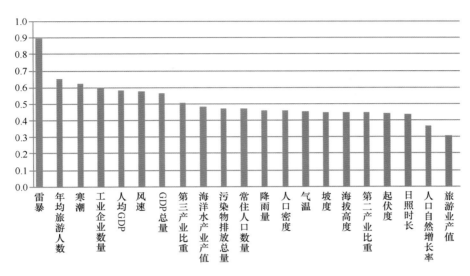

图 3-13　重金属与环境因素的关联度排序图

硫化物与环境因素关联度排序如图 3-14 所示。人口自然增长率对硫化物的影响最大，起伏度、坡度、海拔高度紧随其后，第二产业比重、人口密度、降雨量、气温等对硫化物的影响也较大。排名前 10 位的环境因素之间的关联度差值较大，自然环境因素的比例稍高于人为因素，因此，自然因素对硫化物的影响较大。

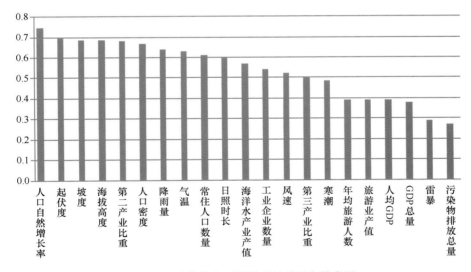

图 3-14　硫化物与环境因素的关联度排序图

有机碳与环境因素的关联度如图 3-15 所示。可以看出，日照时长对有机碳的影响最大，与其余因素的关联度差值较大。起伏度、第三产业比重等因素与有机碳的关联度之间的差距相对较小，在前 10 位影响因素中，自然环境因素的比例较大，关联度值也较大，因此，相对于人为因素，自然环境因素对有机碳的影响较大。

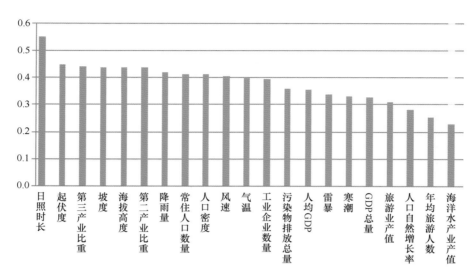

图3-15 有机碳与环境因素关联度值与排序图

6. 水环境污染敏感性的各个指标与影响因素的关联分析

从图3-16中可以看出气温、起伏度、第二产业比重与盐度的关联性最大,说明盐度受这几个因素的影响程度最大,主要是自然因素的影响力大。另外,坡度、海拔高度、人口密度、降雨量、常住人口数量与日照时长等因素对盐度的影响力较大。

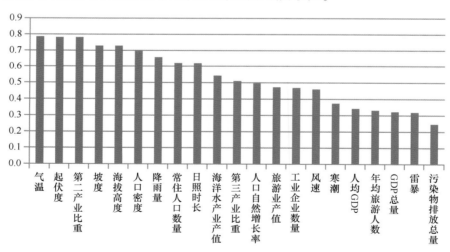

图3-16 盐度与影响因子关联度排序图

根据关联度排序图3-17来看,日照时长、起伏度、第二产业比重、坡度与海拔高度对溶解氧含量的关联度大,大多为自然因素。其次,气温、人口密度与降雨量对溶解氧的影响力也相对较大。

从图3-18中的排序来看,第三产业比重、风速、工业企业数量与化学需氧量的关联度最大,说明化学需氧量受这几个因素的影响最大。另外,常住人口数量、日照时长、降雨量、人口密度与GDP总量也对化学需氧量有着较大的影响。

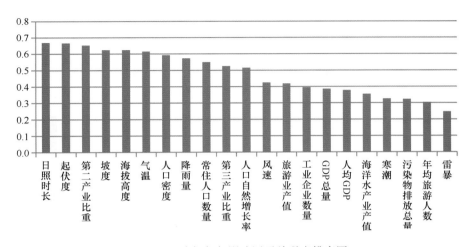

图 3-17 溶解氧与影响因子关联度排序图

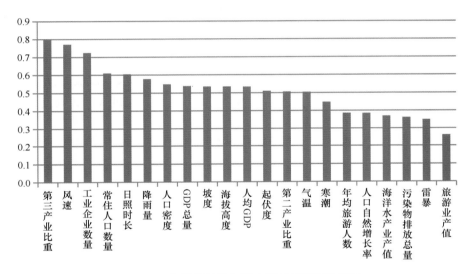

图 3-18 化学需氧量与影响因子关联度排序图

根据图 3-19 中的排序，人口自然增长率对石油污染物的影响最大，日照时长、海洋水产业产值、第三产业比重、起伏度、第二产业比重、坡度、海拔高度与旅游业产值等因素对石油污染物的影响较大。

从图 3-20 中可以看出，人口密度与工业企业数量与氨-氮的关联度最大，说明这两个因素对氨-氮的影响力最大。而之后排名的降雨量、坡度、海拔高度、气温、常住人口数量等因素对氨-氮的影响力差距不大，但影响力较大。

与硝酸盐-氮关联度最大的因素是日照时长，说明日照时长对硝酸盐-氮的影响最大。之后的人口密度、人口自然增长率、坡度、海拔高度因素对硝酸盐-氮的影响力也比较大，主要是自然因素对硝酸盐-氮的影响程度较大。如图 3-21 所示。

从图 3-22 来看，坡度与海拔高度与水环境的 pH 值的关联度最大，说明对 pH 值的影响是最大的。除此之外，起伏度、人口密度、第二产业比重与降雨量这几个因素与 pH 值的关联度也比较大，说明对水环境 pH 值也产生了较大的影响。

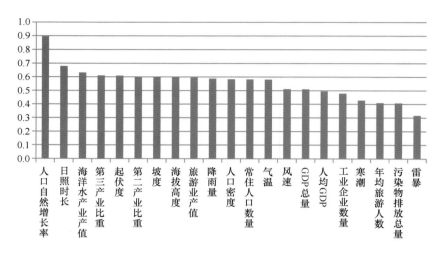

图 3-19 石油污染物与影响因子关联度排序图

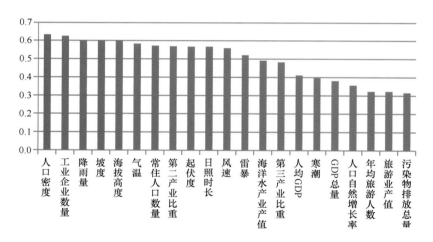

图 3-20 氨-氮与影响因子关联度排序图

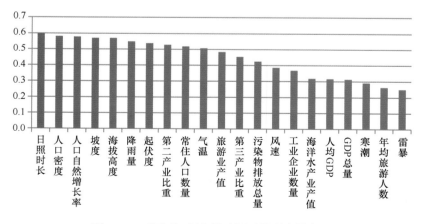

图 3-21 硝酸盐-氮与影响因子关联度排序图

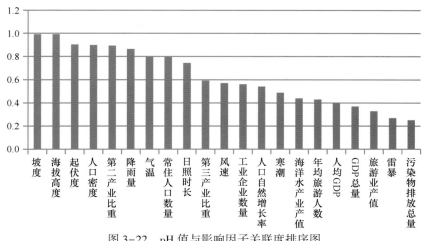

图 3-22　pH 值与影响因子关联度排序图

根据图 3-23 来看，选取的影响因素中，气温与叶绿素 a 的关联度最大，说明气温对叶绿素 a 的影响力是最大的。除了气温之外，第二产业比重、人口密度、起伏度、坡度、海拔高度、常住人口数量与降雨量等因素与叶绿素 a 的关联度都较大，影响力也较大。

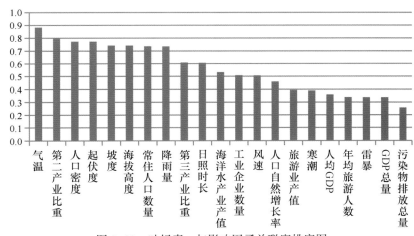

图 3-23　叶绿素 a 与影响因子关联度排序图

7. 生态敏感性指标因子排序分析

依据关联系数的计算公式，将生态脆弱性三级指标结果选取每年影响前三的因素进行加权计算，得出二级指标的生态脆弱性指标因子排序，进行分析。

1）空间格局安全敏感性

空间格局安全敏感性主要是由生境破碎化指数、重点生境面积百分比以及生境景观格局多样性来体现的，为了分析影响空间格局安全敏感性的主要影响因素，根据计算的关联系数，选择 3 个指标不同时期的前三位主要影响因素加权分析总结。2001 年，空间格局安全格局敏感性的主要自然影响因素包括风速、雷暴与寒潮，主要人为因素包括年均旅游人数、第三产业比重以及常住人口数量。从影响的程度来看，风速和雷暴这两大自然因素的影响比重较大。2008 年，影响空间格局安全敏感性的主要是以人为因素为主。其中，海洋水产养殖、旅游业产值、污染物排放总量以及第二产业比重与其关联程度较大，发挥主要影响作用。2013 年，自然因素对空间格局安全敏感性的影响程度继续削弱，年均旅游人数、污染物排放总量以及GDP总量成为主要影响因素。

2）植被多样性敏感性

植被多样性敏感性是由物种多样性、物种丰富度以及植被盖度3个指标来衡量的，根据3个指标不同年份的关联系数总结分析不同时期内影响植被多样性敏感性的主要影响因素。2001年影响植被多样性敏感性指标主要是雷暴、年均旅游人数以及寒潮三大因素，自然灾害是影响植被多样性敏感性最主要的因素。2008年与2013年自然因素对植被多样性敏感性的影响力减弱，主要的影响因素是污染物排放总量、旅游业产值、年均旅游人数以及GDP总量，随着时间的推移，人为因子对植被多样性敏感性的影响作用加强，尤其是经济的发展和旅游人数的增加。

3）底栖生境敏感性

底栖生境敏感性主要通过底栖动物的数量、密度、重量以及生物量4个指标来衡量。2001年，底栖生境敏感性是受自然和人为双重影响，自然环境中的日照时长与地形起伏度，人为因素中的人口自然增长率和旅游业产值起主要影响作用。2008年，底栖生境敏感性主要受人为因素的影响力较大，其中GDP产值、第二产业比重、第三产业比重、工业企业数量等因素对其敏感性影响明显，日照时长是主要的自然影响因素，影响力度逐渐增强。2013年，底栖生境敏感性的主要影响因素集中于人为因素，自然增长率、海洋水产业产值以及旅游产值是影响底栖生境敏感性的重要因素，人口数量的增加与相关产业的发展都是其底栖生境敏感性的重要影响因素。

4）产卵场敏感性

产卵场敏感性主要由鱼卵个数与鱼卵密度来衡量。2001年，自然环境中地形起伏度与日照时长对产卵场敏感性影响较大，而人为因素中的第二产业比重、旅游产值和自然增长率与产卵场的敏感性关系密切。2008年，产卵场敏感性的主要影响因素集中于污染物排放总量、旅游产值以及GDP总量等人为因素。2013年，人为因素仍然主要影响着产卵场的敏感性，其中第三产业比重、自然增长率与海洋水产业产值是主要影响因子。

5）沉积物敏感性

沉积物敏感性由总氮、总磷、重金属、硫化物以及有机碳5个指标来衡量。沉积物敏感性主要受自然因素的影响度较大，人为因素有一定的影响，但不是主要的。2001年，雷暴、日照时长以及地形起伏度对沉积物的敏感性影响较大。人为因素中主要是年均旅游人数和第二产业比重的影响较大。2008年，自然因素中坡度、寒潮、海拔高度与雷暴对沉积物敏感性产生重大影响，人为因素中污染物排放量成为主要的影响因子。2013年，人为因素对沉积物敏感性的影响有所增长，常住人口数量、人均GDP成为主要人为影响因子。总体而言，自然因素对沉积物敏感性的影响较大。

6）水环境污染敏感性

水环境污染敏感性选取盐度、溶解氧、化学需氧量、石油类污染物、氨–氮、硝酸盐–氮、pH值以及叶绿素a等指标加以度量分析。从表3–17中可看出，相比而言，自然因素对

表 3-17　2001 年、2008 年、2013 年生态脆弱性指标因子排序

年份	空间格局安全敏感性（影响因素/排序/关联系数）	植被多样性敏感性（影响因素/排序/关联系数）	底栖生境敏感性（影响因素/排序/关联系数）	产卵场敏感性（影响因素/排序/关联系数）	沉积物敏感性（影响因素/排序/关联系数）	水环境污染敏感性（影响因素/排序/关联系数）
2001	年均旅游人数/1/0.979 3 雷暴/2/0.971 3 风速/3/0.792 8 第三产业比重/4/0.765 7 常住人口数量/5/0.674 7	雷暴/1/0.985 2 年均旅游人数/2/0.962 9 寒潮/3/0.673 6	旅游业产值/1/0.783 9 自然增长率/2/0.760 1 起伏度/3/0.696 7 日照时长/4/0.568 3	起伏度/1/0.559 4 第二产业比重/2/0.545 8 旅游业产值/3/0.497 3 日照时长/4/0.488 6 自然增长率/5/0.385 2	雷暴/1/0.922 3 年均旅游人数/2/0.880 9 日照时长/3/0.807 8 第二产业比重/4/0.758 8 起伏度/5/0.668 2	海拔高度/1/0.986 8 第二产业比重/2/0.971 6 坡度/3/0.956 0 人口密度/4/0.903 1 常住人口数量/5/0.845 2
2008	气温/1/0.980 2 海洋水产业产值/2/0.978 8 第二产业比重/3/0.953 1 旅游业产值/4/0.848 7 污染物排放总量/5/0.483 7	旅游业产值/1/0.748 5 污染物排放总量/2/0.506 0 GDP 总量/3/0.403 6	GDP 总量/1/0.932 8 第二产业比重/2/0.913 8 第三产业比重/3/0.893 7 日照时长/4/0.836 7 工业企业数量/5/0.754 1	旅游业产值/1/0.896 7 污染物排放总量/2/0.852 3 GDP 总量/3/0.513 7 第三产业比重/5/0.452 1	坡度/1/0.913 5 寒潮/2/087 41 海拔高度/3/0.836 7 雷暴/4/0.719 7 污染物排放总量/5/0.592 6	第三产业比重/1/0.860 4 污染物排放总量/2/0.859 8 海洋水产业产值/3/0.837 5 GDP 总量/4/0.767 1 降雨量/5/0.607 1
2013	年均旅游人数/1/0.721 7 寒潮/2/0.712 5 GDP 总量/3/0.580 9 污染物排放总量/4/0.547 0	污染物排放总量/1/0.380 5 年均旅游人数/2/0.353 6 GDP 总量/3/0.314 1	自然增长率/1/0.596 6 海洋水产业产值/2/0.923 0 旅游业产值/3/0.440 6	第三产业比重/1/0.907 7 自然增长率/2/0.703 9 海洋水产业产值/3/0.701 0 风速/4/0.684 1 常住人口数量/5/0.668 5	常住人口数量/1/0.947 2 降雨量/2/0.921 6 日照时长/3/0.905 6 人均 GDP/4/0.851 6 寒潮/5/0.881 4	工业企业数量/1/0.986 2 海洋水产业产值/2/0.982 9 自然增长率/3/0.974 5 坡度/4/0.917 7 海拔高度/5/0.962 1

水环境敏感性的影响较小，人为因素起主要影响作用，每年的具体影响因子各有差异。2001年，主要指标是第二产业比重、人口密度和常住人口数量。2008年，随着鸳鸯岛经济的发展，第三产业比重、污染物排放总量、海洋水产业产值、GDP总量成为影响水环境敏感性的主要因子。2013年，工业企业数量、海洋水产业产值、自然增长率成为重要影响因子。

不同的敏感性指标在不同时期所受到的环境因子的影响程度是不同的，选取的时间范围内，其影响程度的变化趋势也各不相同，但从整体来看，随着时间的推移，对区域生态敏感性的影响因素由最先的自然因素为主，到之后的人为因素的影响力逐渐提升，对区域生态敏感性的作用也越来越大。

3.5 理论探讨

本研究选取空间格局安全敏感性、植被多样性敏感性、底栖生境敏感性、产卵场敏感性、沉积物敏感性和水环境污染敏感性六大指标建立区域生态环境变化影响因素指标体系。区域生态环境变化影响因素包含自然因素和人为因素，因此，研究从自然因素和人为因素两个方面建立了生态环境变化影响因素的指标体系，通过与现有的研究方法的比较和分析，采用灰色关联度法计算关联系数，研究发现：

（1）自然灾害、工业污染和旅游三大影响力指标对空间格局安全敏感性与植被多样性敏感性的影响较大；人口、地形与气候因素对底栖生境敏感性、水环境污染敏感性与产卵场敏感性的影响力是最大的；自然灾害、地形与气候对沉积物的敏感性有很大的影响。

（2）地形、气候和人口因素区域生态敏感性的主要影响因素。因此，为了鸳鸯岛今后的生态环境和长久发展，在实际的建设过程中，首要考虑生态环境的脆弱性，结合当地地形、气候等自然因素，同时也要考虑人口等人为因素对生态环境的影响。

参考文献

董文福，管东生 . 2003. 非污染生态影响评价的生产力方法 . 城市环境与城市生态，16（1）：43-45.

董文福，管东生 . 2003. 浅论非污染生态影响评价 . 环境科学动态，1：17-19.

国家环境保护总局自然生态保护司 . 非污染生态影响评价技术导则一培训教材 . 北京：中国环境科学出版社 .

蒋立新，蒋宏国 . 2005. 非污染生态环境影响评价的若干问题探讨 . 湖南科技学院学报，26（4）：101-104.

刘春燕，李文军，叶文虎 . 2001. 自然保护区旅游的非污染生态影响评价 . 中国环境科学，21（5）：399-403.

刘巧玲，管东生 . 2005. 旅游活动对自然景区的非污染生态影响 . 生态学杂志，24（4）：43-44.

万本太 . 中国生态环境质量评价研究 . 北京：中国环境科学出版社，2004，1.

Houghton R. A. et al. The flux of carbon from terrestrial ecosystems to the atmosphere in 1980 due to changes in land use：geographic distribution of global flux. Tells，1987，38B：122-129.

Janez Pimat. Conservation and management of forest patches and corridors in suburban landscapes. *Landscape and Urban Planning*，2000，52：135-143.

第 4 章　辽河口湿地景观时空动态与驱动机制

辽河口湿地是我国北方重要的滨海湿地，湿地内拥有亚洲第一大、世界第二大的苇田和极具特色的翅碱蓬湿地（红海滩），具有极高的经济价值和生态环境价值。近年来，辽河口滨海湿地呈现不断退化的趋势，湿地面积萎缩，结构退化，对湿地资源保护和沿海经济社会发展构成严重威胁。

本章运用景观生态学的研究方法和遥感及 GIS 的技术手段，定量化获取近 20 年辽河口湿地生境景观格局及其动态变化信息，分析辽河口湿地生境景观结构的时空演变趋势及驱动机制。

4.1　景观生态学理论基础

景观生态学（landscape ecology）是在 1939 年由德国地理学家 C. 特洛尔提出的。它是以整个景观为对象，通过物质流、能量流、信息流与价值流在地球表层的传输和交换，通过生物与非生物以及与人类之间的相互作用与转化，运用生态系统原理和系统方法研究景观结构和功能、景观动态变化以及相互作用机理，研究景观的美化格局、优化结构、合理利用和保护的一门宏观生态学科，是一门新兴的多学科之间交叉学科，主体是生态学和地理学。

景观生态学从 19 世纪末开始，经历了萌芽阶段（19 世纪 80 年代至 20 世纪 30 年代）：地理学的景观学与生物学的生态学从各自独立发展逐步走向结合的时期；形成阶段（20 世纪 40 年代至 20 世纪 70 年代）：德国著名地理学家特洛尔 1939 年首先将景观学与生态学概念结合起来，并明确提出景观生态学概念，标志着景观生态学开始逐步形成；发展阶段（20 世纪 80 年代初至今）：一般以 1982 年国际景观生态学会（International Association for Landscape Ecology，即 IALE）和 1995 年大会为标志，将其发展过程分为两个阶段，即 80 年代景观生态学的基础理论研究逐步深入阶段及 90 年代后以积极采用新技术与新方法进行景观生态学的应用研究阶段。

如今，景观生态学的研究焦点是在较大的空间和时间尺度上生态系统的空间格局和生态过程。Risser 等（1984）认为景观生态学研究具体包括：景观空间异质性的发展和动态；异质性景观的相互作用和变化；空间异质性对生物和非生物过程的影响；空间异质性的管理。景观生态学的理论发展突出体现其对异质景观格局和过程的关系，以及它们在不同时间和空间尺度上相互作用的研究。理论研究还包括探讨生态过程是否存在控制景观动态及干扰的临界值；不同景观指数与不同时空尺度对生态过程的影间扩散响；景观格局和生态过程的可测性；等级结构和跨尺度外推。尽管这些都仅是理论雏形，但它们确实给生态学提供了一个新的范式（Paradigm）。按照 Kuhn（1970）的科学哲学思想，科学的发展总是不断地以新的范式替代旧的范式。新范式提出新的理论、新的概念、新的构架、新的思维、新的方法。景观理论是生态系统理论的新发展。它的新颖之处主要在于景观理论强调系统的等级结构、空间异质性、时间和空间尺度效应、干扰作用、人类对景观的影响以及景观管理。景观生态学的生命力也在于它直接涉足于城市景观、农业景观等人类景观课题。Naveh 和 Lieberman（1984）指出：景观生态学是生物生态学和人类生态学的桥梁。

4.2　景观时空动态研究方法

景观格局的变化不仅体现在时间过程中景观数量与质量的变化，还表现为空间格局的变化，即从"时间过程—空间格局—时空动态"的演变过程。景观变化最显著的标志是由于土地利用与土地覆盖变化造成的景观格局和景观类型的时空动态变化，主要通过以下方法来分析景观的时空动态变化研究。

4.2.1　质心模型

质心模型计算公式如下：

$$r_c = \sum_i \frac{m_i r_i}{m} \tag{4-1}$$

其含义是各质点的位置以其质量为权重的平均，即质点组"质量中心"。质心可看作整个质点组的代表点，可用于描述各种景观类型空间分布的总体方位。

4.2.2　景观转移矩阵

在图形叠加的基础上，计算景观转移矩阵。GIS 叠加分析是土地利用变化分析的重要方法，图层叠加能直观反映不同景观变化类型的规模和空间分布情况。

转移矩阵是体现景观变化统计结果的重要方法，其行、列数值分别记录不同时期相应景观类型的面积，可清晰地反映特定时间段内的湿地景观变化的类型及相应面积。基于不同时期景观分布图的叠加分析结果，统计制作不同时段的景观转移矩阵。

在转移矩阵的基础上，计算不同景观的转出概率矩阵和转入概率矩阵，反映一定时期景观转移的方向及其概率。计算公式如下：

$$P_{ij} = C_{ij}/TC_i \tag{4-2}$$
$$P_{ji} = C_{ij}/TC_j \tag{4-3}$$

其中，P_{ij} 为转出概率，即一定时段内 i 类景观转为 j 类景观的概率；C_{ij} 为该时段内由 i 类景观变为 j 类景观的区域面积；TC_i 为时段起点 i 类景观的总面积；P_{ji} 为转入概率，即一定时段内 j 类景观来自 i 景观的概率；TC_j 为时段终点 j 类景观的总面积。

4.2.3　景观动态度

景观动态度 K 反映研究区内一定时间范围内某种景观的数量变化情况。景观动态度的计算方法为：

$$K = \frac{U_b - U_a}{T} \tag{4-4}$$

式中：U_a、U_b 分别为研究初期和研究末期某一种景观类型的数量；T 为研究时段，当 T 的时段设定为年时，*K* 值就是该研究区某种景观的年变化率。

景观综合动态度（*SK*）指研究区内一定时间范围内所有发生变化的景观类型面积之和占区域总面积的比例，反映研究区内景观变化的总体情况。景观综合动态度的计算方法为：

$$SK = \frac{\sum \Delta U}{T * S} \tag{4-5}$$

式中：ΔU 为类型变化的土地面积，T 为研究时段，S 为土地总面积。

4.3　湿地景观驱动力分析方法

景观空间格局指数高度浓缩景观格局信息，能够定量反映其结构组成和空间配置等方面的特征。按描述对象景观空间格局指数可以分为景观单元特征指数和景观异质性指数两种；根据景观结构的 3 个层次，景观指数又可分为斑块水平指数、类型水平指数和景观水平指数。

根据研究需要，在景观水平和类型水平选取相应的单元特征指数和异质性指数来描述湿地景观格局的特征及其变化，指数计算和分析均可采用 ArcGIS 结合景观格局分析软件 Fragstats 进行。

4.3.1　景观单元特征指数

主要选用斑块面积、平均斑块面积、斑块数量、景观形状指数和分维数等描述湿地景观单元特征，各种指数的计算方法和生态学含义如下。

1. 斑块面积（CA）

在类型层次上，斑块面积等于某一斑块类型中所有斑块的面积之和，即某类景观的总面积（单位：hm^2）。斑块面积度量的是景观的组分，也是计算其他指标的基础，具有很重要的生态意义，其值的大小制约着以此类型斑块作为聚居地的物种的丰富度、数量、食物链及其次生种的繁殖等，如许多生物对其聚居地最小面积的需求是其生存的条件之一；不同类型面积的大小能够反映出其间物种、能量和养分等信息流的差异，一般来说，一个斑块中能量和矿物养分的总量与其面积成正比。斑块面积可从图形上直接量算，整个景观和单一类型的最大和最小斑块面积分别具有不同的生态意义，用于描述景观粒度，一定程度上揭示景观破碎化程度。

2. 平均斑块面积（MPS）

平均斑块面积等于某一斑块类型的总面积除以该类型的斑块数目。MPS 代表一种平均状况，在景观结构分析中反映两方面的意义：一方面 MPS 的分布区间对图像或地图的范围以及对景观中最小斑块粒径的选取有制约作用；另一方面 MPS 可以指征景观的破碎程度，如我们认为在景观级别上一个具有较小 MPS 值的景观比一个具有较大 MPS 值的景观更破碎，同样在斑块级别上，一个具有较小 MPS 值的斑块类型比一个具有较大 MPS 值的斑块类型更破碎。研究发现 MPS 值的变化能反馈更丰富的景观生态信息，它是反映景观异质性的关键。

3. 斑块数量（NP）

景观级别上，斑块数量等于景观中所有的斑块总数，揭示景观破碎化程度。在类型级别上，斑块数量等于景观中某一斑块类型的斑块总个数，NP 反映了景观的空间格局，经常被用来描述整个景观的异质性，其值的大小与景观的破碎度也有很强的正相关性，一般规律是 NP 大，破碎度高；NP 小，破碎度低。NP 对许多生态过程都有影响，如可以决定景观中各种物种及其次生种的空间分布特征，改变物种间相互作用和协同共生的稳定性。而且 NP 对景观中各种干扰的蔓延程度有重要的影响，如某类斑块数目多且比较分散时，则对某些干扰的蔓延（虫灾、火灾等）有抑制作用。

4. 景观形状指数（LSI）

面积加权平均形状指数（AWMSI）随斑块形状的不规则性增加而增加，当景观中所有的斑块均为正方形时，AWMSI = 1，当斑块的形状偏离正方形时，指数增大。面积加权平均斑块分维数 AWMPFD，一般而言，AWMPFD 值的理论范围为 1.0~2.0，值越接近于 1，则表明斑块的自我相似性越强，斑块形状越有规律，同时亦表明，嵌块体受人为干扰的程度越大；AWMPFD 值越接近于 2，则表示斑块具有越为复杂的形状。

5. 分维数（FRACT）

分维数是用来测定斑块的复杂程度，计算公式如下：

$$P = KA^{D/2} \tag{4-6}$$

式中：P 表示斑块周长；K 为常数，对于栅格景观，$K = 4$；A 表示斑块面积；D 表示分维数，D 值的理论范围为 1.0~2.0，1.0 代表形状最简单的正方形斑块，2.0 表示等面积下周边最复杂的斑块。

4.3.2 景观异质性指数

主要选用香农（Shannon）多样性指数、分离度和廊道密度等来描述湿地景观的异质性特征。各种指数的计算方法和生态学含义如下。

1. 景观多样性指数（SDI）

景观多样性指数为景观层次的指数，主要是反映景观要素的多少和各景观类型所占比例的变化。当景观由单一要素构成时，景观是均质的，其多样性指数为 0；由两个以上的要素构成的景观，当各景观类型所占比例相等时，其景观的多样性为最高；若各景观类型所占比例差异增大，则景观的多样性下降。景观多样性指数 H 可表示为：

$$H = -\sum_{i=1}^{m} P_i \ln P_i \tag{4-7}$$

式中：P_i 为景观类型 i 占所有景观类型总面积的比例，m 为景观类型的数目。

2. 分离度指数

分离度是指某一景观中不同斑块个体空间分布的离散（或集聚）程度。分离度用来分析景观要素的空间分布特征，分离度越大，表示斑块越离散，斑块之间距离越大。

3. 廊道密度

廊道景观在研究区单位面积的长度是一种衡量景观破碎化程度的指数。廊道除了作为流的通道外，还是分割景观，造成景观破碎化程度加深的动因。廊道密度指数（CD）以单位面积中廊道长度计算，CD 值越大，景观破碎化程度越高。

4.4 辽河口湿地景观动态及驱动机制分析案例研究

4.4.1 研究区域

本章研究区域为大凌河口至大辽河河口之间的河口滨海湿地，包括双台子河国家自然保护区大部分及 6 m 等深线以内的浅海海域，研究区总面积为 1 768 km² （图 4-1）。研究区域湿地是大凌河、双台子河、大辽河 3 条主要河流入海形成的冲积、海积相滨海平原，地势平坦开阔，海拔高度 0~4.0 m，地面坡降 0.02%，多河道、沟渠、苇塘和滩涂。

图 4-1 研究区域

4.4.2 数据源及处理

以 1990 年、2001 年、2005 年和 2008 年 4 期多源遥感影像（表 4-1）为辽河口湿地生境景观分析的数据源。在遥感影像处理软件 Envi 及地理信息系统软件 ArcGIS 的支持下，以 2005 年高精度 SPOT 影像（908 专项遥感基础数据）为参考，将 4 期影像经几何纠正配准，误差控制在 0.5 个像元以内。重采样方法选用最邻近法，重采样的像元大小分别为 TM 和 MSS，30 m×30 m；SPOT 低分辨率遥感影像，25 m×30 m；SPOT 高分辨率，5 m×5 m；FORMOSAT 高精度遥感影像，8 m×8 m。4 期影像均采用假彩色合成，结合实地考察和历史资料进行人工目视判读获取比例尺为 1∶100 000 的湿地景观结构图。土地利用分类参考东北地区 TM 影像解译，土地利用分类共分为 6 个一级类，25 个二级类（表 4-2）。

表 4-1　遥感数据源及基本特征

年份	数据源	数据基本情况
1990	MSS	轨道号：51-40；空间分辨率：30 m；波段数：7
2001	Landsat TM	采集日期：9 月 3 日；空间分辨率：30 m；波段数：7
2005	SPOT	轨道号：292-267 和 292-268；空间分辨率：5 m
	SPOT	轨道号：369-54；空间分辨率 25 m
2008	FORMOSAT	采集日期：2008 年；空间分辨率：8 m；波段数：4
	SPOT	采集日期：2007 年 3 月 25 日；空间分辨率：25 m

表 4-2　基于 TM 影像东北地区土地利用解译分类系统

代码	一级类	二级类
1	农田	水田、旱地
2	林地	有林地、灌木林、疏林地、其他林地
3	草地	高覆盖度草地、中覆盖度草地、低覆盖度草地
4	水域	河渠、湖泊、水库坑塘、永久冰川、滩涂、滩地
5	城镇、工矿、居民用地	城镇用地、农村居民点、其他建设用地
6	未利用地	沙地、戈壁、盐碱地、沼泽地、裸土地、裸岩等

在解译过程中，为保证解译的质量，多次咨询相关领域专家并对解译结果进行了修正，并将获取的解译结果与双台子河口植被分布及历年考察记录进行核对检验，解译精度可以接受。按照二级分类，本区现有湿地景观类型 14 类，包括水田、旱地、其他林地、低覆盖度草地、河渠、湖泊、水库坑塘、滩涂、滩地、城镇用地、农村居民点、其他建设用地、沙地和沼泽地。为便于景观分析，根据历年湿地植被分布情况及土地利用的人工化程度，进行制图综合，保持原图比例尺不变，将本区现有的 14 种土地利用类型综合成 7 类景观（表 4-3），生成双台子河口 4 个时期的景观图。

表 4-3　双台河口湿地景观分类系统

代码	景观类型	含义
1	芦苇	以芦苇为主要植被的沼泽区，包括其内道路、渠系
2	碱蓬	以碱蓬为主要植被的滩涂区域
3	泥滩	无植被或植被稀疏的滩涂区
4	水体	主要包括海水水体、天然水道及湖泊、水库等开阔水体
5	坑塘	人工开挖或圈围水渠、坑塘和水工建筑等（包括盐场在内），外廓规则，多数为滩涂区域的围海养殖塘
6	居民地	包括城乡居民点、工矿用地（盐场除外）、交通用地和特殊用地
7	农田及其他	以水田为主，另外包括在本区分布较少、不具代表性的一些土地利用类型，如旱地、其他林地，低覆盖度草地、沙地和裸地等

4.4.3 辽河口湿地景观结构空间特征分析

辽河口湿地景观结构主要有芦苇、碱蓬、泥滩、水体、坑塘、居民地和农田 7 种类型，如图 4-2 所示。包含海域、河道、水库及湖泊在内的水体景观和以芦苇为主的沼泽湿地构成本区景观本底，在近 20 年中，这两类景观面积之和占全区总面积的 60% 以上（表 4-4）。

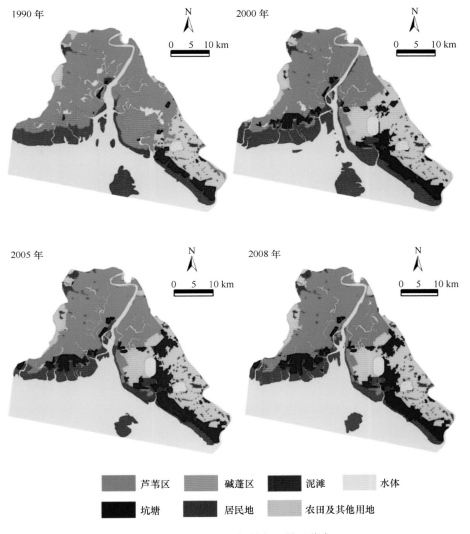

图 4-2　1990—2008 年研究区景观分布

表 4-4　1990—2008 年主要景观类型面积列表　　　　　　　　　　　　　单位：hm²

时间	芦苇	碱蓬	泥滩	水体	居民地	坑塘	农田及其他用地
1990 年	49 211	12 858	19 380	62 404	1 972	5 095	15 038
2001 年	39 098	3 260	27 081	54 418	2 967	12 491	26 643
2005 年	39 361	2 447	15 905	65 192	3 816	15 876	23 359
2008 年	39 135	2 369	16 529	63 178	3 910	17 303	23 534

经过近20年的开发，研究区景观结构发生了明显变化（图4-3），人为景观在全区中景观比重逐渐加大，包括芦苇和碱蓬在内的自然湿地景观明显萎缩，而以水田、盐田和虾池为主的农田和坑塘显著扩展。1990年，各类景观按面积由大到小排序依次为水体、芦苇、农田、泥滩、碱蓬、坑塘和居民地；至2000年，各类景观排序为水体、芦苇、农田、泥滩、坑塘、碱蓬、居民地；2005年，各类景观排序为水体、芦苇、农田、泥滩、坑塘、碱蓬、居民地；2008年，各类景观排序为水体、芦苇、农田、泥滩、坑塘、碱蓬、居民地。

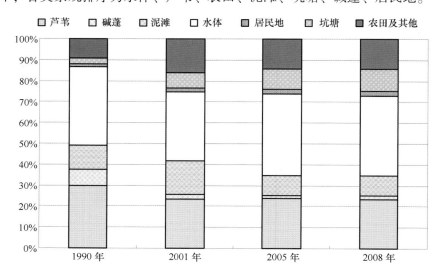

图4-3　1990—2008年双台河口景观结构

4.4.4　辽河口湿地景观类型变化研究

1. 主要景观类型空间分布及其变化

根据各类景观的空间分布及其基质构成情况，可将研究区划分为三大区块，分别为东南部农田、坑塘集中区，南部水体、泥滩集中区和北部芦苇、农田集中区。近20年来，总体变化趋势表现为以农田和坑塘为主的东南区块的向北、西、南三面扩展，逐渐渗透并最终压缩了南、北两大区块。各主要景观类型的分布及变化情况如下。

芦苇区（见图4-4）主要分布研究区西北部，以双台子河为界可分为东、西两大区块。近20年来，芦苇区面积减少主要发生在双台子河东岸，伴随农田和水库、坑塘的扩张，1990—2000年，芦苇景观分布重心向西北方向偏移约30 km。

碱蓬区（见图4-5）在1990年前占研究区总面积的比例超过10%，主要分布于研究区中部，沿东西向展开。至2000年，面积急剧萎缩，主要分布于双台子河两侧芦苇区、坑塘和泥滩向陆的边缘地带。

泥滩（见图4-6）主要分布于研究区中部偏南，沿海岸展开。受农田开发和围海建设影响，近20年来，其向岸一侧面积缩小明显，整体分布向南侧偏移。

水体（见图4-7）是本区的主要景观类型之一，在研究区南部分布较为集中，以海水水体为主；北部分布零散，以沼泽区内的大量河道和湖泊为主。近20年来，水体变化主要表现为芦苇区块内河道湖泊的大量减少和农田区块内水库、湖泊的增加。

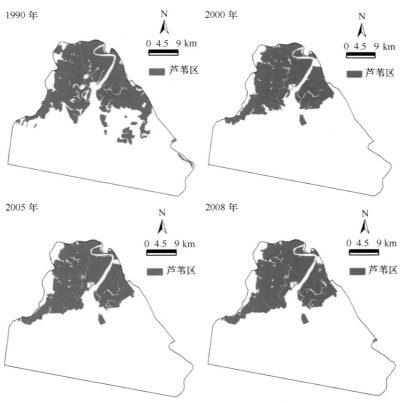

图 4-4 1990—2008 年芦苇区分布

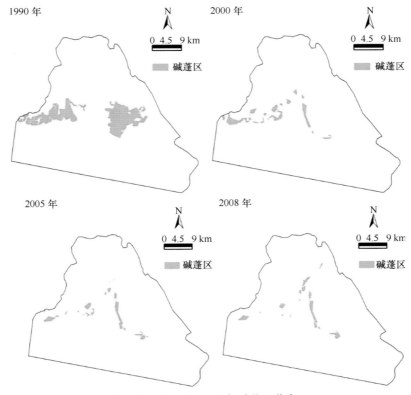

图 4-5 1990—2008 年碱蓬区分布

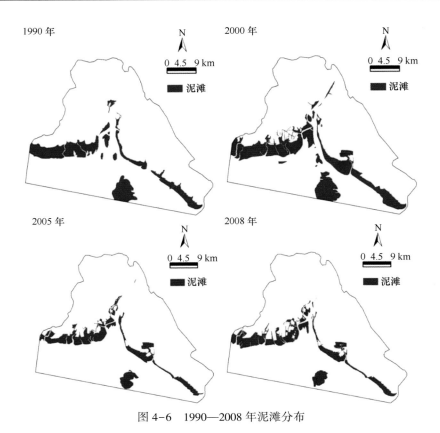

图 4-6　1990—2008 年泥滩分布

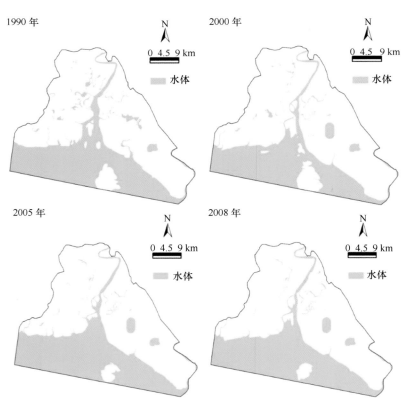

图 4-7　1990—2008 年水体分布

农田及其他景观在东南和北部区块均有分布（图4-8），主要集中在东南区块，是东南区块的基质景观，北部芦苇区块的西侧亦有少量分布。1990—2000年，农田迅速增加，由东西两侧农田扩展的方式看，主要表现为由研究区边缘向核心深入扩展的趋势，增加的农田主要位于芦苇区与农田交界处。

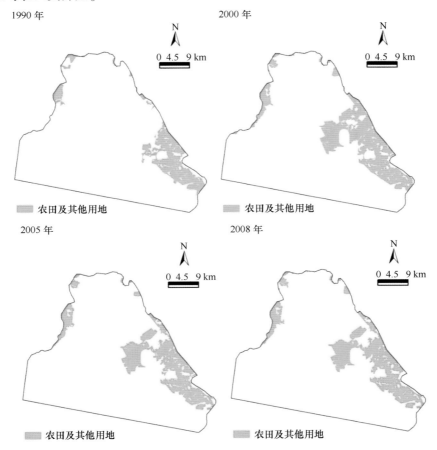

图4-8　1990—2008年农田及其他用地分布

坑塘是本区变化最为显著的景观类型（见图4-9）。在1990年前，坑塘仅分布于双台子河口东侧，沿农田向海一侧东西向展开。至2000年，双台子河西岸的大量碱蓬和泥滩分布区被圈围用于海水养殖，坑塘区分布范围增大近1倍。自2000年之后，坑塘分布向海向陆方向均有扩展，景观面积和南北纵深均进一步增大。

居民地（见图4-10）集中分布于研究区的东南部和西北部，在中部芦苇区内有零星分布。近年来，随着城镇发展、油气开发和芦苇利用的深入，居民地面积明显增大，扩张主要发生在东部和西北部的集中区内。

2. 景观类型变化趋势及各时段动态度

基于遥感影像解译，分析辽河口湿地不同景观类型面积的历史变化趋势。由于受水位、潮汐的影响，利用遥感手段仅可获取泥滩和水体的即时边界，难以反映两类景观变化的长期趋势，本章关注景观变化长期动态趋势，将两者合并作为一类考虑。

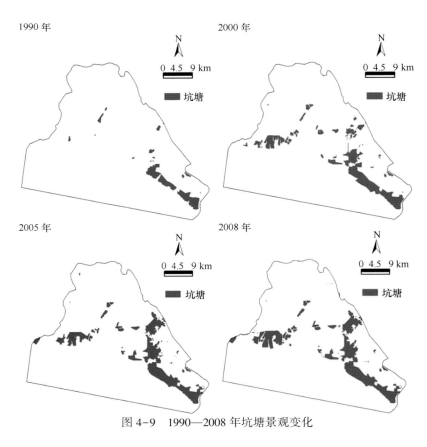

图 4-9　1990—2008 年坑塘景观变化

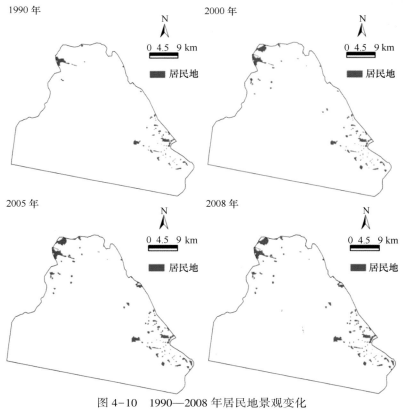

图 4-10　1990—2008 年居民地景观变化

近20年来，以芦苇、碱蓬、泥滩+水体为主体的自然景观总体呈萎缩趋势（图4-11）。其中，芦苇区20年平均递减速率为每年560 hm²，碱蓬为每年583 hm²，泥滩+水体为每年115 hm²，三者之和表明本区自然景观在近20年间平均每年萎缩1 255 hm²（表4-5）。

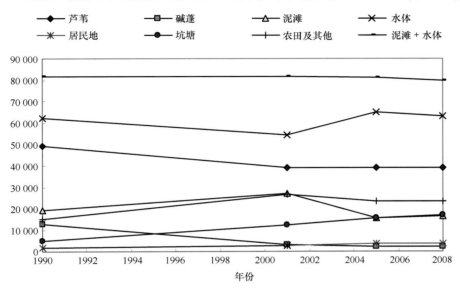

图4-11　1990—2008年研究区主要景观类型面积变化趋势

表4-5　各阶段主要景观类型的动态度　　　　　　　　　　　　　　　　　单位: hm²

时间段	芦苇	碱蓬	泥滩	水体	居民地	坑塘	农田及其他	泥滩+水体	综合动态度
1990—2001	-919	-873	700	-726	90	672	1 055	-26	1.76%
2001—2005	66	-203	-2 794	2 694	212	846	-821	-100	1.59%
2005—2008	-75	-26	208	-671	31	476	58	-463	0.95%
1990—2008	-560	-583	-158	43	108	678	472	-115	

1990—2000年是区域景观变化最为剧烈的时段，期间平均每年有1.76%的区域发生变化，主要表现为芦苇、碱蓬的快速缩减和农田、坑塘的快速增加，其每年变化速度分别为-919 hm²、-873 hm²和1 055 hm²、672 hm²。

2000—2005年，区域景观综合动态度有所下降，为1.59%，主要的变化为碱蓬、农田的面积缩小和坑塘、居民地面积增加，其中代表围海及养殖活动的坑塘面积增加最为剧烈，动态度为每年846 hm²，同时，水田面积急剧萎缩，动态度为每年-821 hm²。

2005—2008年，全区景观变化区域占比为0.95%，与上两个时段相比，本时段景观格局趋于稳定，由于加强了湿地保护措施，碱蓬湿地和芦苇湿地面积均相对稳定。该时段坑塘的增加依然迅速，平均每年增加476 hm²，而泥滩和水体总量缩减明显，总面积每年减少463 hm²。

景观动态度分析表明，研究区内景观格局随时间推移逐渐趋向稳定。各时段景观变化主体不同，2001年以前，主要为芦苇、碱蓬减少和农田、坑塘增加；2001—2005年，主要为农田、碱蓬缩小和坑塘、居民地增加；2005—2008年，主要为泥滩水体减少和坑塘增加。

3. 主要景观类型相互转化及其时段特征

叠加各时期的景观分布图，获得研究区景观转移矩阵，并据此计算 3 个时间段的景观转移方向及概率，分别如表 4-6~表 4-8 所示。

表 4-6　1990—2001 年景观转出概率

景观类型		2001 年						
		农田	碱蓬	居民地	芦苇	泥滩	水体	坑塘
1990 年	农田	88.35%	0.00%	4.07%	0.00%	0.00%	0.00%	7.58%
	碱蓬	41.46%	11.15%	0.00%	9.11%	8.17%	11.17%	18.94%
	居民地	0.00%	0.00%	100.00%	0.00%	0.00%	0.00%	0.00%
	芦苇	15.05%	1.92%	0.71%	72.95%	2.89%	2.45%	4.03%
	泥滩	0.07%	3.41%	0.00%	0.57%	83.06%	4.77%	8.12%
	水体	1.05%	0.36%	0.05%	2.93%	13.52%	81.46%	0.62%
	坑塘	1.22%	0.00%	0.00%	0.00%	0.00%	0.00%	98.78%

表 4-7　2001—2005 年景观转出概率

景观类型		2005 年						
		农田	碱蓬	居民地	芦苇	泥滩	水体	坑塘
2001 年	农田	87.24%	0.00%	2.08%	0.00%	0.00%	0.00%	10.67%
	碱蓬	0.00%	51.14%	0.00%	5.25%	32.12%	1.37%	10.11%
	居民地	0.00%	0.00%	100.00%	0.00%	0.00%	0.00%	0.00%
	芦苇	1.17%	0.03%	0.45%	96.02%	0.11%	1.81%	0.42%
	泥滩	0.00%	2.70%	0.00%	0.28%	52.54%	41.93%	2.55%
	水体	0.27%	0.02%	0.05%	1.64%	0.68%	97.24%	0.12%
	坑塘	1.24%	0.00%	0.77%	0.00%	0.00%	0.00%	98.00%

表 4-8　2005—2008 年景观转出概率

景观类型		2008 年						
		农田	碱蓬	居民地	芦苇	泥滩	水体	坑塘
2005 年	农田	98.33%	0.00%	0.19%	1.05%	0.00%	0.00%	0.42%
	碱蓬	0.00%	76.24%	0.33%	0.41%	16.84%	0.99%	5.20%
	居民地	0.00%	0.00%	100.00%	0.00%	0.00%	0.00%	0.00%
	芦苇	0.95%	0.04%	0.04%	97.37%	0.13%	0.98%	0.49%
	泥滩	0.00%	2.53%	0.13%	0.08%	82.52%	6.69%	8.04%
	水体	0.08%	0.11%	0.00%	0.82%	4.32%	94.62%	0.06%
	坑塘	0.92%	0.00%	0.04%	0.00%	0.00%	0.00%	99.03%

各类景观在不同的转化特征如下。

1）农田转化特征

1990—2001 年，共有 11.65% 的农田转化为其他类型，主要转化方向依次为坑塘和居民地，转化概率分别为 7.58% 和 4.07%。

2001—2005 年，共有 12.75% 的农田转化为其他类型，主要转化方向与前阶段一致，向坑塘和居民地的转化概率分别为 10.67% 和 2.08%。

2005—2008 年，仅有 1.67% 的农田发生转化，除部分依然转化为坑塘和居民地外，另有 1.07% 的农田转化为芦苇，说明本区芦苇的恢复工作取得了一些成效。

2）碱蓬转化特征

1990—2000 年，碱蓬区转化其他类型的概率非常高，共有 88.85% 碱蓬转化为其他景观类型。其中除了与芦苇、泥滩、水体等自然湿地景观之间的自然转化外，大部分碱蓬区被农田和坑塘开发所占用，比例分别达到 41.46% 和 18.94%。

2000—2005 年，共有 48.86% 的碱蓬转化为其他类型，除继续保持向芦苇、泥滩及水体的高转化率外，以盐田、虾池为主的坑塘发展占用碱蓬区的现象依然明显，有 10.11% 碱蓬区转化为坑塘。

2005—2008 年，共有 23.76% 的碱蓬转化为其他类型，主要表现为向泥滩、坑塘的转化，转化概率分别为 16.84% 和 5.20%。

3）居民地转化特征

3 个时段，居民地未发生转化为其他类型的情况。

4）芦苇转化特征

1990—2001 年，共有 27.05% 的芦苇景观转化为其他景观，主要转化为农田，转化概率为 15.05%。

后两个时段，芦苇的转化为其他类型的概率较小，转化主要表现为向农田和水体的转化。

5）泥滩的转化特征

1990—2000 年，有 8.12% 的泥滩转化为坑塘；2001—2005 年，有 2.55% 的泥滩转化为坑塘；2005—2008 年，有 8.04% 的泥滩转化为坑塘。综合 3 个时段的转化概率，泥滩和水体发生的变化主要是由于以虾池、盐田为主的坑塘占用所致。

6）坑塘转化特征

3 个时段坑塘转化为其他类型的概率均较低，主要转化方向为农田和居民地，很少转化其他类型。

4.4.5 景观格局特征及其变化研究

1. 研究区景观格局总体特征变化

选择斑块类型数、斑块总数、平均分维数和香农多样性指数来说明区域景观格局总体特征及其变化情况，如表 4-9 所示。区域共计 7 种景观类型，自 1990—2008 年，各类型斑块总数历经增加、减少、再增加 3 个阶段，平均形状指数持续减小，而多样性指数持续增大。斑块数变化表明区域景观经历了由完整到细碎、由细碎到整合、再由整合到细碎的 3 个阶段。分维数变化表明，各类景观斑块边界的复杂度有所减小，即各类型景观斑块的形状趋向于规则。由于景观类型总数未变，因此香农-威纳多样性指数的持续增高表明，各类景观比例也趋向于均衡。

表 4-9 研究区景观总体特征指数列表

年份	斑块类型数	斑块总数	平均分维数	香农多样性指数
1990	7	163	1.085 5	1.853
2001	7	252	1.084 0	1.915
2005	7	219	1.083 5	1.934
2008	7	245	1.081 1	1.954

2. 主要景观类型格局特征变化

芦苇、碱蓬、坑塘和农田分别代表了本研究区典型的自然湿地景观和人工湿地景观。因此，使用景观指数（表 4-10~表 4-13）重点对这 4 种主要景观类型的变化情况进行分析。

1）芦苇

如表 4-10 所示，1990—2000 年，随着芦苇面积急剧缩减，最大斑块指数、平均面积、形状指数、内缘比例及平均分维度均减小，而斑块数量和景观分离度增大。由此可见，在这一阶段，芦苇面积减少伴随着景观破碎化的过程，并且景观斑块形状趋于简化，复杂性不断降低。

表 4-10 研究区芦苇景观总体特征指数列表

年份	斑块类型面积 （hm²）	斑块数量	最大斑块指数	平均面积 （hm²）	景观形状指数	平均形状指数	内缘比例	平均分维度指数	景观分离度指数
1990	49 210	18	17.6	2 733	9.131 2	2.080 9	1.41	1.08	0.959 4
2001	39 097	21	16.9	1 861	7.408 6	1.741 8	1.20	1.07	0.968 1
2005	39 361	19	16.9	2 071	7.645 5	1.926 8	1.21	1.09	0.967 9
2008	39 134	14	17.0	2 795	6.784 7	1.855 9	1.22	1.07	0.967 2

2001—2005 年，与前一阶段相比，芦苇景观面积变化不明显，随着斑块总数的减少，平均面积增加明显，形状指数，平均分维度有所增加。由此可见，在该阶段，芦苇景观变化主要表现为小型规则斑块的丧失，即部分小型规则斑块转化为其他景观类型。

2005—2008 年，芦苇景观面积变化仍不明显，随着斑块总数继续减少，平均面积继续增加并达到近 20 年的最大值，景观形状指数和平均分维度均有不同程度的降低。由此可见，在该阶段，除了小型斑块继续丧失外，大型斑块因人类开发等因素影响而不断趋向规则的趋势更加明显。

总体而言，近 20 年的前 10 年，芦苇景观明显萎缩，且趋向于破碎和规则化；后 10 年，芦苇景观在不断趋向规则化的过程中，小型斑块不断丧失，整个景观分布向少数大型斑块集中。景观分类度先增后减，印证了上述景观变化过程。

2）碱蓬

如表 4-11 所示，1990 年，碱蓬景观面积总计 12 857 hm²，共计 4 个斑块，连片分布于沿海滩涂区，最大斑块占研究区总面积的比例达到 4.35%，是区域景观的重要组成部分。

表 4-11　研究区碱蓬景观总体特征指数列表

年份	斑块类型面积（hm²）	斑块数量	最大斑块指数	平均面积（hm²）	景观形状指数	平均形状指数	平均分维度指数
1990	12 857	4	4.35	3 214	5.497 4	2.964 5	1.129 3
2001	3 259	15	0.67	217	7.212 6	1.847 6	1.079 8
2005	2 447	17	0.45	143	6.963 6	1.858 2	1.087 3
2008	2 369	19	0.35	124	6.769 2	1.655 7	1.072 1

1990—2001 年，碱蓬面积锐减，而斑块数增多，平均形状指数和分维度均减小。可见，这一时期是碱蓬区开发利用的高峰期，景观趋于破碎，斑块形状趋于简化。

2001—2008 年，相较前一阶段，碱蓬区变化较小，但依然延续了前一阶段的趋势。至 2008 年，碱蓬仅余 2 369 hm²，已经成为本区的稀有景观。如果不加强保护，壮阔的红海滩在未来可能难得再见。

3）坑塘

如表 4-12 所示，1990—2008 年，以虾池、盐田为主的坑塘面积不断增大。斑块数和平均面积波动体现了坑塘由分散开发到逐步连片的扩张过程。其他指数基本保持统一的趋向，最大斑块指数和边缘密度的增加表明作为一种景观组分，坑塘在本区的作用和影响日益增大；而景观形状指数、平均形状指数和平均分维度的增大均表明随着坑塘景观的扩张，其形状复杂度逐渐增大。

表 4-12　研究区坑塘景观总体特征指数列表

年份	斑块类型面积（hm²）	斑块数量	最大斑块指数	平均面积（hm²）	边缘密度	景观形状指数	平均形状指数	平均分维度指数
1990	5 094	17	1.35	299	0.87	5.08	1.52	1.05
2001	12 490	42	3.29	297	2.37	8.82	1.64	1.07
2005	15 875	35	5.06	453	2.48	8.30	1.68	1.08
2008	17 302	43	5.02	402	2.82	9.06	1.70	1.09

4）农田及其他

如表 4-13 所示，近 20 年来，农田面积经历了由快速增长到逐渐稳定的过程。其中

1990—2000 年，农田面积迅速增加，斑块数量、最大斑块指数、平均面积、边缘密度、景观形状指数均随之增大，平均形状指数有所减小。由此可见，农业开发活动规模在前 10 年迅速扩大，最大斑块指数显示其在区域景观中地位突出，边缘密度等增大表明农业开发活动对区内其他景观类型的影响也日趋强烈；平均形状指数减小表明随着开发活动的深入，农田斑块的形状逐渐摆脱自然条件的限制而日趋规则化。

表 4-13　研究区农田及其他景观总体特征指数列表

年份	斑块类型面积（hm²）	斑块数量	最大斑块指数	平均面积（hm²）	边缘密度	景观形状指数	平均形状指数
1990	15 037	23	7.50	653	2.03	7.87	1.81
2000	26 643	29	13.89	918	3.20	9.13	1.76
2005	23 359	22	10.67	1 061	3.11	9.27	1.91
2008	23 533	24	10.69	980	2.98	8.98	1.93

2000—2008 年，农田面积有所减小，其中一个重要的原因是由于部分农田转化为以虾池等为主的养殖塘，该过程伴随农田的继续扩展和逐步连片，因此其边缘密度河平均形状指数均有所增大。

4.4.6　廊道变化及其对自然景观的影响

研究区拥有丰富的油气资源和生物资源，以油气开发和芦苇采伐为主的资源开发利用活动是影响本区景观格局的一个重要因素，道路和渠系的变化是开发利用活动变化的重要体现，同时也对区域景观格局造成了显著影响。道路是人类活动的重要廊道，但其对各类自然景观却起到了分割作用，使景观趋于破碎，阻碍了景观内的物质、能量及信息流动；渠系建设一方面提高了景观内部物质交流的速度，而另一方面也造成景观趋于破碎，尤其在本研究区域内渠系的修建通常与道路修建同时进行，因此，其对景观的割裂作用更为明显。前文在论述各类景观总体特征时，未按渠系、道路等分割线对各类斑块进行划分，因此，在此处引入廊道密度指数、核心面积指数，分析道路、渠系的变化对区域内芦苇、碱蓬、泥滩及水体等主要景观类型的影响。

1990—2008 年，道路和渠系保持持续增加趋势（图 4-12），1990 年全区道路和渠系总长为 679 km，密度为 0.41 km/km²，2008 年增至 2 708 km，密度增至 1.63 km/km²。其中 1990—2001 年，增速较慢，平均每年增加 82 km；近 10 年增速加快，平均速度均超过 140 km/a（表 4-14）。

各类型景观内部道路渠系密度是反映该景观受人为作用强度的重要指标。如表 4-15 所示，1990 年，以芦苇为代表的各类自然湿地景观中道路渠系密度较低，说明这一时期人为活动不甚活跃；而 2001 年之后，道路渠系密度增加说明在各景观类型中开发利用活动日趋活跃，尤其是芦苇区内道路密度显著增大，说明对芦苇的开发利用强度明显增大。

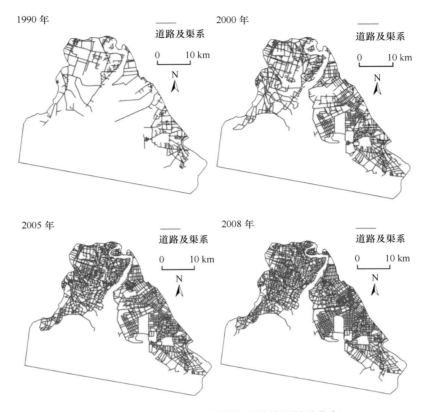

图 4-12 1990—2008 年研究区道路及渠系分布

表 4-14 1990—2008 年道路及渠系变化

年份	道路及渠系长度（km）	道路及渠系密度（km/km²）	变化速度（km/a）
1990	679	0.41	—
2001	1 586	0.96	82
2005	2 262	1.36	169
2008	2 708	1.63	149

表 4-15 1990—2008 年主要景观内道路密度列表　　　　　　　单位：km/km²

年份	农田及其他用地	碱蓬区	居民地	芦苇区	泥滩	坑塘
1990	1.30	0.22	2.94	0.72	0.04	0.35
2001	2.31	0.64	3.37	1.72	0.09	1.04
2005	2.61	0.96	3.60	2.98	0.13	1.59
2008	3.14	0.60	4.08	3.53	0.23	1.93

随着道路及渠系的变化，以芦苇为代表的自然湿地景观核心范围也发生了显著变化。1990—2008 年，芦苇区内道路和渠系的密度显著增大，由 0.72 km/km² 增至 3.53 km/km²；受道路及渠系影响较小的核心区域则明显缩小，由 361 km² 缩减至 54.69 km²。泥滩内道路和渠系密度由 0.04 km/km² 增至 0.23 km/km²，核心区面积也由 191 km² 降至 150 km²。碱蓬区内道路渠系密度由 0.23 km/km² 增至 0.60 km/km²，核心区面积由 118 km² 锐减至 17 km²。由此可见，近 20 年来，以芦苇、碱蓬和泥滩为代表的自然湿地景观日趋破碎化；随着其核心区的锐减，自然湿地景观的敏感性也不断增强，将更易受人为干扰而发生不利的环境变化。

4.5 理论探讨

4.5.1 景观分布及结构变化

根据各类景观分布情况，本研究区可划分为三大区块，分别为东南部农田、坑塘集中区，南部水体、泥滩集中区和北部芦苇、农田集中区。水体和芦苇共同构成本区景观本底。

近 20 年来，研究区域内景观结构变化主要表现为以芦苇、碱蓬、泥滩为主的自然湿地类型逐渐萎缩，以坑塘、农田（以水田为主）为代表的人工湿地类型明显扩张，区域景观结构明显趋向于人工化。

景观变化动态度分析结果显示，1990—2000 年是区域景观变化最为剧烈的时段，以芦苇和碱蓬等自然湿地为对象的农业开发活动表现活跃；进入 21 世纪之后，景观变化相对缓和，景观变化主体发生变化，2001—2005 年，主要为农田、碱蓬缩小和坑塘、居民地增加；2005—2008 年，主要为泥滩水体减少和坑塘增加。

各类景观的相互变化主要发生在三大区块交界处，主要表现为芦苇区向北萎缩，碱蓬区在中部锐减、分散，农田由东西两侧向中部原芦苇和碱蓬分布区域扩张，泥滩和水体向南萎缩，坑塘沿南北区块界限（即沿海岸）逐步扩张渗透，居民地主要在农田及坑塘集中区依托原有村落逐步扩展，在芦苇区内逐步有零星分布。

转化概率及变化趋势表明，按近年来的景观相互转化概率，未来一段时间区域内芦苇、碱蓬、泥滩及水体的面积还将进一步萎缩，以盐田、虾池为主的坑塘面积将迅猛增加，居民地和以水田为主的农田也将进一步增加。因此，应立即采取有效的措施，减轻湿地人工化带来的各种生态环境压力。

4.5.2 景观空间格局变化

景观指数分析表明，区域景观变化经历由完整到细碎、由细碎到整合、再由整合到细碎的 3 个阶段；随着时间的推移，各类景观斑块形状均趋向于规则，各类景观比例也趋向于均衡。

芦苇、碱蓬、坑塘和农田的变化各有特点，其变化过程大致如下。

芦苇景观是本区自然湿地典型代表，1990—2000 年主要因独立开发造成面积锐减并伴随着景观破碎化；而在 2000 年之后，则由于开发不断深入和全面，小型斑块不断丧失，整个景观趋向集中完整。在整个过程中斑块边界趋向于规则，人工作用影响明显。

碱蓬是本区红海滩湿地景观的特色，1990—2001 年是碱蓬区开发利用的高峰期，碱蓬面积锐减，景观趋于破碎，斑块形状趋于简化。2001—2008 年，由于现存面积已经较少且逐步注重了景观保护，因此，碱蓬区变化较小，但依然延续了前一阶段的趋势。

不同时段的坑塘景观变化体现了盐田、虾池由独立分散开发到逐步连片开发的扩张过程。至2008年，坑塘已成为本区作用和影响较为显著的景观类型，其对芦苇、碱蓬、泥滩和水体等自然景观的影响也因其边界复杂性增加而逐渐增强。

农田及其他用地景观变化主要经历两个阶段：第一阶段为快速扩张期，主要表现为开垦芦苇、碱蓬等自然湿地；第二阶段为占补扩张期，本期在农田继续扩展占用自然湿地的同时，坑塘不断扩展占用原有农田，总体上农田面积呈缓慢增长趋势。农田景观斑块边界形状趋于规则，但由于其内坑塘开发的缘故，近年来，其复杂度有所上升，表明其内部多样性和边界效应有所提升。

近20年来，随着油气开发和芦苇采伐等活动不断广泛的深入，研究区内道路和渠系长度持续增加，近10年增速超过前10年，平均增速超过140 km/a，至2008年，全区道路和渠系密度达到1.63 km/km²。道路和渠系对区域内自然湿地景观分割作用明显增强，以芦苇为代表的自然湿地核心区面积严重萎缩，受人为干扰的影响越来越大。

参考文献

陈爱莲, 朱博勤, 陈利顶, 等. 2010. 双台河口湿地景观及生态干扰度的动态变化. 应用生态学报, 21 (5): 1120-1128.

陈百明, 周小萍. 2007. 《土地利用现状分类》国家标准的解读. 自然资源学报, 22 (6): 995-1003.

华昇. 基于GIS的长沙市景观格局定量分析与优化研究. 湖南大学2008年硕士学位论文.

李黔湘, 王华斌. 2008. 基于马尔柯夫模型的涨渡湖流域土地利用变化预测. 资源科学, 30 (10): 1542-1546.

李素英, 李晓兵, 王丹丹. 2007. 基于马尔柯夫模型的内蒙古锡林浩特典型草原退化格局预测. 生态学杂志, 26 (1): 78-82.

孙永光, 李秀珍, 何彦龙, 等. 2010, 长江口不同区段围垦区土地利用/覆被变化的时空动态. 应用生态学报, 21 (2): 434-441.

孙永光, 赵冬至, 吴涛, 等. 2012. 河口湿地人为干扰度时空动态及景观响应——以大洋河口为例. 生态学报, 32 (12): 3645-3655.

汪雪格. 吉林西部生态景观格局变化与空间优化研究. 吉林大学2008年博士学位论文.

王思远, 刘纪远, 张增祥, 等. 2001. 中国土地利用时空特征分析. 地理学报, 56 (6): 631-639.

徐岚, 赵羿. 1993. 利用马尔柯夫过程预测东陵区土地利用格局的变化. 应用生态学报, 1993, 4 (3): 272-277.

第5章 河口冲淤变化对湿地生境演变影响机理及评估

5.1 理论基础

河口近岸泥沙运动和冲撤演变是多种时空尺度下动力过程的累积结果。我国18 000 km长的海岸线上分布着大小不同、类型各异的河口1 800多个，海湾160多个，其中仅河流长度在100 km以上的河口就有60多条。在河口处，有着丰富的湿地资源。

河口泥沙岛由水下阴沙或汊河分隔三角洲发育而来，是河口发育及三角洲演化的缩影。其地质年龄轻，冲淤变化快，是一种动态不稳定的新生土地资源，受全球气候变化、海平面上升及人类活动的影响，具有复杂性、敏感性和多变性，是环境监测重点关注的区域之一。

辽河口2 000多年以前位于今辽宁海城以南，大约在金辽时期，辽河口西移至牛庄，清末辽河口又南迁至营口。1851年辽河东冷家口溃决，河水倾注双台子潮沟入海，1896年为分洪河道，人工开挖双台子潮沟，辽河水分两股，即双台子河和大辽河入海。1958年，为使辽河干流和浑河、太子河洪水能分别畅排入海，也为满足三岔河地区的排洪要求，在辽中县六间房堵截外辽河，将辽河干流来水全部引向双台子河从盘山入海。至此，辽河又完成一次大的西迁，原辽河流域分成两个独立的入海水系，即辽河水汇同绕阳河全部由双台子河注入辽东湾，浑河、太子河、海城河等经大辽河在营口入海。2011年11月，辽宁省省政府将双台子河正式更名为辽河，至此，"双台子河口"地名弃用，"辽河口"地名正式使用，解决了辽河上、下游名称不一致的问题。

随着人类活动的加剧，辽河口湿地退化和环境污染较为严重，引起了很多学者的重视，针对湿地的现状开展了大量的研究工作，探讨了湿地土地利用及资源保护。主要包括肖笃宁等进行了辽东湾滨海湿地资源景观演变与可持续利用的研究。辛馄和肖笃宁对盘锦地区湿地生态系统服务功能进行了估算。李秀珍等应用景观生态学理论研究了辽河三角洲湿地的防洪、净化等功能并进行了评价。李加林等对辽河三角洲的生态需水量进行了研究。付在毅等针对辽河三角洲主要生态风险源事故的概率进行了分级评价，并提出度量生态环境重要性和脆弱性的指标，利用技术完成了区域生态风险综合评价。蒋卫国等以生态系统健康及压力—状态—响应模型作为研究方法，建立一套湿地生态系统健康评价指标体系，以遥感数据及统计监测数据为基础，以小流域为评价单元，采用技术对每个小流域湿地进行单因子和综合评价，揭示辽河三角洲湿地生态系统健康状况的空间分布规律等。

这些工作为深入研究辽河口湿地生态演变机制和湿地生态修复技术等提供了参考。针对辽河口湿地存在的问题及未来发展变化趋势，在辽河口湿地进行系统的调查研究与健康评估，是解决辽河口湿地退化的基础。

辽河从盘锦入海后，受河流来沙和沿岸输沙的影响，河口沉积地貌发育明显。辽河口目前整体处于淤积的趋势，河口拦门沙、江心洲、潮滩不断淤积发育，典型的有盖州滩、鸳鸯岛等。鸳鸯岛位于辽河口小道子至三道沟渔港海域（图 5-1），2013 年被国家海洋局列入海岛名录。目前，该岛面积约为 4.65 km²，最高潮时南部被海水浸没，北部露出。岛上植物丰富，有海蓬草、翅碱蓬等，鸟类种类繁多，有丹顶鹤、黑嘴鸥、灰鹤等数十种。鸳鸯岛所在的辽河口平均高潮位为 1.81 m，平均低潮位为-1.12 m。因此，按平均高潮线与平均低潮线之间的地带是潮间带的定义，将高程-1.0~1.5 m 的地带规定为鸳鸯岛的潮滩。

图 5-1　鸳鸯岛位置图

5.2　评估方法综述

相对整个河口泥沙岛形成与冲淤演变而言，学者们对淤泥质潮滩的冲淤变化研究较多。淤泥质潮滩水浅滩平、滩面泥泞、冲淤多变，地面调查和地形测绘困难较大，往往是现场测绘的盲区，于是学者多采用遥感影像提取水边线的方法进行潮滩演变分析，主要有 3 种方式：第 1 种是从不同时期相近潮位的影像中获取特征水边线或植被线，通过分析水边线或植被线水平位移来分析潮滩的进退；第 2 种是基于水边线潮汐模型，对水边线进行潮位校正得到特定高程线，进而分析潮滩的平面冲淤变化；第 3 种是利用短时期内不同潮位下多时相遥感影像获得的水边线，生成一系列已知高程信息的等高线，空间插值后生成潮滩的数字高程模型（DEM），进而分析潮滩冲淤变化。第 2 种方法将水边线修正到同一高程基面上，与第 1 种方法相比，提高了分析的准确性和科学性。第 3 种方法较前两种可以分析潮滩冲淤变化的空间分布情况，但是对地观测卫星过境时间基本固定，在短时期内可能难以捕捉到大潮高潮线或低潮线，使高程反演范围受限，且短时期内多时相遥感数据的要求使成本较高。如果拓展第 2 种方法，即对遥感水边线进行不同基准面上的潮位校正，就可以得到不同高程的等高线，从而提取出泥沙岛岸线及潮滩高程。

为了研究河口冲淤变化对鸳鸯岛生态脆弱性的影响，我们用二维水动力数值模型分析了鸳鸯岛周边海域冲淤变化。模型所需的实测数据的获取方法如下。

利用单波束测深仪与RTK系统联测，按1:5 000比例尺（线间隔50 m），对鸳鸯岛附近的浅海、河道水域约17.5 km²的区域进行了水下地形测量。共计测线约352 km，测线位置布设见图5-2。调查数据满足工程设计要求，调查过程符合《海洋调查规范》（GB/T 13736.2—2007）相关规定。

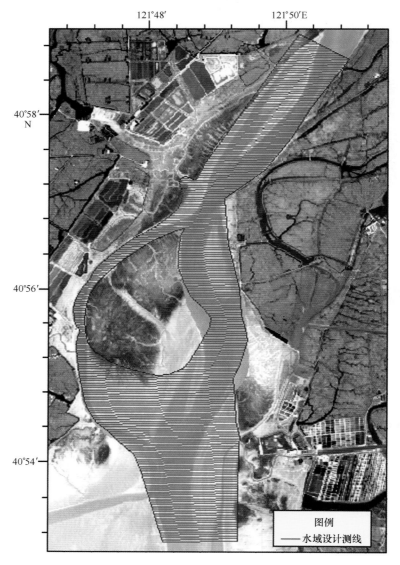

图5-2　水域测量线布设位置

2012年5—8月，在鸳鸯岛周边海域进行了大潮（2012年6月5日18时至6月6日18时）、小潮［2012年6月24日8时至6月25日8时（即农历五月初六至五月初七）］4个测站连续25 h的海流测量及75 d的潮位测量。海流及潮位测量点位置见图5-3和表5-1。

图 5-3　鸳鸯岛周边海域潮位及海流观测点位置

表 5-1　海流观测及验潮站位

站号	北纬	东经
T1	40°57′01.80″	121°49′02.82″
T2	40°55′22.20″	121°49′25.20″
T4	40°55′48.30″	121°47′02.88″
潮位站	40°55′30.86″	121°46′58.97″

海流观测同步进行悬沙观测，观测符合《海洋调查规范》（GB/T 13736.2—2007）相关规定。分别于大、小潮实施各一次表层、中层、底层 25 h 同步潮流观测和悬浮泥沙采样。

由于水域测量区选用测深仪测量，其测量数据需要潮位资料修正计算，因此在测深仪工作期间，在辽河口的鸳鸯沟旅游度假区的码头外沿水下置放了 1 台 AWH-HR136 自动验潮仪，设定为每两分钟采集数据 1 次，共采集数据 6 378 个，测量期为 2012 年 5 月 19 日 8 时 12 分至 2012 年 5 月 28 日 4 时 46 分。测量位置信息见表 5-1。

5.2.1　水动力与泥沙输运模拟

1. 基本方程与边界条件

结合研究需要，采用基于 Boussinesq 和静压假定的二维平面不可压缩雷诺（Reynolds）平均纳维埃-斯托克斯（Navier-Stokes）浅水方程来研究鸳鸯岛海域的潮流场运动。

网格剖分采用非结构三角网格，三角网格能较好地拟合陆边界，网格设计灵活且可随意控制网格疏密。采用标准 Galerkin 有限元法进行水平空间离散，在时间上，采用显式迎风差分格式离散动量方程与输运方程。

1）水动力基本方程

对连续方程和水平动量方程进行积分后可得到下列二维深度平均浅水方程。

（1）连续方程：

$$\frac{\partial h}{\partial t} + \frac{\partial}{\partial x}(h\bar{u}) + \frac{\partial}{\partial y}(h\bar{v}) = hS \tag{5-1}$$

（2）动量方程：

$$\frac{\partial h\bar{u}}{\partial t} + \frac{\partial h\bar{u}^2}{\partial x} + \frac{\partial h\bar{v}\bar{u}}{\partial y} = f\tilde{v}h - gh\frac{\partial \eta}{\partial x} - \frac{h}{\rho_0}\frac{\partial p_a}{\partial x} - \frac{gh^2}{2\rho_0}\frac{\partial \rho}{\partial x} + \frac{\tau_{sx}}{\rho_0} - \frac{\tau_{bx}}{\rho_0}$$
$$- \frac{1}{\rho_0}\left(\frac{\partial s_{xx}}{\partial x} + \frac{\partial s_{xy}}{\partial y}\right) + \frac{\partial}{\partial x}(hT_{xx}) + \frac{\partial}{\partial y}(hT_{xy}) + hu_sS \tag{5-2}$$

$$\frac{\partial h\bar{v}}{\partial t} + \frac{\partial h\bar{u}\bar{v}}{\partial x} + \frac{\partial h\bar{v}^2}{\partial y} = -f\bar{u}h - gh\frac{\partial \eta}{\partial y} - \frac{h}{\rho_0}\frac{\partial p_a}{\partial y} - \frac{gh^2}{2\rho_0}\frac{\partial \rho}{\partial y} + \frac{\tau_{sy}}{\rho_0} - \frac{\tau_{by}}{\rho_0}$$
$$- \frac{1}{\rho_0}\left(\frac{\partial s_{yx}}{\partial x} + \frac{\partial s_{yy}}{\partial y}\right) + \frac{\partial}{\partial x}(hT_{xy}) + \frac{\partial}{\partial y}(hT_{yy}) + hv_sS \tag{5-3}$$

式中：η 为自静止海面向上起算的海面波动（潮位）；d 为静水深（海底到静止海面的距离）；x 和 y 为原点置于未扰动静止海面的直角坐标系坐标；u 和 v 分别为沿 x、y 方向的垂向平均流速分量，定义为：

$$h\bar{u} = \int_{-d}^{\eta} u\,dz \ , \ h\bar{v} = \int_{-d}^{\eta} v\,dz \tag{5-4}$$

侧向应力 T_{ij} 包括：黏性摩擦、紊动摩擦等。通过涡黏方程沿水深平均流速梯度方向计算：

$$T_{xx} = 2A\frac{\partial \bar{u}}{\partial x} \ , \ T_{xy} = A\left(\frac{\partial \bar{u}}{\partial y} + \frac{\partial \bar{v}}{\partial x}\right) \ , \ T_{yy} = 2A\frac{\partial \bar{v}}{\partial x} \tag{5-5}$$

$f = 2\omega\sin\varphi$ 为柯氏参数，其中，ω 是地转角速度，φ 是地理纬度；g 为重力加速度；风应力：τ_{sx} 和 τ_{sy} 分别为海面风应力在 x 和 y 方向的分量；在没有冰层覆盖的水自由表面应力 $\vec{\tau}_s = (\tau_{sx}, \tau_{sy})$ 受表面风影响较大，应力由经验公式（5-6）得到：

$$U_{\tau s} = \sqrt{\frac{\rho_a c_f |\bar{u}_w|^2}{\rho_0}} \tag{5-6}$$

拖曳系数 C_f 既可为常数也可以通过风速而得到。根据 Wu 提出的经验公式用于拖曳系数参数化：

$$C_f = \begin{cases} c_a \\ c_a + \dfrac{c_b - c_a}{w_b - w_a}(w_{10} - w_a) \\ c_b \end{cases} \begin{array}{l} w_{10} < w_a \\ w_a \leqslant w_{10} < w_b \\ w_{10} \geqslant w_b \end{array} \tag{5-7}$$

其中，C_a、C_b、W_a 和 W_b 均为经验系数；W_{10} 为高出海平面 10 m 处的风速。

底部应力：τ_{bx} 和 τ_{by} 为海底涡动摩擦力在 x 和 y 方向的分量；底部应力 $\vec{\tau}_b = (\tau_{bx}, \tau_{by})$ 取二次律，即：

$$\frac{\vec{\tau}_b}{\rho_0} = C_f \vec{u}_b |\vec{u}_b| \tag{5-8}$$

其中，C_f 为拖曳系数，$\vec{u}_b = (u_b, v_b)$ 为底部流体速度。

摩阻流速与底部应力相关，如下式所示：

$$u_{\tau b} = \sqrt{c_f |u_b|^2} \tag{5-9}$$

拖曳系数 C_f 可通过谢才系数（C）或者曼宁系数（M）确定，如下式所示：

$$C_f = \frac{g}{C^2}$$

$$C_f = \frac{g}{(Mh^{1/6})^2} \tag{5-10}$$

方程（5-1）、（5-2）和（5-3）构成了求解潮流场的基本控制方程。为了求解这样一个初边值问题，必须给定适当的边界条件和初始条件。

2）边界条件

在本次研究采用的数值模式中，需给定两种边界条件，即开边界条件和闭边界条件。

（1）开边界条件

所谓开边界条件，即水域边界条件，在此边界上，或者给定流速，或者给定潮位。本研究中开边界给定潮位，即：

$$\eta = \eta(x, y, t) \tag{5-11}$$

（2）闭边界条件

所谓闭边界条件，即水陆交界条件。在该边界上，水质点的法向流速为 0。对于潮滩，水陆交界的位置随着潮位的涨落而变化，为了更好地模拟计算区域内的水流状况和潮汐涨落情况，引入网格干湿判断法，在干节点处，流速自动定义为 0。

网格节点的干湿判断准则如下：

$$\begin{cases} 湿点：D = \zeta + h_B > D_{\min} \\ 干点：D = \zeta + \mathrm{h}_B \leqslant D_{\min} \end{cases} \tag{5-12}$$

网格单元的干湿判断准则如下：

$$\begin{cases} 湿点：D = \min(h_{Bi} + h_{Bj} + h_{Bk}) + \max(\zeta_i + \zeta_j + \zeta_k) > D_{\min} \\ 干点：D = \min(h_{Bi} + h_{Bj} + h_{Bk}) + \max(\zeta_i + \zeta_j + \zeta_k) \leqslant D_{\min} \end{cases} \tag{5-13}$$

其中，D 为网格节点水深或者网格单元水深，ζ 为网格节点的水位高度，h_B 为网格单元的节点高出水面的地形高度，本模型中设置 $D_{\min} = 0.05$ m。干湿边界判断示意图如图 5-4 所示。

（3）初始条件

$$U(x, y, t_0) = U_0(x, y)，V(x, y) = V_0(x, y)，\eta(x, y, t_0) = \eta_0(x, y) \tag{5-14}$$

其中，U_0、V_0、η_0 分别为初始流速和潮位。在本次模拟中，方程求解的初始条件采用冷启

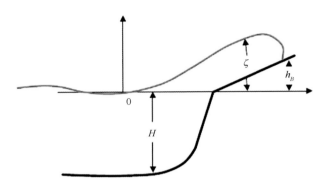

图5-4 干湿边界判断

动, 初始流速和潮位均取为0, 经过一定时步的计算后, 初始条件的影响可以消除。

3) 泥沙输运模型

泥沙输移数值计算由4部分组成, 由波浪模块提供波浪辐射应力及波要素, 水动力由二维潮流模型提供, 泥沙沉降和悬浮过程在泥沙输移模块中实现, 基于泥沙输移模块中的输沙量, 由床面变形方程得到水下地貌演化过程。计算流程如图5-5所示。

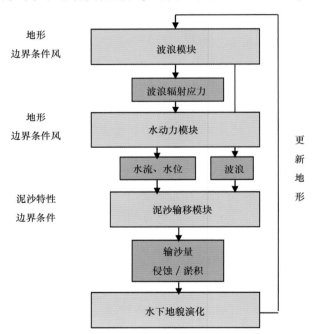

图5-5 泥沙计算流程

2. 计算域和网格设置

本研究所建立的海域数学模型计算域范围如图5-6所示。模拟采用非结构三角网格, 由30 111个节点和58 067个三角单元组成, 最小空间步长约为5 m, 计算域模拟网格分布见图5-7。

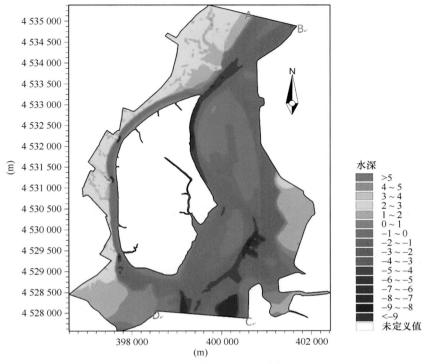

图 5-6 计算域及水深分布

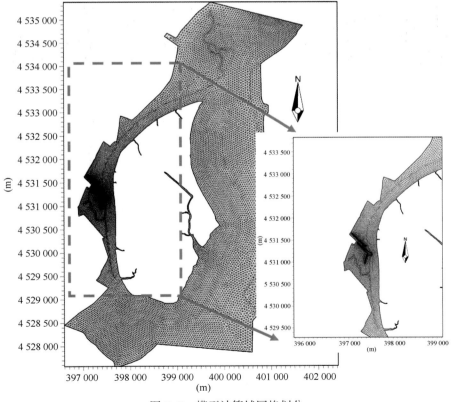

图 5-7 模型计算域网格划分

3. 模型验证

潮流模型的验证包括潮位验证、潮流验证和悬沙浓度验证。

1）潮位验证

图 5-8 和图 5-9 分别给出了鸳鸯沟验潮站 75 d 的实测潮位资料（85 高程起算）及 6 月份一个月实测潮位和计算潮位过程线，包括大、小潮期间的潮位历时变化。

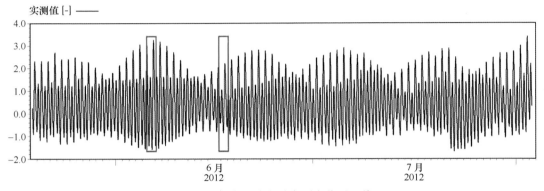

图 5-8　鸳鸯沟验潮站实测潮位过程线

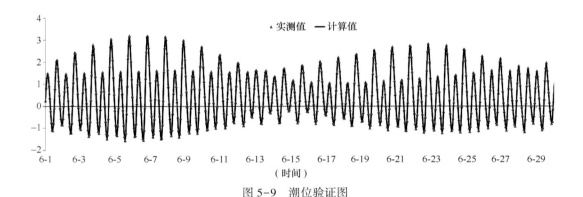

图 5-9　潮位验证图

一日潮位过程包括两个涨潮、落潮过程，潮位过程的高低潮不等现象明显。图中的大潮和小潮实测潮位和数值模拟结果都说明了这一点。潮位计算值和实测值在量值、位相上吻合良好。本次验证高低潮时间的潮位相位偏差都在 0.5 h 以内，高、低潮位值偏差亦基本在 10 cm 以内，满足《海岸与河口潮流泥沙模拟技术规程》（JTJ/T 233—98）要求。说明数学模型模拟的辽河口及附近海域潮波运动与天然潮波运动基本相似，数学模型采用的边界控制条件是合适的，地形概化正确，能够反映本海域内潮波传递和潮波变形。

2）流速、流向验证

图 5-10~图 5-15 分别给出了大、小潮 3 个测流点的垂线流速、流向验证图（注：本次数值计算域内包括参考测流资料的 3 个测流点，1#、2#、4#）。由图可见，各验证点计算流速和实测资料吻合较好，最大误差小于 10%。验证结果符合《海岸与河口潮流泥沙模拟技术规程》（JTJ/T 2332—98）要求，计算结果与实测憩流时间和最大流速出现的时间偏差小于 0.5 h，流速过程线的形态基本一致，涨、落潮段平均流速偏差小于 10%。

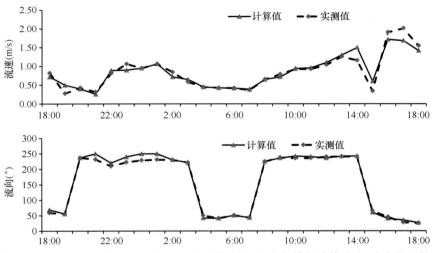

图 5-10 验证大潮情况下 1#实测垂线平均流速/流向与模拟计算流速/流向的比较

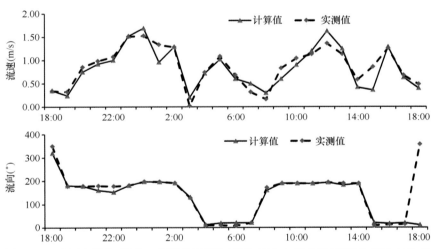

图 5-11 验证大潮情况下 2#实测垂线平均流速/流向与模拟计算流速/流向的比较

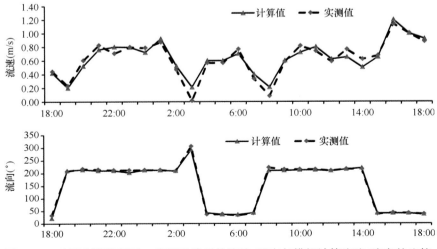

图 5-12 验证大潮情况下 4#实测垂线平均流速/流向与模拟计算流速/流向的比较

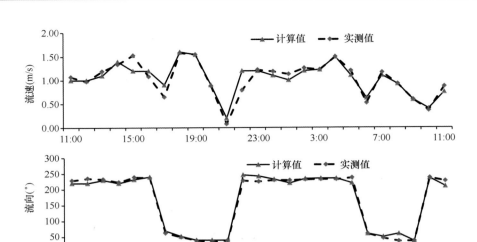

图 5-13　验证小潮情况下 1#实测垂线平均流速/流向与模拟计算流速/流向的比较

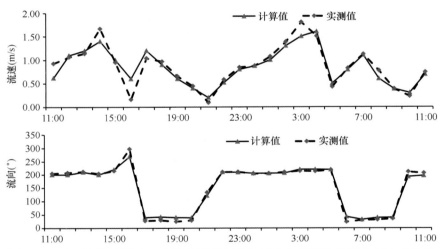

图 5-14　验证小潮情况下 2#实测垂线平均流速/流向与模拟计算流速/流向的比较

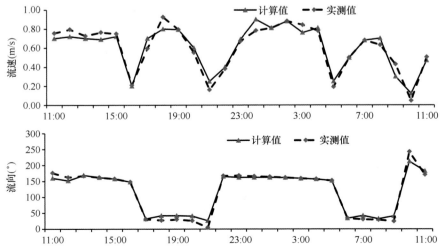

图 5-15　验证小潮情况下 4#实测垂线平均流速/流向与模拟计算流速/流向的比较

从大、小潮潮位过程及流速验证的资料来看，数模能够客观反映鸳鸯岛周边海域及附近海域的水流运动规律。

3）含沙量验证

根据鸳鸯岛附近海域进行的大潮［2012年6月5日18时至6月6日18时（即农历闰四月十六至十七）、小潮（2012年6月24日8时至6月25日8时）］含沙量资料对模型进行率定。图5-16～图5-21为1#、2#、4#测点大、小潮悬沙含量计算值和实测结果的比较图。

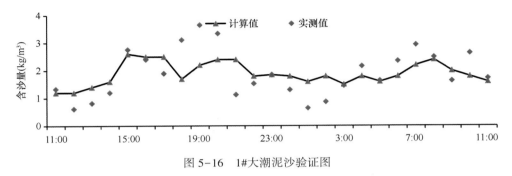

图5-16 1#大潮泥沙验证图

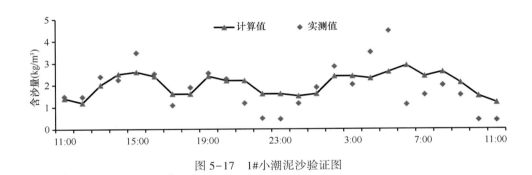

图5-17 1#小潮泥沙验证图

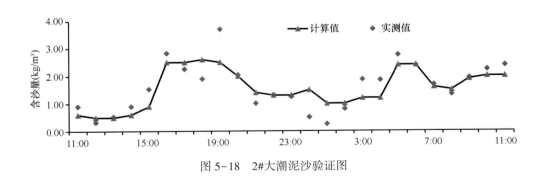

图5-18 2#大潮泥沙验证图

各验证点计算含沙量和实测资料吻合较好，计算的含沙量变化趋势与实测值一致，平均含沙量的偏差在30%以内，验证结果符合《海岸与河口潮流泥沙模拟技术规程》（JTJ/T 2332—98）要求，表明二维水沙数学模型能模拟鸳鸯岛海区悬沙输运过程。因此，泥沙模型能够较好地模拟鸳鸯岛周边海域的泥沙场。

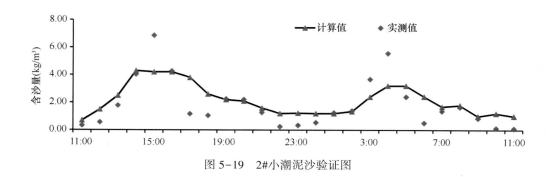

图 5-19　2#小潮泥沙验证图

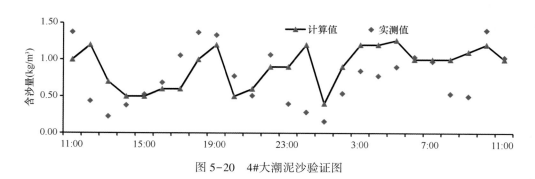

图 5-20　4#大潮泥沙验证图

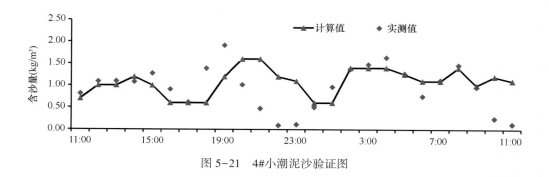

图 5-21　4#小潮泥沙验证图

5.2.2　遥感数据分析与处理

1. 遥感影像及处理

选用 1975—2015 年 31 景 Landsat-MSS/TM/ETM/OIL 卫星影像用于模拟鸳鸯岛的形成和演变过程（表 5-2）。依据辽河水沙量变化和已有研究成果，影像选取包括 1985 年、2000 年、2010 年前后等几个重要的辽河径流入海水沙变化的时间结点。

本研究首先借助 ENVI 5.1 提供的 FLAASH 大气校正模块，对所有影像做大气校正处理。从美国地质勘探局（http：//earthexplorer. usgs. gov/）下载的 Landsat 影像通常已经做过几何粗校正，为了更好地减小几何畸变对水边线提取结果的影响，本研究统一以 2013 年 8 月 11 日 Landsat8-OLI 影像为基准，利用 ENVI5.1 提供的 Image to Image 几何校正模块对其他年份的影像进行几何精校正处理，最后对几何精校正后的影像做边缘增强处理。

表5-2 遥感影像资料及潮情

卫星/传感器	成像日期	成像时间	潮位（cm）	涨落潮阶段	距85高程基面（cm）
Landsat8/OIL	2015-08-18	02：29：25	202.68	落	-6.32
Landsat8/OIL	2015-07-16	02：34：29	145.21	涨	-63.79
Landsat8/OIL	2014-06-28	02：28：34	162.98	涨	-66.64
Landsat8/OIL	2014-06-15	02：31：34	312.26	落	62.68
Landsat8/OIL	2013-05-22	02：30：41	269.21	涨	60.21
Landsat8/OIL	2013-04-28	02：36：57	68.23	落	-140.77
Landsat7/ETM	2012-06-25	02：30：15	142.36	落	-46.02
Landsat7/ETM	2012-06-02	02：30：15	271.68	涨	103.26
Landsat7/ETM	2011-07-20	02：28：48	89.25	落	-119.75
Landsat7/ETM	2011-06-18	02：29：45	126.52	涨	-82.48
Landsat5/TM	2009-08-29	02：26：58	296.57	落	87.57
Landsat5/TM	2009-08-14	02：24：57	350.95	落	141.95
Landsat5/TM	2008-07-10	02：21：24	245.35	落	36.35
Landsat5/TM	2008-06-07	02：20：56	142.52	落	-66.48
Landsat5/TM	2006-08-18	02：25：41	342.58	落	133.58
Landsat5/TM	2006-08-02	02：15：56	284.29	落	75.29
Landsat5/TM	2005-09-27	02：29：18	304.12	落	95.12
Landsat5/TM	2005-06-14	02：22：10	245.32	落	36.32
Landsat5/TM	2002-09-24	02：30：03	92.02	涨	-116.98
Landsat5/TM	2002-08-02	02：10：33	315.21	落	106.21
Landsat5/TM	2000-07-23	02：16：43	263.18	落	54.18
Landsat5/TM	2000-06-28	02：29：32	241.53	涨	32.53
Landsat5/TM	1999-07-28	02：22：54	175.36	涨	-33.64
Landsat5/TM	1999-07-13	02：12：46	134.56	涨	-74.44
Landsat5/TM	1995-06-15	01：55：09	91.23	涨	-117.77
Landsat5/TM	1995-05-12	01：37：07	271.56	涨	62.56
Landsat5/TM	1993-05-06	01：21：46	360.23	落	151.23
Landsat5/TM	1993-04-22	01：57：23	298.12	涨	89.12
Landsat5/TM	1988-10-09	02：05：34	—	—	—
Landsat5/TM	1985-10-17	02：03：55	—	—	—
Landsat4/MSS	1975-05-20	01：55：08	—	—	—

注："—"表示没有计算潮位信息。

2. 水边线提取

对遥感影像进行二值化，将水体与其他地物区分开。图像二值化的方法有多种，运用波谱间关系（SPM）来将水体和非水体区分开实现图像的二值化效果最佳。波谱间关系的方法也有多种，如：$TM_2 + TM_3 > TM_4 + TM_5$，$KT_3 + TM_4 > TM_2 + TM_7$，$KT_3 + TM_2 > TM_4 + TM_3$（$TM_i$代表

Landsat-5 卫星的第 i 个波段影像经大气校正后的 DN 值）。缨帽变换（tasseled cap transform，K-T 变换）的 KT_3 分量，是可见光和近红外与较长红外的差值，对土壤湿度最为敏感，反映了地物的湿度信息，是较好的水体信息识别的特征波段。因此，使用 $KT_3+TM_2 > TM_4+TM_3$ 这种波谱关系模型，提取水体效果更好。对二值化的图像进行边缘检测，可提取出水边线。

3. 潮位标定

为获取准确的岸线位置，并进行岸线变化分析，需对瞬时水边线进行潮位标定。使用国家海洋环境监测中心于 2012 年 5 月 19 日 8 时至 2012 年 8 月 3 日 10 时进行了共计 75 d 在鸳鸯沟验潮站观测的潮位资料，采用最小二乘法进行调和分析，得到鸳鸯岛区域 38 个主要分潮的调和常数。卫星过境时的瞬时潮高采用方国洪等的主港潮汐预报调和方法：

$$\zeta = A_0 + \sum_i \{f_i H_i \cos[\sigma_i t + (v_{0i} + u_i) - g_i]\} \tag{5-15}$$

式中：A_0 是多年平均海平面在潮高基准面上的高度，如果从潮高基准面起算，则可将其值取为 0；H 和 g 是分潮的调和常数，分别为振幅和迟角；σ 是分潮的角速率；v_0 是分潮的格林尼治天文初相角；f 和 u 是分潮的交点因子和交点订正角；i 是分潮数。各参数的具体计算方法参见方国洪等研究。此外，本研究还收集了本区内老北河口验潮站（48°58′N，121°50′E）实测的高低潮位（1990—2016 年）作为参照。

4. 潮位校正

本研究首先假设粉砂淤泥质潮滩的潮间带同一（垂直于岸线的）断面的坡度大致均一，通过在同一年中相近时间的两期遥感图像中提取出的水边线，将调和常数代入式（5-15），可算出卫星过境时的瞬时潮高（表 5-1）。辽河口老北河口验潮站的潮高基准面低于当地平均海平面 2.09 m，当地平均海平面与 "1985 年国家高程基准" 的差值为 -0.05 m，因此，瞬时潮高可看作是以 -2.14 m 高程面为基准面的高程值。

由图 5-22 可知，如果以等高线 H 为基准面，那么水边线的相应高程可以用公式（5-16）计算得到，其中，h_{ni} 为第 i 条水边线相对于高程为 n 的等高线的高程，ζ_{ni} 是其潮位高。

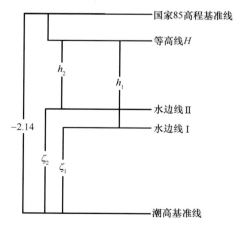

图 5-22　高程推算示意

$$h_{ni} = -2.14 + \zeta_{ni} - H_n \, (i = 1, \; 2) \tag{5-16}$$

潮位校正采用 ArcGIS 扩展模块功能和 DSAS 软件来实现。运用 DSAS 软件包中的 Transect

Layer 模块生成一组间隔为 10 m 且垂直于基线的垂线。图 5-23 说明了相邻 3 条垂线所处的海岸地形。

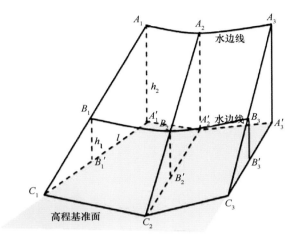

图 5-23 高程推算示意

图中 A_1，A_2，A_3 和 B_1，B_2，B_3 分别为 3 条相邻垂线与第一条第二条水边线的交点，这些水边线在基准面上的投影为 A'_1，A'_2，A'_3 和 B'_1，B'_2，B'_3。图中 C_1，C_2，C_3 为 3 条垂线与基准面的交点，依次将 C_1，C_2，C_3 连成线，即所需等高线。因此，确定等高线位置的问题转化为如何确定各垂线与基准面交点坐标的问题。下面以 C_1 点为例，说明计算过程。由相似三角形的关系可知：

$$\frac{C_1B'_1}{C_1A'_1} = \frac{B_1B'_1}{A_1A'_1} = \frac{C_1B'_1}{C_1B'_1 + A'_1B'_1} \tag{5-17}$$

由公式（5-16）可算出两条水边线相对于基面的高程 h_1、h_2，即 $A_1A'_1 = h_1$，$B_1B'_1 = h_2$；据上述各点的定义，可知 $A'_1B'_1$ 的长度可以计算出来，设其长度为 l，则公式（5-17）可表示为：

$$\frac{C_1B'_1}{C_1B'_1 + l} = \frac{h_1}{h_2} \rightarrow C_1B'_1 = \frac{h_1}{h_2 - h_1} \times l \tag{5-18}$$

公式（5-18）中 h_1、h_2、l 均已知，因此 C_1 的坐标也可求出。用同样的方法求出其他交点的坐标，按顺序连接交点，即可得到各等高线的位置。

5. 高程提取及岸线定义

按上诉方法，分别以 -1 m、-0.5 m、0 m、0.5 m、1 m、1.5 m 等高面作为基准面，分别提取出来相应的等高线，在 ArcGIS 支持下，以平面 5 m×5 m 的间隔将这些等高线生成 DEM，即遥感水边线法模拟的鸳鸯岛潮滩数字高程模型 DEM_m。不同学者在利用遥感图像提取岸线时，对岸线的定义标准不一，比较常见的岸线解译标识包括水边线、干湿线、植被线、大潮高潮线、平均高潮线等。等高线或等深线也能反应潮滩的冲淤变化，本文将 DEM 中 0 m 等高线等效为海岛岸线，分析其时空变化，进而研究鸳鸯岛形成和演变过程。河道岸线不是本文研究的重点，可不考虑潮位对其水边线的影像，因此，本文将水边线作为河道岸线。

5.3 河口冲淤变化的影响机理

5.3.1 鸳鸯岛周边海域流场分析

图5-24~图5-31给出鸳鸯岛附近海域潮流场在一个大潮周期内的分布和变化情况。取涨潮中间时、高潮时、落潮中间时和低潮时4个时刻的瞬时流场分布来描述鸳鸯岛海域潮流场的演变规律和不同时刻的潮流场的分布特征。

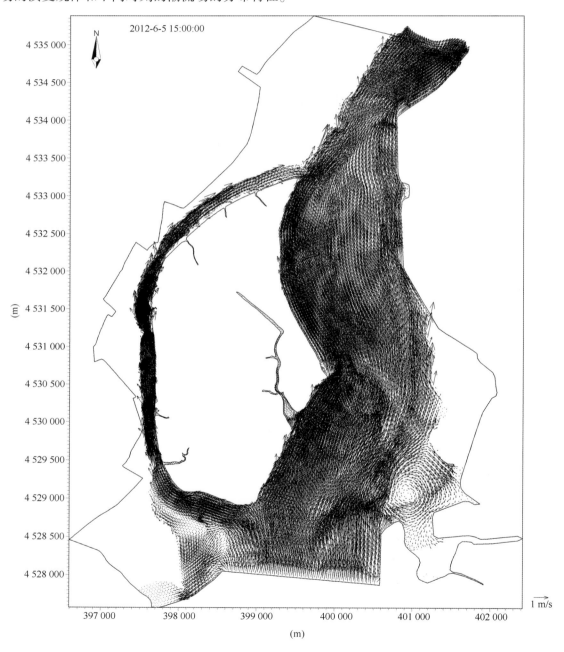

图5-24 涨潮中间时刻整体流场图

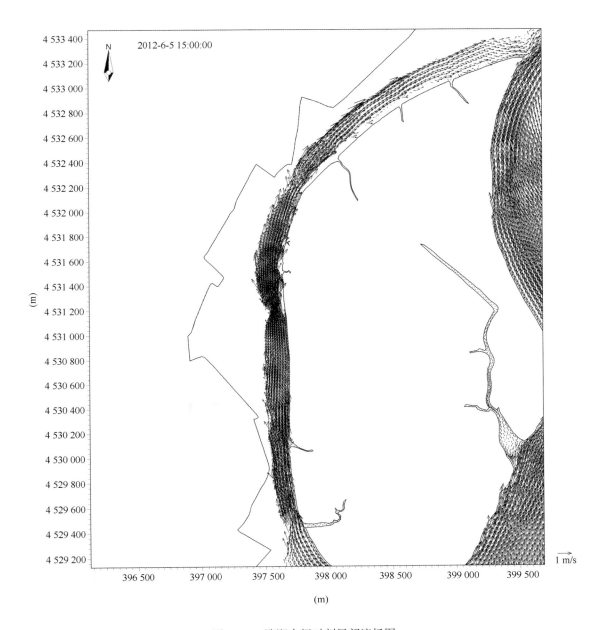

图 5-25　涨潮中间时刻局部流场图

　　计算结果表明模拟海域包括两个涨落潮过程。基本的潮流历程为：6 月 5 日 18：00—6 月 6 日 2：00 为第一次落潮流过程；6 月 6 日 2：00—7：00 为第一次涨潮流过程；6 月 6 日 7：00—13：00 为第二次落潮流过程；6 月 6 日 13：00—19：00 为第二次涨潮流过程。涨、落潮流过程的周期大致相同。

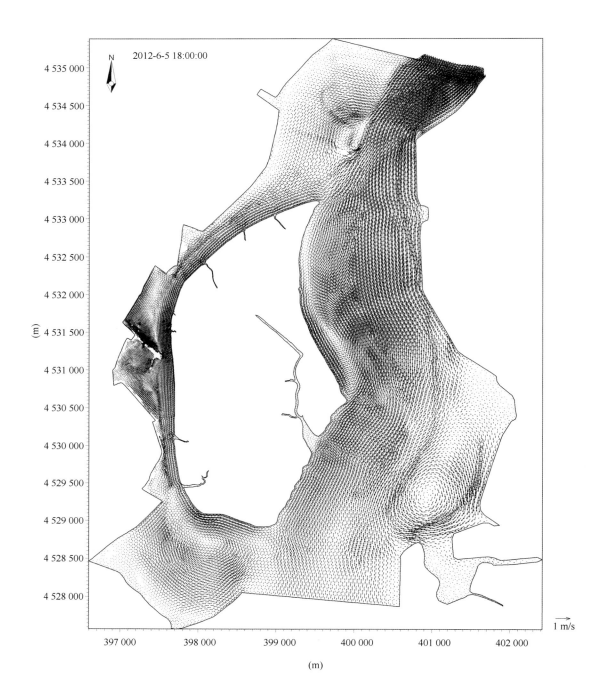

图 5-26　高潮时刻整体流场图

　　该海域海流主要受近岸潮汐控制，为典型的往复流。涨急时刻出现在涨潮中间时刻，落急时刻出现在落潮中间时刻。高潮时，潮流由涨潮流转为落潮流，低潮时潮流与落潮流转为涨潮流。潮流的演变过程呈现明显的驻波性质。

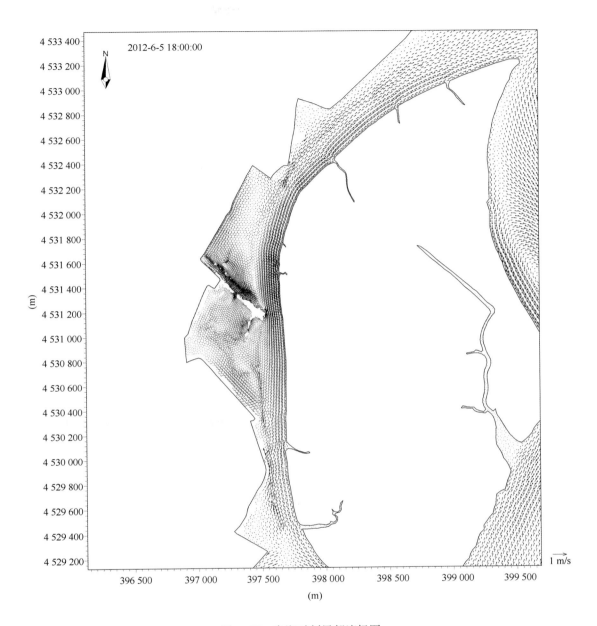

图 5-27　高潮时刻局部流场图

涨潮中间时：涨潮流沿河道由南向北流动；受鸳鸯岛地形的影响，涨潮流在鸳鸯岛的南侧分成两股，两股水流沿岛两侧顺岸流动；其中西侧水道位于鸳鸯沟陆地与鸳鸯岛之间，整个西侧水道的冲刷深槽位于河道偏西侧位置，涨急时刻河道的流速介于 0.8~1.6 m；涨急时刻一般出现在涨潮流中间时刻，潮高一般位于 1.5 m 左右（85 高程基准），此时，鸳鸯岛及其附近潮滩除部分潮汐通道外，其他位置均为干滩。

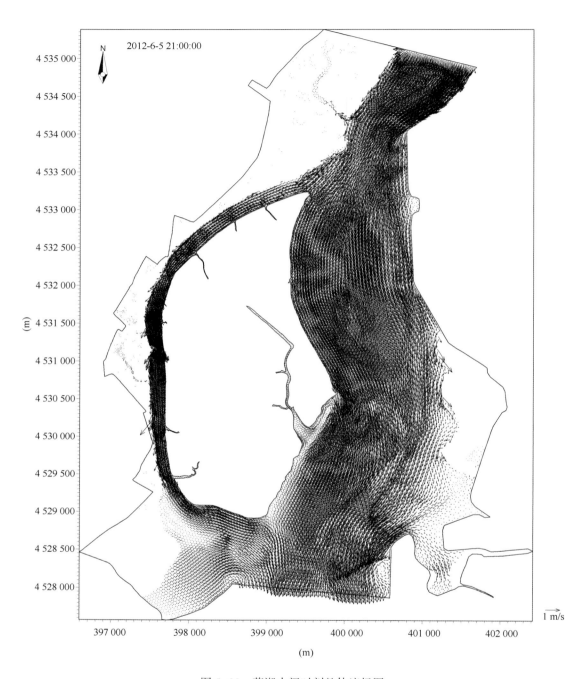

图 5-28　落潮中间时刻整体流场图

　　高潮时：此时潮流接近转流时刻，高潮过后约 1 h 后转流，高潮时涨潮流流速较小，主河道内的最大平均流速均小于 0.5 m/s；鸳鸯岛周边海域除部分潮沟外，均会淹水（验证大潮高潮时刻潮高 3.12 m，85 高程基准），淹水区域流速介于 0.1~0.2 m/s。

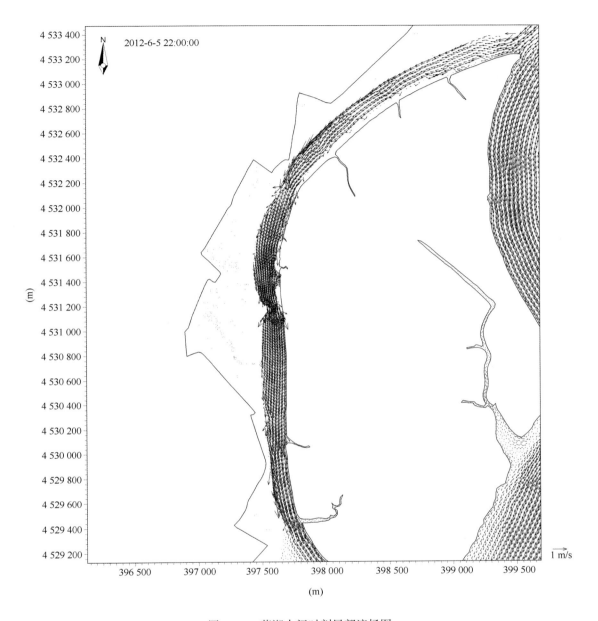

图 5-29　落潮中间时刻局部流场图

　　落潮中间时刻：落潮流由北向南沿河道流动，受鸳鸯岛地形的影响，落潮流在鸳鸯岛的北侧分成两股，两股水流沿沙洲两侧顺岸流动；其中位于鸳鸯岛西侧水道，落急时刻河道的流速介于 0.75 ~ 1.50 m；落急时刻亦出现在落潮流中间时刻，潮高一般位于 1.5 m 左右（85 高程基准），此时，鸳鸯岛及其附近潮滩除部分潮汐通道外，其他位置均为干滩。

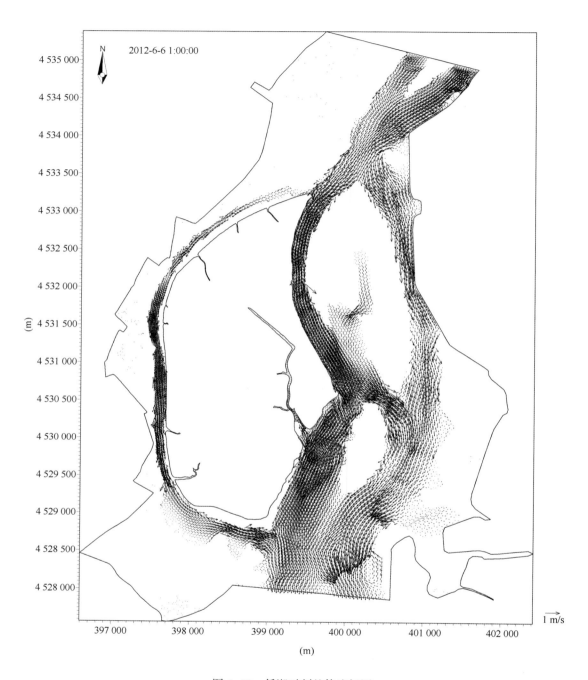

图 5-30 低潮时刻整体流场图

低潮时：此时潮流接近转流时刻，低潮过后约 1 h 后转流，主河道内的最大平均流速均小于 0.3 m/s。

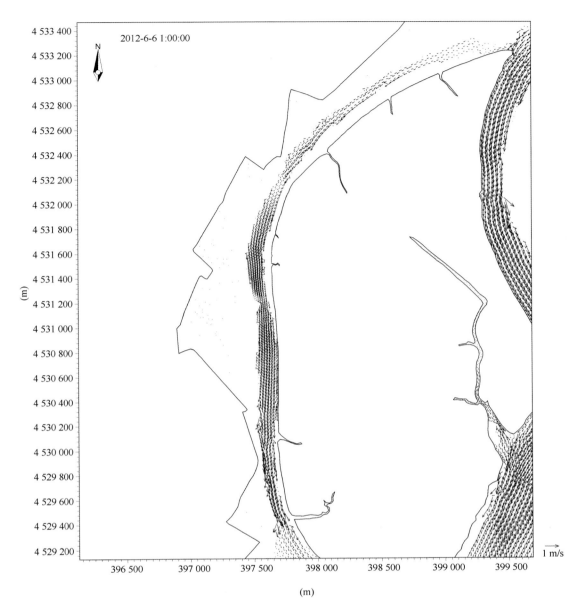

图 5-31 低潮时刻局部流场图

5.3.2 鸳鸯岛周边海域冲淤分析

海域的冲淤变化可预示海岛潮滩的淤进或侵蚀，进而影响海岛面积的变化。从图 5-32 中可以看出，鸳鸯岛海域冲淤变化分布不均，岛东侧邻近海域以冲刷为主，岛西侧与南侧海域以淤积为主，这预示着鸳鸯岛东部潮滩受冲刷，而东部南部潮滩处于淤积状态。图 5-33 显示了近 10 年来辽河河口海域的岸滩稳定性。鸳鸯岛发育一处淤积岸段和一处冲刷岸段，淤泥岸段分布在该岛南部和西部，长约 8.62 km，冲刷岸段分布在岛东北侧，且发育侵蚀陡坎，长约 2.51 km。基于岸线分析的岸滩蚀淤结果与数值模拟的结果基本吻合。

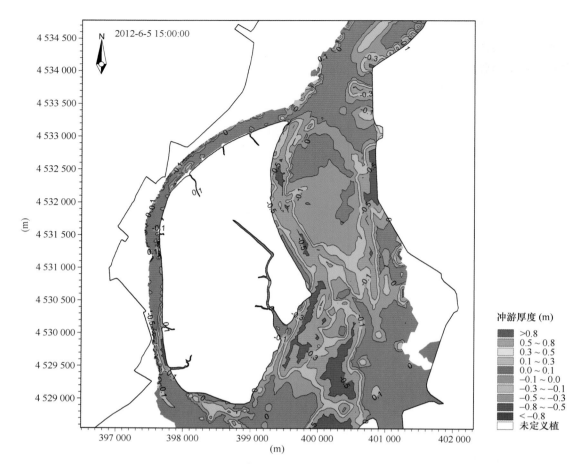

图 5-32　鸳鸯岛海域计算年冲淤变化

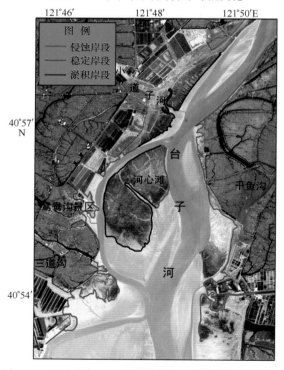

图 5-33　辽河河口（双台子河河口）海域岸滩稳定性

海域的冲淤变化是由水动力强弱与流场的变化引起的。目前，受地砖偏向力影响，鸳鸯岛东侧海域在落潮时，水流偏向右侧，即紧靠鸳鸯岛东侧潮滩邻近海域，落潮流与径流叠加导致此处水动力强，河床冲刷严重。同样，其中位于鸳鸯岛西侧水道的西侧，受到落潮流与径流的叠加作用，水动力强，出现小范围的冲刷如图 5-34 所示。

图 5-34　鸳鸯岛东北侧潮滩侵蚀

5.4　辽河口冲淤变化对湿地发育影响

5.4.1　萌生期

20 世纪 80 年代中期到 1999 年间是鸳鸯岛发育的萌生期。由图 5-35（a）可知，1985 年小台子节点（节点①）以上河道整体向西北偏移，节点位置也向西北移动，1988 年，小台子节点以下河道，河口右岸边滩受侵蚀，逐渐被切出一个节点（节点③），与上游左岸的小台子节点左右交错分布，且节点控制的河岸与主流线有一定的夹角，节点的挑流作用更强，加之受科氏力的影响，河口涨落潮流流路分歧，涨潮流偏向左岸，落潮流偏向右岸，在涨落潮流路之间出现缓流区，水流挟带来的泥沙易在这里淤积，形成阴沙。由图 5-35（b）可知，1993 年缓流区出现 -0.5 m 以浅的阴沙，1995 年阴沙扩大到东西两块，面积达 2.28 km²，1999 年两块阴沙西移，以 NE 向对峙分布，面积达 1.56 km²，中间的水道由横向切滩流冲刷而来。受潮波传播方向的影响，涨落潮流路分歧的河口两岸往往会出现一岸先涨先落，一岸则迟涨迟落，加之科氏力的作用，河口地区极易产生水面横比降，在水位差、密度重力流的作用下，形成横向切滩流。

此阶段，入海径流侵蚀右岸边滩是鸳鸯岛萌生的直接诱因。1985 年，受连续多次台风登陆，辽河流域出现多次暴雨，辽河六间房径流量达 59.84×10⁸ m³，是之前年份（1969—1984 年）的 23.28×10⁸ m³ 平均入海径流量的两倍多，并且此后连续 3 年都在 40×10⁸ m³ 以上。

5.4.2　生长期

张落潮流路分歧，缓流区持续存在，阴沙进一步堆高，高潮时出漏水面，形成明沙，由图 5-35（c）可知，2002 年已出现 0 m 等深线以上的南北两个沙体，面积达 1.05 km²。随后沙体以北部（沙头）淤积快的规律持续发育，出现这种现象主要与辽河口泥沙来源和水动力环境有关。

受余流影响，辽东湾顶部悬浮泥沙整体自西往东输送，至盖州滩南端悬沙往北东方向输送，辽河口淤积的沉积物主要是河口以东的大、小凌河等入海泥沙随沿岸流、潮流输运而来。由于大、小凌河上游地处黄土丘陵、沙丘草原以及沙地区域，河流含沙量远大于辽河，入海泥沙量也较大（表5-3）。泥沙被海流输运到辽河口口门外后，随涨潮流进入口门，不但为鸳鸯岛的发育提供丰富的物质来源，还造成水体含沙量涨潮时大于落潮时，涨潮流速大于落潮流速，潮流流路分歧后，水流以涨潮槽为主汊。

表5-3　辽东湾主要入海河流泥沙通量（据刘炜，1989）

河流名称	流域面积（km²）	多年入海泥沙量（×10⁴ t/a）			平均含沙量（kg/m³）
		平均	最大	最小	
小凌河	5 475	364	1 630	1.64	6.40
大凌河	23 549	2 740	9 750	529	13.30
辽河	219 014	899	1 490	4.14	3.21
饶阳河	9 946	14.50	60.40	0.022	0.41

横向切滩流发生在以涨潮槽为主汊的情况时，其流向是从涨潮槽主汊流向落潮槽支汊的，横向切滩流与涨潮流方向一致，与落潮流方向相反，称为涨潮切滩流。南沙在涨潮切滩流槽与落潮槽之间，处在二级缓流区中，泥沙更易落淤，因此南沙较北沙面积增长快（图5-36）。南沙东北部位在涨潮切滩流的边缘，北沙北部位在涨潮流槽的边缘，涨潮流从口门外带来的泥沙在缓流区边缘淤积，促使该段岸线向海前进迅速。2006年南北两沙合并，鸳鸯岛左右两侧，潮流流路分歧的现象越来越不明显，横向切滩流也随之消失。此后，如图5-35（d）所示，鸳鸯岛南部岸线前进快速，鸳鸯岛面积继续扩大，到2009年面积达到7.12 km²，较2000年面积扩大近7倍。因此，将2000—2009年间沙体快速淤积期，称为鸳鸯岛的生长期。

5.4.3　动态稳定期

2009年后鸳鸯岛进入动态稳定期，受该岛西侧狭窄水道和南侧堆积体的影响，涨落潮流路分歧现象已移至岛东侧宽阔水道。鸳鸯岛遇大径流鸳鸯岛东部侵蚀，尤以东北部侵蚀最多。2010年夏季，辽河干流径流受到四次强降水过程的影响，铁岭站和六间房站2010年实测径流量与多年平均值比较，分别偏大89%和142%。大的入海径流导致2010年鸳鸯岛潮滩侵蚀，2011年秋鸳鸯岛面积5.86 km²，较2009年面积减少了17.63%，如图5-35（e）所示。2012年东北部继续侵蚀，面积较2011年减少了0.47 km²。2013年后受稳定入海径流量的影响，东北部潮滩稍有侵蚀，西北部、南部淤积，岛面积基本保持稳定，如图5-35（f）所示。

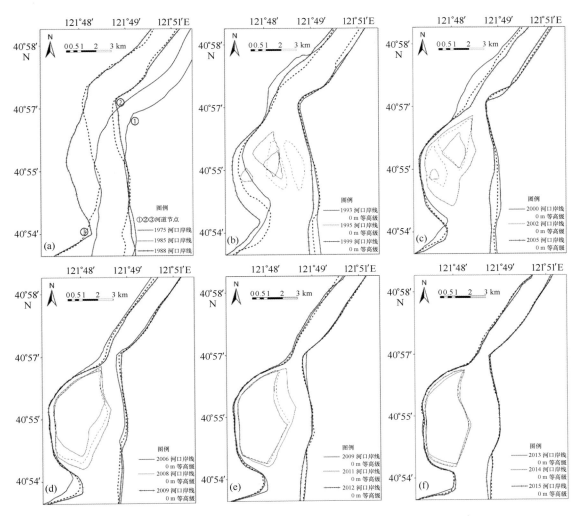

图 5-35 水边线方法模拟的鸳鸯岛形成过程（河道岸线即河道水边线）

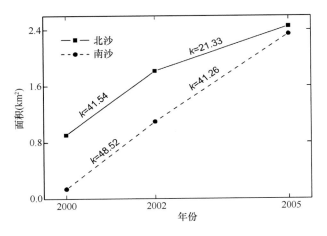

图 5-36 南沙和北沙面积增长速率

以 1 a 为时间间隔，分析 2011—2015 年间东北部和南部典型冲淤区的岸线变化（图 5-37），发现东北部岸线侵蚀速率 4 个时段分别为 75.61 m/a、62.31 m/a、48.82 m/a、22.28 m/a，后退速率减慢，年平均后退 52.25 m，南部岸线淤积速率分别为 25.40 m/a、85.66 m/a、89.33 m/a、35.43 m/a，淤进速率较为波动，年平均淤进 68.95 m。由此可知，从岸线变化来看，南部淤积程度大于东北部侵蚀程度。

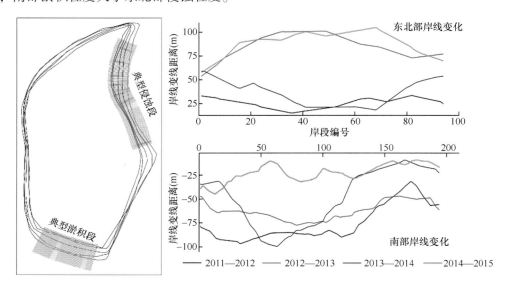

图 5-37　2011—2015 年鸳鸯岛典型冲淤段岸线变化

5.5　理论探讨

池源等（2015）将海岛生态脆弱性定义为海岛生态系统由于独特的自身条件和复杂的系统干扰而长期形成的、时空分异的、可调控的易受损性和难恢复性。由此来看，冲积型海岛生态脆弱性主要体现在，冲淤变化带来的植被外界线及生境高程的变化，进而引起的一系列生态系统结构和功能的变化，从而增加了冲积型海岛生态系统的易受损性和难恢复性。

5.5.1　河口冲淤对植被外界线的影响

植被是海岛生态系统重要的组成部分。冲积型海岛由于环境不稳定，因此植被演替也比较频繁。在不受外界干扰的情况下，植物群落会顺应环境梯度表现出规律性的群落演替过程，反之则会中断植被演替，甚至发生逆行演替。在冲蚀岸段，底质沉积环境发生改变，物质组成和结构发生变化，从而进一步影响到动植物赖以生存的营养物质流动，整个生态系统组织结构也会发生改变，湿地发生退化、植被发生逆向演替，生态系统稳定性遭到干扰。

提取 2000 年、2005 年和 2010 年鸳鸯岛及邻近湿地区翅碱蓬的外界线，如图 5-38 所示，发现赤碱蓬外界线进退潮滩岸线的进退基本一致。海岛冲淤变化的不稳定预示着赤碱蓬生物群落的不稳定演替，如此势必对鸳鸯岛的生态脆弱性带来影响。

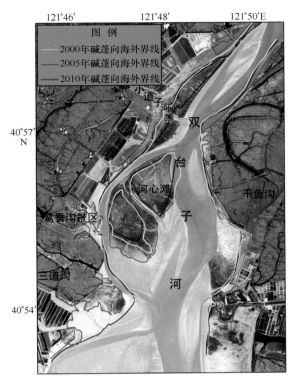

图 5-38 不同年份赤碱蓬向海外界线变化

5.5.2 河口冲淤对生境高程的影响

河口冲淤变化改变湿地生境高程，影响各类湿地植被的存活和生长。海岛生态系统与大陆隔离物种交流受到限制，形成了独立的生态小单元，生物多样性一旦受损后就难以恢复，生态系统结构和功能更容易遭到损害。

高程作为一种重要的环境因子，对湿地景观的分异性产生重要影响。高程升降是水动力作用下泥沙沉积或冲蚀的结果，同时高程的变化又引起受盐度胁迫、淹水时间的变化，这种变化影响生物的定居与迁徙，甚至可能会扰乱生物群落的顺向演替，进而影响海岛生态脆弱性。

参考文献

池源，石洪华，郭振，等 . 2015. 海岛生态脆弱性的内涵、特征及成因探析 . 海洋学报，37（12）：93-105.

方国红，郑文振，陈宗镛，等 . 1986. 潮汐和潮流的分析和预报 . 北京：海洋出版社，319-323.

李国英 . 2007. 黄河河势演变中的科氏力作用 . 水利学报，38（12）：1409-1420.

刘爱江，吴建政，姜胜辉，等 . 2009. 双台子河口区悬沙分布和运移特征 . 海洋地质动态，25（8）：12-16.

刘炜 . 1989. 辽东湾海岸地貌近代演化特征 . 辽宁地质，（1）：46-56.

周成虎，骆剑承，杨晓梅，等 . 1999. 遥感影像地学理解与分析 . 北京：科学出版社，75-78.

Boak E H, Turner I L. 2005. Shoreline definition and detection: a review. Journal Coastal Research, 21（4）：688-703.

Chu Z X, Sun X G, Zhai S K, Xu K H. 2006. Changing pattern of accretion/erosion of the modern Yellow River (Huanghe) subaerial delta, China: based on remote sensing images. Marine Geology, 227 (1-2): 13-30.

Gautam V K, Gaurav P K, Murugan P, et al. 2015. Assessment of surface water dynamicsin bangalore using WRI, NDWI, MNDWI, supervised classification and K-T transformation. Aquatic Procedia, 4: 739-746.

Li M T, Chen Z Y, Yin D W, et al. 2011. Morphodynamic characteristics of the dextral diversion of the Yangtze River mouth, China: tidal and the Coriolis Force controls. Earth Surface Processes & Landforms, 36: 641-650.

Li X M, Liu X B, Liu L N, et al. 2013. Comparative study of water-body information extraction methods based on e-lectronic sensing image. In Jin D, Lin S (eds.). advances in mechanical and electronic engineering. Springer Berlin Heidelberg, 178: 331-336.

Li X, Zhou Y X, Zhang L P, et al. 2014. Shoreline change of Chongming Dongtan and response to river sediment load: A remote sensing assessment. Journal of Hydrology, 511: 432-442.

Pajak M J, Leatherman S. 2002. The high water line as shoreline indicator. Journal Coastal Research, 18 (2): 329-337.

Wang Y N, Huang F, Wei Y C. Water body extraction from landsat ETM+ image using MNDWI and K-T transformation. Proceedings of the 21st International Conference on Geoinformatics, 2013: 6.

第 6 章　辽河口海域水环境质量变化的敏感性评估

河口湿地是陆地到海洋的过渡地带，在陆海相互作用的过程中具有重要的作用。辽河口湿地周边人为活动较为明显，西侧分布有油气开发区和养殖池，入海河口处有底播养殖，东侧有港口码头。该区域是我国重要的石油开发和著名的商品粮基地，我国第三大油田——辽河油田就在此地，辽河油田是我国最大的稠油加工基地和沥青生产基地，年产原油 1.42×10^7 t。石油烃类污染物在石油勘探、开采、炼制、加工和运输过程中会以含油废水、落地原油、含油废弃泥浆等形式进入辽河，最终汇入辽河口，对辽河口的水环境影响非常明显。

因此，对河口地区的水环境质量变化进行敏感性评估，有助于缓解河口湿地的不合理开发利用所带来的环境压力，为河口水环境治理提供依据。

6.1　理论基础

水环境质量变化的敏感性评估是对某一区域的水环境进行环境要素分析，选择合适的评估方法，对其做出定量评价。

通过开展水环境质量变化的敏感性评估，准确地反应研究区域的水环境质量污染现状，定量分析出水环境质量主要污染因子，弄清研究区域的水环境质量变化发展的规律，以期为区域的水污染控制规划方案编制及区域的工厂企业污水排放管理整治提供依据。因此，掌握研究区的海水环境整体质量状况，对控制河口海域的海水污染、改善海域环境质量，具有一定的指导意义和科学价值。

对河口海域的水环境质量变化进行评价及预测研究，为区域的水环境管理决策提供科学依据，是水环境质量评价的目的。长期以来，环境质量评价一直是环保部门及学者关心的课题，在国外于 20 世纪 60 年代中期开始出现，20 世纪 70 年代蓬勃发展。美国是世界上第一个把环境评价以法律形式肯定的国家。纵观环境评价的发展，有由单目标向多目标，由单环境要素向多环境要素，由单纯的自然环境系统向自然环境与社会环境的综合系统，由静态分析向动态分析发展的趋势（陆雍森，1999）。

我国于 1974 年提出用数学模型综合评价水污染，至今经过了超过 30 年的发展历程，在评价理论、评价方法等方面均有了较大的进展（时翠，2013）。近年来，随着计算机、通讯及自动监测等技术的发展，各种数学方法的应用，使得环境质量评价更加规范化，评价的整体水平得到不断提高。

6.2　评估方法综述

水环境质量评价结果的可靠程度一方面取决于监测数据的准确性；另一方面依赖于科学的评价方法，包括技术的选择。概括起来大致分为以下几类。

6.2.1 水质单因子评价

单因子环境质量指数法是目前应用最多的一种评价方法。该方法的优点在于将指数系统与环境标准进行了有机的结合，具有简单、直观、易于换算、可比性强等优点。但也有其局限性，比如污染物浓度与环境危害之间的关系，在很大程度上是非线性的。

设某一因子 i 作用于环境，其环境质量指数的公式可写为：

$$P_i = C_i / S_i \tag{6-1}$$

式中：P_i 为环境质量指数；C_i 为 i 因子在环境中的浓度；S_i 为环境质量标准中该因子某一标准浓度值。

多数的海水环境要素的评价方法可采用上述的标准型指数；由于 DO（溶解氧）和 pH 值与其他因子的性质不同，需采用不同的指数形式。

DO 的标准型指数形式：

$$P_i = \frac{|DO_f - DO_i|}{|DO_f - DO_s|}(DO_i \geqslant DO_s) \tag{6-2}$$

$$P_i = 10 - 9 \times \frac{DO_i}{DO_s}(DO_i < DO_s) \tag{6-3}$$

$$DO_f = \frac{468}{31.6 + T} \tag{6-4}$$

式中：P_i 为 i 点的 DO 环境质量指数；DO_f 为饱和 DO 浓度；T 为水温（℃）；DO_i 为 i 点的 DO 浓度；DO_s 为 DO 的评价标准。

$$P_i = \frac{7.0 - pH_i}{7.0 - pH_{sd}} \quad (\text{pH 值} \leqslant 7.0) \tag{6-5}$$

$$P_i = \frac{pH_i - 7.0}{pH_{su} - 7.0} \quad (\text{pH 值} > 7.0) \tag{6-6}$$

式中：P_i 为 i 点的 pH 环境质量指数；pH_i 为 i 点的 pH 监测值；pH_{sd} 为评价标准中规定的 pH 值下限；pH_{su} 为评价标准中规定的 pH 值上限。需要注意的是：当 $P_i \leqslant 1$，表示未超标；当 $P_i > 1$，表明已超标，而此时 $(P_i - 1) \times 100\%$ 可以表示超标百分率。

6.2.2 水质状况评价

采用目前国内常用的水体富营养化指数相关方法和有机污染评价指数法划分辽河口近岸海域水体的营养水平和有机污染状况，同时根据我国近岸海域普遍具有的营养盐比例不平衡，主要河口、海湾水体中的 N:P（原子比）几乎都偏离 Redfield 值的特点，采用郭卫东等提出的潜在富营养化的分级原则，对辽河口近岸海域水体潜在性富营养化程度进行分类分级评价。

1. 水体富营养化评价方法

采用富营养化指数（E）和营养状态质量指数（NQI）两种评价方法对调查区域的水体状况进行评价。

1）富营养化指数（E）

评价公式为：

$$E = COD \times DIN \times DIP \times 10^6 / 4\,500 \tag{6-7}$$

式中：E 为营养水平指数，COD、DIN、DIP 为水体中的实测浓度，单位以 mg/L 表述。评价标准为：$E<1$，水体为贫营养状态；$E \geqslant 1$ 为水体呈富营养状态；E 值越大，富营养化程度越严重，采用《中国海洋环境状况公报》的划分等级，具体等级划分见表6-1。

表6-1 水质富营养等级划分标准

水质等级	贫营养	富营养		
		轻度富营养	中度富营养	重度富营养
营养化指数	$E \leqslant 1$	$1<E \leqslant 3$	$3<E \leqslant 9$	$E>9$

2）营养状态质量指数（NQI）

评价公式为：

$$NQI = COD_i/COD_0 + DIN_i/DIN_0 + DIP_i/DIP_0 + Cal\text{-}a_i/Cal\text{-}a_0 \tag{6-8}$$

式中：COD_i、DIN_i、DIP_i、$Cal\text{-}a_i$ 分别代表 COD、DIN、DIP 和 Chl-a 在水体中的实测浓度，COD_0、DIN_0、DIP_0、$Cal\text{-}a_0$ 分别为 3.00 mg/L、0.3 mg/L、0.03 mg/L 和 5.0 μg/L。营养状态指数评价标准采用郭卫东的划分等级，将海域营养水平划分为 3 个等级，详见表6-2。

表6-2 营养状态质量指数等级划分标准

水质等级	贫营养水平	中等营养水平	富营养水平
营养状态质量指数	$NQI<2$	$2 \leqslant NQI \leqslant 3$	$NQI>3$

2. 海水有机污染评价

采用有机污染评价指数（A）法对养殖区域水体进行评价分级，公式为：

$$A = COD_i/COD_0 + DIN_i/DIN_0 + DIP_i/DIP_0 - DO_i/DO_0 \tag{6-9}$$

式中：COD_i、DIN_i、DIP_i、DO_i 分别为 COD、DIN、DIP 和 DO 的实测浓度；COD_0、DIN_0、DIP_0、DO_0 为水体的评价标准，按 GB 3097—1997《海水水质评价标准》中的第二类海水水质标准对辽河口近岸海域进行评价，其值分别为 3.00 mg/L、0.30 mg/L、0.03 mg/L、5.00 mg/L。计算得到 A 值后，对海水污染状况进行评估。具体评价标准见表6-3。

表6-3 海水有机污染评价分级

A 值	<0	0~1	1~2	2~3	3~4	>4
水质评价	良好	较好	开始受到污染	轻度污染	中度污染	重污染

3. 潜在富营养化评价

采用郭卫东的潜在富营养化的营养分级模式，评价辽河口海域营养盐的组成结构、限制因子及限制程度。潜在性的富营养程度划分原则如表6-4所示。

表 6-4 营养级的划分原则

营养级	DIN（mg/L）	DIP（mg/L）	N∶P
贫营养	<0.2	<0.03	8~30
中度营养	0.2~0.3	0.03~0.045	8~30
重度营养	>0.3	>0.045	8~30
磷限制中度营养	0.2~0.3	—	>30
磷中等限制潜在性富营养	>0.3	—	30~60
磷限制潜在性富营养	>0.3	—	>60
氮限制中度营养	—	0.03~0.045	<8
氮中等限制潜在性富营养	—	>0.045	4~8
氮限制潜在性富营养	—	>0.045	<4

6.3 评估指标体系构建

河口海域水环境质量评估指标体系的构建可参考国家《海水水质标准》（GB 3097—1997）中第二类海水水质标准作为临界判定标准，见表 6-5。

表 6-5 海水水质标准   单位：mg/L

项目	DO	COD	无机氮	活性磷酸盐	石油类	砷
二类标准	>5	≤3	≤0.30	≤0.030	≤0.05	≤0.03
项目	汞	镉	铅	铬	锌	铜
二类标准	≤0.0002	≤0.005	≤0.005	≤0.01	≤0.050	≤0.010

由于《国家海水水质标准》中没有关于叶绿素 a 的分类标准，参考现有关于海水富营养化的相关标准，美国环保总署（USEPA）海域调查标准规定海域水质属于贫营养型（<4 μg/L）（章洁香，2010）。

根据监测指标在水环境中的性质和指征意义，将其分为 4 大类：①常规因素（pH 值和 DO）；②营养因素（无机氮和活性磷酸盐）；③污染因素（COD、石油类和重金属）；④生物因素（叶绿素 a）。DO 与 pH 值是水质监测中的常规指标，与水体中物质的转化密切相关，且对河口海域的其他环境参数的变化十分敏感。无机氮和活性磷酸盐是浮游植物生长的必需指标，但过多营养物质在河口聚集可引起赤潮等环境问题。COD、石油类和重金属是表征有机污染的重要指标。叶绿素 a 表征水体初级生产力状况，且与其他环境因子的变化有关。这 8 种指标能全面指征水环境质量状况，具有较好的代表性，因此都确定为河口海域水环境质量的评价指标。河口水环境质量为一级指标，上述 4 类因素为二级指标，8 种监测指标为三级指标，建立河口海域的水环境指标体系（易柏林，2013），如图 6-1 所示。

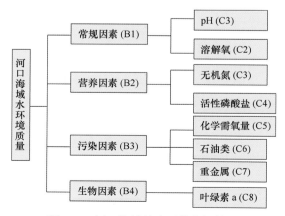

图 6-1 河口海域的水环境指标体系

6.4 辽河口水环境质量敏感性案例研究

6.4.1 研究区域

本章研究区域为大凌河口至大辽河河口之间的河口滨海湿地，包括双台子河国家自然保护区大部分及 6 m 等深线以内的浅海海域，研究区总面积为 1 768 km² （图 6-2）。

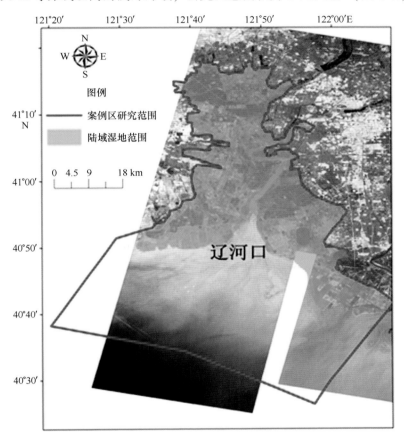

图 6-2 研究区域

6.4.2 数据说明

（1）为保证监测结果的可比性，减少水质监测结果的影响，海水水质趋势性评价统一选取辽河口生态监控区 2004—2010 年，2012—2016 年各年份的海水水质监测数据，生态监控区的水质监测一般选择在每年的 5—10 月进行，站位较固定，具体数据由国家海洋环境监测中心提供，具体站位详见各年度《海洋环境监测工作任务》。海水的环境参数包括：pH 值、盐度、溶解氧（DO）、化学需氧量（COD）（2004 年、2009—2016 年）、无机氮（DIN）、活性磷酸盐（DIP）、石油类、叶绿素 a（Chl-a）、重金属（汞、镉、铅、铬、锌、铜）和砷。由于各年份水环境参数无法完全匹配，具体水质参数状况详见表 6-6。

表 6-6　海水水质趋势性评价数据年份列表

水质参数	2004 年	2005 年	2006 年	2007 年	2008 年	2009 年	2010 年	2012—2016 年
pH 值、盐度、溶解氧（DO）、 无机氮（DIN）、石油类								
化学需氧量（COD）								
活性磷酸盐（DIP）								
叶绿素 a（Chl-a）								
重金属、砷								

（2）水质空间分析评价采用现场采样数据，于 2014 年 10 月在辽河口布设了 8 条断面，共计 45 个站位现场采集海水表层样品。样品的采集、处理、运输和分析严格按照《海洋监测规范》和《海洋调查规范》进行。海水环境参数包括 COD、DO、营养盐、重金属含量、污染物分布等指标，具体站位布设详见图 6-3。

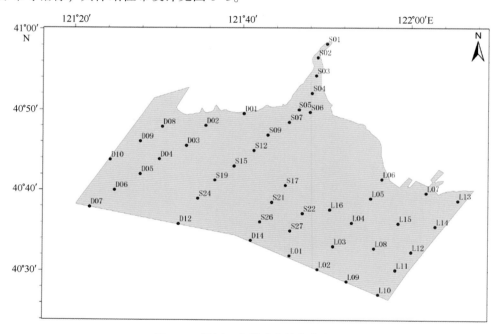

图 6-3　辽河口水样采集站位分布图

（3）不同用海类型的水质评价，采用 2014 年的高分遥感影像提取到的数据并结合现场实地验证，确保解译的准确性。

6.4.3　海水环境质量评价

1. 水环境参数趋势性变化

根据 2004—2015 年盘锦辽河口近岸海域海水环境各参数的年际变化数据（表 6-7），单因子评价结果见表 6-8，通过多元方差 LSD 对比分析可了解各要素在不同年份的变异规律，对各参数统计分析可知：

表 6-7 辽河口近岸海域海水环境参数年际变化

年份	DO (mg/L)	COD (mg/L)	DIN (mg/L)	DIP (mg/L)	叶绿素 a (μg/L)	石油类 (mg/L)	汞 (mg/L)	镉 (mg/L)	铅 (mg/L)	铬 (mg/L)	锌 (mg/L)	铜 (mg/L)	砷 (mg/L)
2004	8.936	2.103	0.267	—	—	0.081	—	—	—	—	—	—	—
2005	5.274	—	0.380	—	2.181	0.053	—	—	—	—	—	—	—
2006	5.194	—	0.507	—	3.982	0.039	—	—	—	—	—	—	—
2007	5.159	—	0.553	—	—	0.143	—	—	—	—	—	—	—
2008	5.525	2.231	0.145	—	2.482	0.044	—	—	—	—	—	—	—
2009	6.938	—	0.573	—	0.937	0.023	—	—	—	—	—	—	—
2010	6.853	3.394	0.211	—	2.013	0.037	—	—	—	—	—	—	—
2012	9.160	2.071	1.142	0.019	2.974	0.032	0.000 04	0.000 62	0.003 28	0.000 39	0.005 81	0.003 75	0.002 77
2013	8.109	3.229	1.402	0.024	0.434	0.102	0.000 15	0.001 36	0.003 94	0.004 94	0.020 41	0.021 76	0.003 20
2014	7.910	1.791	0.781	0.026	2.665	0.056	0.000 88	0.000 51	0.000 61	0.001 96	0.015 66	0.002 29	0.004 55
2015	9.366	1.895	0.593	0.029	3.902	0.115	0.000 05	0.000 46	0.001 29	0.002 65	0.009 89	0.003 53	0.003 24
2016	7.517	4.280	1.606	0.090	0.787	0.054	0.000 10	0.000 07	0.000 34	0.000 63	0.031 44	0.005 16	0.003 87
最大值	9.366	4.280	1.606	0.090	3.982	0.143	0.000 88	0.001 36	0.003 94	0.004 94	0.031 44	0.021 76	0.004 55
最小值	5.159	1.791	0.145	0.019	0.434	0.023	0.000 04	0.000 07	0.000 34	0.000 39	0.005 81	0.002 29	0.002 77

注: "—" 未获取相关数据。

表6-8 辽河口海域近岸海水水质状况评价结果

年份	季节	DO (mg/L)	COD (mg/L)	DIN (mg/L)	DIP (mg/L)	富营养化指数		营养状态质量指数		有机污染指数		潜在富营养化评价	
						E 值	评价	NQI 值	评价	A 值	评价	N:P	评价
2012	春季	8.184	2.138	1.151	0.014	7.63	中度富营养	4.54	富营养水平	3.38	中度污染	182	磷限制潜在性富营养
	夏季	9.581	2.278	0.980	0.018	9.17	重度富营养	3.80	富营养水平	2.73	轻度污染	117	磷限制潜在性富营养
	秋季	9.612	1.753	0.728	0.016	4.67	中度富营养	3.11	富营养水平	1.64	开始受到污染	98	磷限制潜在性富营养
2013	春季	9.045	4.633	1.003	0.011	10.86	重度富营养	5.15	富营养水平	3.43	中度污染	211	磷限制潜在性富营养
	夏季	7.285	2.723	2.023	0.019	23.05	重度富营养	8.20	富营养水平	6.82	重污染	238	磷限制潜在性富营养
	秋季	7.998	2.332	1.179	0.040	24.60	重度富营养	5.94	富营养水平	4.45	重污染	65	磷限制潜在性富营养
2014	春季	8.281	1.797	1.080	0.022	9.70	重度富营养	4.40	富营养水平	3.29	中度污染	106	磷限制潜在性富营养
	夏季	7.309	1.895	0.753	0.024	7.61	中度富营养	3.45	富营养水平	2.48	轻度污染	69	磷限制潜在性富营养
	秋季	8.263	1.535	0.512	0.032	5.59	中度富营养	2.77	中等营养水平	1.63	开始受到污染	35	磷中等限制潜在性富营养
2015	春季	8.063	1.554	0.796	0.021	5.72	中度富营养	2.76	中等营养水平	2.25	轻度污染	85	磷限制潜在性富营养
	夏季	6.966	1.620	0.532	0.018	3.44	中度富营养	1.76	贫营养水平	1.52	开始受到污染	66	磷限制潜在性富营养
	秋季	8.627	1.458	0.761	0.048	11.77	重度富营养	4.24	富营养水平	2.89	轻度污染	35	磷中等限制潜在性富营养

DO 年均值变化范围是 5.159~9.366 mg/L，全部符合第二类海水水质标准，其监测数值在各年份的差异性显著（图 6-4a），总体呈现先降后升的起伏趋势，尤其在近 10 年增长趋势较为明显，从 2007 年的最低值至 2015 年达到最高，2009 年以来，一直保持在优于第一类海水水质标准的程度。

COD 年均值变化范围是 1.791~4.280 mg/L，其监测数值在各年份的差异性较显著（图 6-4b），总体呈现小幅上升趋势，2016 年的年均值最高，达到第四类海水水质标准，2010 年、2013 年达到第三类海水水质标准，其他年份均符合第二类海水水质标准，2014 年的年均值最低。

DIN 年均值变化范围是 0.145~1.606 mg/L，其监测数值在各年份的差异性显著（图 6-4c），总体呈现起伏上升趋势，2016 年的年均值达到最高，并且 2006—2007 年、2009 年、2012—2016 年，8 年的年均值劣于第四类海水水质标准，2005 年达到第三类海水水质标准，仅 2004 年、2008 年和 2010 年符合第二类海水水质标准，2008 年的年均值最低，达到第一类海水水质标准。

DIP 无 2012 年之前的数据，年均值变化范围是 0.019~0.090 mg/L，总体呈现明显的逐年上升趋势，2012 年的年均值最低，2012—2015 年逐年小幅升高，均维持在第二类海水水质标准水平，差异不显著（图 6-4d），至 2016 年，监测数值显著上升，年均值达到最高，劣于第四类海水水质标准。

石油类年均值变化范围是 0.023~0.143 mg/L，其监测数值在各年份的差异性最为显著（图 6-4e），其中，2007 年的年均值最高，并且 2004—2005 年、2007 年、2013—2016 年达到第三类海水水质标准，其他年份均符合第二类海水水质标准，2009 年的年均值最低。

叶绿素 a 年均值变化范围是 0.434~3.982 μg/L，其监测数据在 2008—2010 年、2012—2014 年变化不明显（图 6-4f），总体趋势较为平稳，2006 年的年均值最高，2013 年的年均值最低，各年份均符合贫营养型水质标准。

重金属和砷仅有 2012—2016 年 5 年数据，除汞和铜个别年份出现超标外（汞：2014 年的年均值劣于第四类海水水质标准；铜：2013 年的年均值符合第三类海水水质标准），各重金属及砷的年均值均符合第二类海水水质标准，且各要素的最大年均值多集中在 2013 年和 2014 年，而最小年均值多集中在 2012 年和 2016 年，仅锌的最大年均值出现在 2016 年，铜的最小年均值出现在 2014 年，因此，重金属和砷的近 5 年总体变化趋势多呈现先上升后降低的变化规律。

由此，辽河口区域海水主要污染物因子为 COD、DIN、石油类。

2. 海水环境年度趋势性评价

2004—2016 年，辽河口近岸海水环境参数单因子评价指数年际变化结果（图 6-5）显示，除 2008 年外，各年份均有水质要素超标。现将研究时段分为 3 个时段，第一时段：2004—2008 年；第二时段：2008—2010 年；第三时段：2012—2016 年。可以看出第二时段的水质整体状况明显优于第一、三时段，且 3 个时段总体呈现水质由劣到优再变劣的变化趋势，第三时段的水质显著下降，其变化程度强于第一时段，表现为超标要素数量增多，程度加重，DIN 和石油类多年性超标，此外，2016 年的 COD、DIP 年均值也超出第二类海水水质标准。重金属等水质要素仅从近 5 年的变化趋势来看，除个别出现超标，近 5 年变化不明显，总体状况良好。

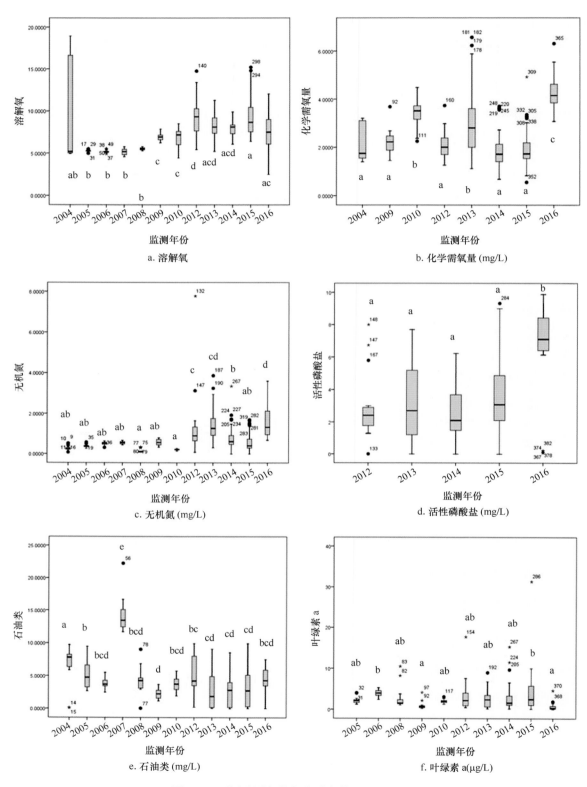

图 6-4　不同监测年份各水质参数的差异性分析

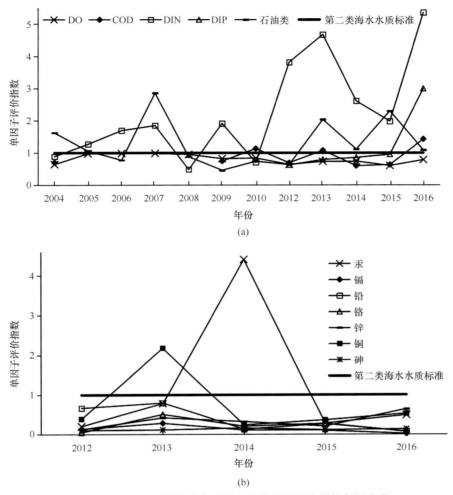

(a)

(b)

图 6-5 辽河口近岸海域水环境参数单因子评价指数年际变化

6.4.4 水质状况评价

辽河口近岸海域进行水质状况评价，富营养化指数及评价、有机污染指数及评价、海水潜在性富营养化评价结果见表 6-8。

1. 水质状况趋势评价

1）海水富营养化评价

富营养化指数（E）结果显示（表 6-8），指数值均大于 1，其变化范围 3.44~24.60，水质达到中度富营养和重度富营养程度；营养状态质量指数（NQI）结果显示（表 6-8），指数变化范围 1.76~9.61，除 2015 年夏季为贫营养水平外，其他各年份季节均为中等营养水平和富营养水平。富营养化指数与营养状态质量指数的整体变化趋势一致，对其进行相关性分析显示，$P>0.05$，两种方法显示良好的相关性。

图 6-6 直观显示了辽河口 2012—2015 年春、夏、秋 3 个季节海水水质的富营养化状态，海水水质呈现常年性富营养化。其中，重度富营养化在 2012 年夏季初现端倪，2013 年前 3 季持续进行，至 2014 年夏季才得以缓解，并且 2015 年秋季再度出现。连续 4 年均为富营养化

状态，总体呈中度—重度—中度的变化趋势。但从季节来看，各年份水质富营养化变化明显，但无显著变化规律。

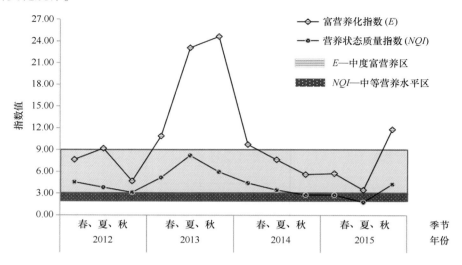

图 6-6　两种富营养化评价方法结果对比

2）海水有机污染评价

有机污染指数（A）结果显示（表 6-8），指数值均大于 1，指数变化范围 1.52～8.27，2012—2015 年总体水质始终处于污染状态。其中，2012 年春、夏、秋 3 个季节的水质状况逐渐转好，年度内呈现中度污染→轻度污染→开始受到污染的污染减缓趋势，至 2013 年春季污染再度加重，夏、秋季达到重污染程度，2014 年春季开始至 2015 年秋季污染得到明显缓解，水质污染状况基本保持在轻度污染水平。

3）海水潜在性富营养化评价

由表 6-8 显示，通过各年份季节的海水氮磷比，潜在性富营养化评价显示，2014 年和 2015 年秋季为磷中等限制富营养水平，其他各季节水环境状况均为磷限制潜在性富营养水平。总体呈现磷中等限制富营养→磷限制潜在性富营养趋势。

2. 水质状况空间分析

基于 2014 年 10 月的现场水质调查数据，计算各站位水质的富营养化指数（E）和有机污染质量指数（A），并借助 GIS 分析工具，对辽河口水质状况开展空间分析（图 6-7）。

富营养化评价结果显示，河口区域处于重度富营养水平，随着河流方向，富营养化程度有所好转。中重度富营养化面积覆盖至区域的 3/4 以上，并以中度富营养化面积最大，这与水质状况趋势性评价 2014 年秋季显示的结果相一致（图 6-6）。

有机污染评价结果显示，河口区域处于中度、重度污染，随河流方向污染虽得到稀释而减弱，但由于河口右侧水动力状况较弱，在辽河口中部区域形成了明显的污染带，对区域水质状况造成主要影响。

富营养化评价与有机污染评价的空间趋势均呈现西南—东北向的渐变趋势，由于东北角为辽东湾湾内里，水动力状况明显弱于湾外，同时受近岸人类活动的频繁影响，在一定程度

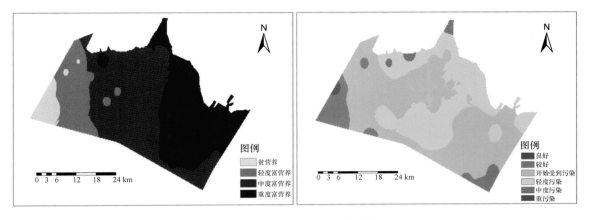

图 6-7　辽河口水质状况空间分析

左图：富营养化评价；右图：有机污染评价

上加剧了水环境的恶劣。

6.4.5 不同海域使用类型下的水质差异分析

基于 6.4.3 节辽河口海水环境质量分析结果，得到影响辽河口水环境的主要污染物为 COD、DIN、石油类；结合 6.4.4 节辽河口水质污染状况，得到辽河口水质污染状况严重，并呈现西南低—东北高的趋势特征，本节将结合实际的用海类型探究区域内不同海域使用类型下水质的差异变化。通过影像解译，得到 2014 年辽河口主要用海类 7 种，分别为人工鱼礁用海、围海养殖用海、开放式养殖用海、油气开采用海、渔业基础设施用海、港口用海、船舶工业用海。利用 GIS 软件，结合用海类型，对水环境主要污染物空间分析，获取各用海类型的 DO、COD、DIN、DIP 和石油类浓度相关数据，并结合 SPSS 软件进行差异性分析。结合用海类型，利用 GIS 软件，对辽河口主要水质污染物（COD、DIN 和石油类，另添加了 DO 和 DIP 参数）进行空间分析（图 6-8），并结合 SPSS 软件进行差异性分析（图 6-9）。

DO 各用海类型 DO 均值显示，开放式养殖用海和渔业基础设施用海 DO 相对较高，人工鱼礁用海和船舶工业用海 DO 均值相对偏低。但各用海类型的 DO 含量变化无显著差异。

COD 各用海类型 COD 均值显示，船舶工业用海最高，油气开采用海最低。其含量在船舶工业用海与油气开采用海、渔业基础设施用海、开放式养殖用海及围海养殖用海 4 种类型均有显著差异。

DIN 各用海类型 DIN 均值显示，船舶工业用海最高，油气开采用海最低。其含量在船舶工业用海、港口用海与油气开发用海、渔业基础设施用海、开放式养殖用海的差异性显著。

DIP 各用海类型 DIP 均值显示，船舶工业用海最高，人工鱼礁用海最低。人工鱼礁用海、油气开采用海的 DIP 均值与港口用海、船舶工业用海均有显著差异。

石油类各用海类型石油类均值显示，油气开采用海最高，船舶工业用海最低。除船舶工业用海外，其他各类型间石油类变化均不显著。

由此可见，不同用海类型下水环境各要素呈现不同的变化规律，尤其 COD、DIN 和 DIP 在各用海类型中的相对变化较为显著，该 3 项指标各均值在近岸的船舶工业用海类型中均为

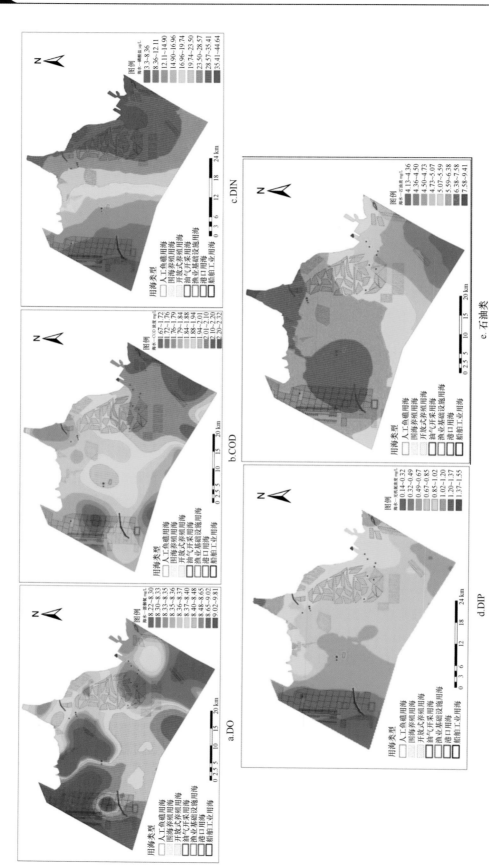

图6-8 辽河口海域不同用海类型的水环境质量

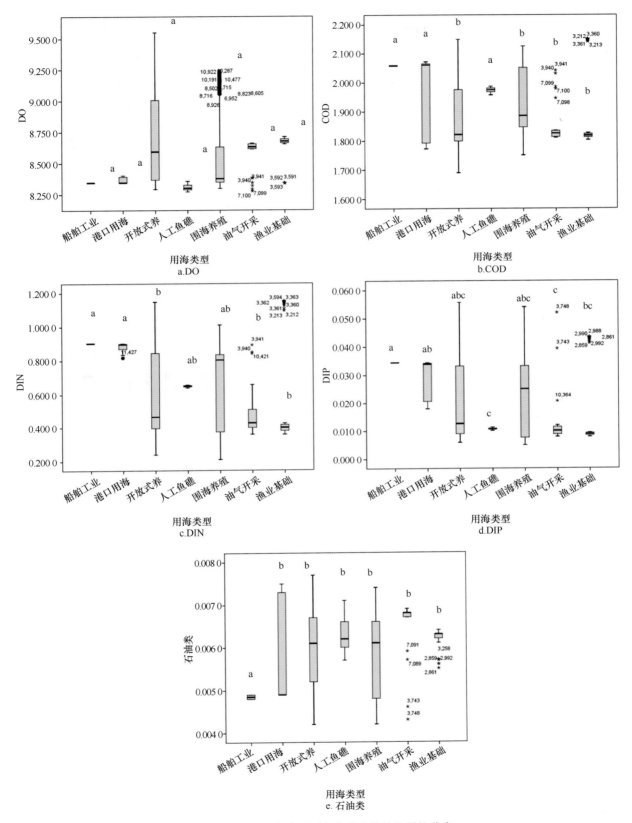

图 6-9　不同用海类型下各水质参数的差异性分布

最高，该区域主要污染因子受近岸人为工业活动影响较为明显，但由于船舶工业用海类型只有两处，且较为集中，具体影响程度有待进一步确定。

6.5 理论探讨

6.5.1 单因子评价水质变化

2004—2016 年，辽河口近岸海水环境参数单因子评价指数分析表明，辽河口海域水环境主要污染因子为：COD、DIN 和石油类，且水质质量呈现由劣到优再变劣的变化趋势。其变化过程大致如下。

第一时段：2004—2008 年；第二时段：2008—2010 年；第三时段：2012—2016 年。第二时段的水质整体状况明显优于第一、三时段，第三时段的水质显著下降，其变化程度强于第一时段，表现为超标要素数量增多，程度加重，DIN 和石油类多年性超标，此外，2016 年的COD、DIP 年均值也超出第二类海水水质标准。重金属等水质要素仅从近 5 年的变化趋势来看，除个别出现超标，近 5 年变化不明显，总体状况良好。

其主要原因是辽河口湿地周边人为活动较为明显，研究区的东南部和西北部分布着居民地和农田，西侧分布有油气开发区和养殖池，入海河口处有底播养殖，东侧有港口码头。生活、生产、开采及工业污水直接排入河道，汇入到入海河口，造成 COD、DIN、石油类的含量较高于其他指标，且 COD、DIN 和 DIP 在各用海类型中的相对变化较为显著。

6.5.2 综合评价水质变化

辽河口 2012—2015 年富营养化指数分析表明：海水水质呈现常年性富营养化，总体呈中度—重度—中度的变化趋势。其中，重度富营养化在 2012 年夏季初现端倪，2013 年前三季节持续进行，至 2014 年夏季才得以缓解，并且 2015 年秋季再度出现，但从季节来看，各年份水质富营养化变化明显，但无显著变化规律。富营养化评价结果显示，河口区域处于重度富营养水平，随着河流方向，富营养化程度有所好转，中重度富营养化面积覆盖至区域的 3/4以上，并以中度富营养化面积最大，这与水质状况趋势性评价 2014 年秋季显示的结果相一致。

辽河口 2012—2015 年有机污染指数分析表明：海水水质始终处于污染状态。其中，2012年春、夏、秋季的水质状况逐渐转好，年度内呈现中度污染—轻度污染—开始受到污染的污染减缓趋势，至 2013 年春季污染再度加重，夏、秋季达到重污染程度，2014 年春季开始至2015 年秋季污染得到明显缓解，水质污染状况基本保持在轻度污染水平。有机污染评价结果显示，河口区域处于中度、重度污染，随河流方向污染虽得到稀释而减弱，但由于河口右侧水动力状况较弱，在辽河口中部区域形成了明显的污染带，对区域水质状况造成主要影响。

富营养化评价与有机污染评价的空间趋势均呈现西南—东北向的渐变趋势，其主要原因是东北角为辽东湾湾内里水动力状况明显弱于湾外，同时受近岸人类活动的频繁影响，一定程度上加剧了水环境的恶劣。

参考文献

柯丽娜，王权明，周惠成 . 2012. 多目标可变模糊评价模型在海水水质评价中的应用 . 海洋通报，31（4）：

475-480.

陆雍森 . 1999. 环境评价 . （第二版）. 上海：同济大学出版社 .

时翠，林进清，薛峭 . 2013. 雷州半岛近岸海域水环境质量综合评价 . 热带地理，33（4）：387-393.

王蕴，蔡明刚，黄东仁，等 . 2009. 福建牙城湾海水、沉积物的环境特征及其质量评价 . 海洋环境科学，28（1）：22-25.

易柏林，邹立，文梅，等 . 2013. 双台子河口水环境质量综合评价 . 中国海洋大学学报，43（11）：087-093.

章洁香，曾久胜，张瑜斌，等 . 2010. 流沙湾叶绿素 a 的时空分布及其与主要环境因子的关系 . 海洋通报，29（5）：514-520.

第 7 章　辽河口沉积物环境质量时空动态及其影响机制评估

7.1　景观格局驱动力内涵及意义

地球表面系统在自然力与社会经济共同作用下正在发生着改变（Forman，1995；Zonneveld，1995；Fu et al.，2006）。河口地区作为沿海国家拓展陆域，缓解人地矛盾的主要场所之一（Li et al.，2007），也在不断改变着地球表面系统海陆交错带的格局。河口地区人类开发利用在中国已经有 1 000 多年的历史（Chen，2000），荷兰、德国、朝鲜、英国等国的人类开发活动包括围填海也有几百至近千年的历史（Pethick，2002）。然而，随着人类干扰强度的增加，开发后的生态环境问题也日益显露。在中国，政府将海岸带划为沿海水陆交错带生态脆弱区（Ministry，2008），河口海岸地区的生态环境的变化越来越受到人们的关注。

目前，关于河口海岸带土壤和生物特征的研究较多，学者研究了土壤微量元素变化（Devos et al.，2002）、化学元素流失（Spijker et al.，2005）、重金属富集（Hesterberg et al.，2006）及土壤毒性的影响（O'Rourke et al.，2001），土壤属性元素及质量空间分布也有学者（Li and Shi，2005；Wu et al.，2008）进行了研究，Yang and Yao（2009）研究了海岸带土壤养分特征空间变异，发现土壤养分空间变异受到结构性因素与随机因素的双重作用。

植被与土壤环境因子、土地利用方式之间的关系已经被广泛讨论（Ukpong，1997；Abd et al.，2003；Ei-Demerdash et al.，1995；Critchley，2002），特别是在不同控制因子协同作用下的土壤与植被因子之间的关系研究。Danilo et al.（2008）研究了艾玛斯国家公司地区不同火烧系列下植被群落结构与 β 多样性的变化，发现火烧增加了该地区群落的空间异质性和物种多样性。Reddy et al.（2009）也对蛇纹石土壤地区土壤化学因子对植被群落结构和物种多样性的影响进行了探讨，发现该地区影响植被多样性的关键因子不是土壤化学因子。Wang et al.（2006）研究了不同土地利用管理方式对植被群落特征、物种多样性和初级净生产力的影响。Ge et al.（2005）研究了崇明东滩"98 大堤"内芦苇湿地，由于人工排水干涸土壤发生旱化和盐渍化，植被群落表现为明显的次生演替。

7.2　评估方法综述

7.2.1　统计分析方法

箱式图，是指一种描述数据分布的统计图，是表述最小值、第一四分位数、中位数、第三四分位数与最大值的一种图形方法。它也可以粗略地看出数据是否具有对称性，分布的分散程度等信息，特别是可用于对几个样本的比较。在箱图中，最上方和最下方的线段分别表示数据的最大值和最小值，其中箱图的上方和下方的线段分别表示第三四分位数和第一四分位数，箱图中间的粗线段表示数据的中位数。另外，箱图中在最上方和最下方的星号和圆圈分别表示样本数据中的极端值。本章利用箱式图，横向比较同一时间条件下不同海域使用类型下沉积物特征差异；纵向比较同一总体条件不同时期沉积物特征变化及趋势。

7.2.2 典范对应分析方法

典范对应分析（Canonical Correspondence Analusis, CCA），是基于对应分析发展而来的一种排序方法，将对应分析与多元回归分析相结合，每一步计算均与环境因子进行回归，又称多元直接梯度分析。其基本思路是在对应分析的迭代过程中，每次得到的样方排序坐标值均与环境因子进行多元线性回归。CCA 要求两个数据矩阵，一个是植被数据矩阵，一个是环境数据矩阵。首先计算出一组样方排序值和种类排序值（同对应分析），然后将样方排序值与环境因子用回归分析方法结合起来，这样得到的样方排序值即反映了样方种类组成及生态重要值对群落的作用，同时也反映了环境因子的影响，再用样方排序值加权平均求种类排序值，使种类排序坐标值也简洁地与环境因子相联系。其算法可由 Canoco 软件快速实现。本章采用典范对应分析方法，分析植被盖度、植被高度、植被生物量与陆域沉积物环境质量要素之间的典范对应关系，对应分析与多元回归分析相结合，在对应分析的迭代过程中，每次得到的样方排序坐标值均与沉积物环境因子进行多元线性回归，最终的样方排序值反映了样方种类组成及生态重要值对群落的作用，同时也反映了沉积物环境因子的影响。

7.2.3 差异显著性分析

多元方差分析用于两个及两个以上样本均数差别的显著性检验，方差分析从观测变量的方差入手，通过分析不同来源的变异对总变异的贡献大小，从而确定可控因素对研究结果影响力的大小。本章采用单因素方差分析，比较成组的多个样本均值，采用完全随机设计的方差分析，研究海域使用类型和植被演替是否对沉积物特征有显著影响。在方差分析的基础上，采用多重比较检验，实现对各个水平下沉积物要素总体均值的逐对比较，进一步确定海域使用和植被覆被的类型对沉积物特征的影响程度如何。

7.3 辽河口沉积物环境要素时空动态及其影响因素案例研究

选择辽河口作为实证研究基地，重点关注辽河口沉积物营养元素、污染物时空动态变化及其规律，探讨不同海域使用类型对沉积物营养元素和污染物的影响，进一步分析不同植被演替阶段与沉积物营养元素和沉积物的营养元素和污染物之间的内在联系，在为辽河口生态脆弱性评估干扰指标、沉积物敏感性指标的选择提供基础理论支撑。

7.3.1 辽河口沉积物质量历史变化趋势分析

1988 年辽河口区域表层沉积物中铜的含量介于 $2.75\times10^{-6} \sim 20.80\times10^{-6}$，平均值为 14.26×10^{-6}，与 2008 年调查中铜含量 10.56×10^{-6} 相近，均符合一类沉积物质量标准。铜含量的空间分布趋势是近岸河口处低，远岸浅海处高，这可能与沉积物粒度的空间变化相关，近岸河口区沉积物较细，对重金属的吸附能力较强，而远岸浅海处沉积物较粗，吸附能力相应减弱。1988 年辽河口区域表层沉积物中铅的含量介于 $1.82\times10^{-6} \sim 20.34\times10^{-6}$，平均值为 15.10×10^{-6}，略高于 2008 年调查时的 10.94×10^{-6}，均符合一类沉积物质量标准。铅含量的空间分布特征与铜类似。1988 年辽河口区域表层沉积物中锌的含量介于 $6.95\times10^{-6}\sim88.56\times10^{-6}$，平均值为 67.65×10^{-6}，略高于 2008 年调查时的 58.53×10^{-6}，均符合一类沉积物质量标准。1988 年辽河口区域表层沉积物中镉的含量介于 $0.001\times10^{-6}\sim0.138\times10^{-6}$，平均值为 0.070×10^{-6}。2008 年调查时镉的含量明显升高，平均含量达到 0.19×10^{-6}。均符合一类沉积物质量标准。1988 年辽河口区域表层沉积物中汞的含量介于 $0.071\times10^{-6}\sim0.780\times10^{-6}$，平均含量为 0.151×10^{-6}，其中两个站位超过二类沉积物质量标准，其余站位均符合一类沉积物质量标准。2008 年汞的平均含量为 0.094×10^{-6}，只有 5.6% 的站位超出二类沉积物质量标准，其余站位均符合一类沉积物质量标准，较之 1988 年，沉积物中汞的污染情况有所降低。1988 年辽河口区域表层沉积物中砷的含量介于 $2.24\times10^{-6}\sim11.41\times10^{-6}$，平均含量为 8.49×10^{-6}，均符合一类沉积物质量标准。2008 年调查时砷的平均含量为 7.32×10^{-6}，较之 1988 年略有降低。1988 年辽河口区域表层沉积物中石油类的含量介于 $20.90\times10^{-6}\sim340.11\times10^{-6}$，平均值为 122.92×10^{-6}，均符合一类沉积物质量标准。2008 年调查时石油类的平均含量为 131.37×10^{-6}，较之 1988 年略有升高，但仍符合一类沉积物质量标准。1988 年辽河口区域表层沉积物中硫化物的含量介于 $0.0\times10^{-6}\sim91.8\times10^{-6}$，平均含量为 24.79×10^{-6}，均符合一类沉积物质量标准。2008 年调查时硫化物的平均含量为 69.04×10^{-6}，较之 1988 年明显升高，但仍符合一类沉积物质量标准。1988 年辽河口区域表层沉积物中有机质的含量介于 $0.23\times10^{-2}\sim1.40\times10^{-2}$，平均值为 0.92×10^{-2}，均符合一类沉积物质量标准。2008 年调查时有机质的平均含量为 0.61×10^{-2}，平均含量较 1988 年略有降低，但有 5.8% 的站位超过一类沉积物质量标准。

以各站位污染要素含量平均值与一类沉积物质量标准之间的比值作为该污染因子的污染指数，比较 1988 年与 2008 年各主要污染物的污染指数如图 7-1 所示。从图中可以看出：辽河口湿地区域沉积物较为清洁，除 2008 年部分站位汞和有机质超出一类沉积物质量标准外，其余各要素普遍符合一类沉积物质量要求；从底质污染状况的时间演化趋势来看，从 1988 年至 2008 年，底质污染程度平稳中略有减轻，除镉、硫化物、石油类 3 项指标外，其余指标污染指数均出现了不同程度的下降。

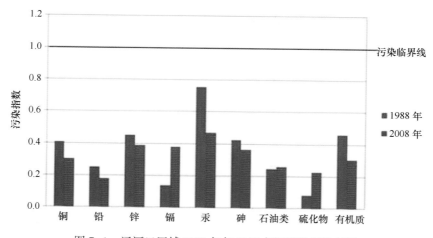

图 7-1 辽河口区域 1988 年与 2008 年沉积物污染情况

7.3.2　辽河口沉积物质量空间分异特征分析

研究区陆域沉积物营养盐空间分布特征（图 7-2），有机碳（TOC）含量由陆向海呈现显著带状分布，并由陆向海方向逐渐降低，有机碳含量介于 0.67%～1.86%，在芦苇分布区域呈现高值；总氮（TN）和总磷（TP）含量也呈显著带状分布，并由陆向海方向逐渐降低，总氮含量介于 717.56×10^{-6}～497.85×10^{-6}，总磷含量介于 845.01×10^{-6}～195.37×10^{-6}；全盐含量地带性分布较为不明显，但也表现出由陆向海逐渐升高趋势，其值介于 0.21%～2.26%。

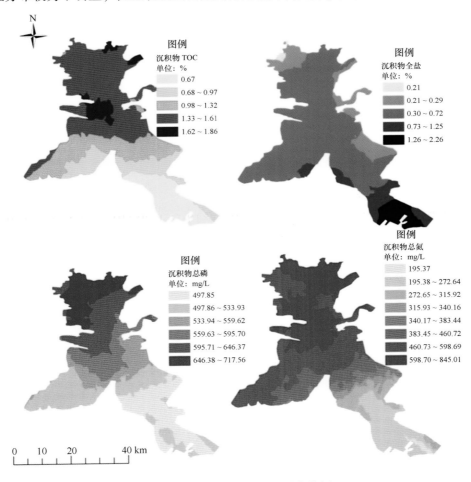

图 7-2　沉积物营养盐含量分布特征

进一步分析研究区陆域沉积物重金属污染物分布情况（图 7-3），结果显示，Cu、Cd、Hg 和 Pb 的含量空间分异地带性不明显，并未表现出由陆向海的带状分布空间特征；与营养盐空间分异的差异，主要可能由于重金属污染物的迁移转化途径有关，也可能与海域使用类型有关。

近岸海域沉积物污染物石油类、滴滴涕、六六六、多氯联苯、铅和砷在空间分布上，也未呈现出明显带状分布，而其空间分布具有一定的随机性，特别是滴滴涕、六六六和多氯联苯污染物空间分布未呈现空间聚集性，而石油类、铅和砷在空间上虽然未呈现带状分布，也未呈现由陆向海方向上的过渡性，但在空间上确呈现出一定的聚集性，见图 7-4。

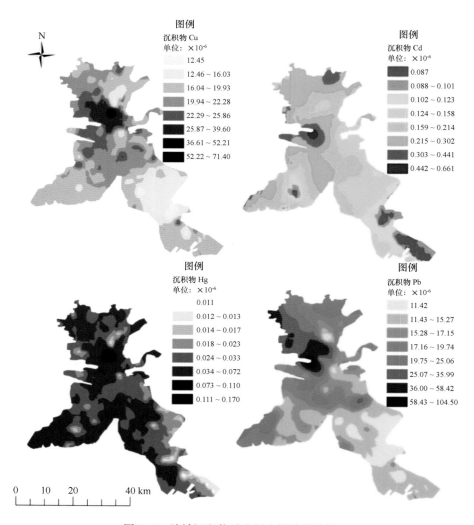

图 7-3　陆域沉积物重金属空间分异特征

7.3.3　不同海域使用类型下沉积物质量分异特征分析

为进一步识别海域使用类型对沉积物质量是否有显著影响，本章采用多元方差统计方法分析了不同海域使用类型下污染物差异性。

以 2014 年 SPOT5 高分辨率遥感影像为数据源，为区分湿地植被类型，选择 5 月底植被生长期清晰且无云的遥感影像进行目视解译，将辽河口区域划分为开放海域、芦苇群落、盐地碱蓬、泥滩、河流、开放式养殖用海、人工鱼礁用海、水产养殖、水田、围海养殖用海、船舶工业用海、港口用海和交通用地等 20 个类型。对解译结果进行现场验证，91 个现场采样点中，84 个与解译结果一致，总体精度优于 92%。修正误判区，得到 2014 年辽河口海域使用类型数据，见图 7-5。

研究结果显示（图 7-6），六六六含量开放海域要高于工业用海、人工渔礁用海、围海养殖用海和渔业基础设施用海，其中人工渔礁用海六六六含量最低，开放海域与其他用海类型具有显著差异，其他用海类型六六六含量差异不显著；多氯联苯也是开放海域值最高，油气

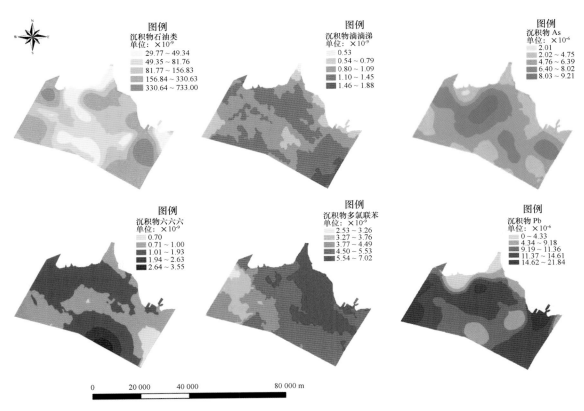

图 7-4 近岸海域沉积物质量空间分布特征

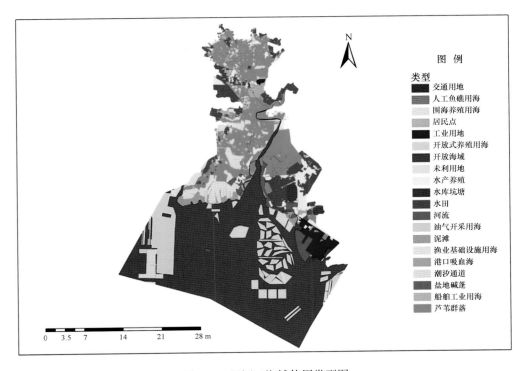

图 7-5 辽河口海域使用类型图

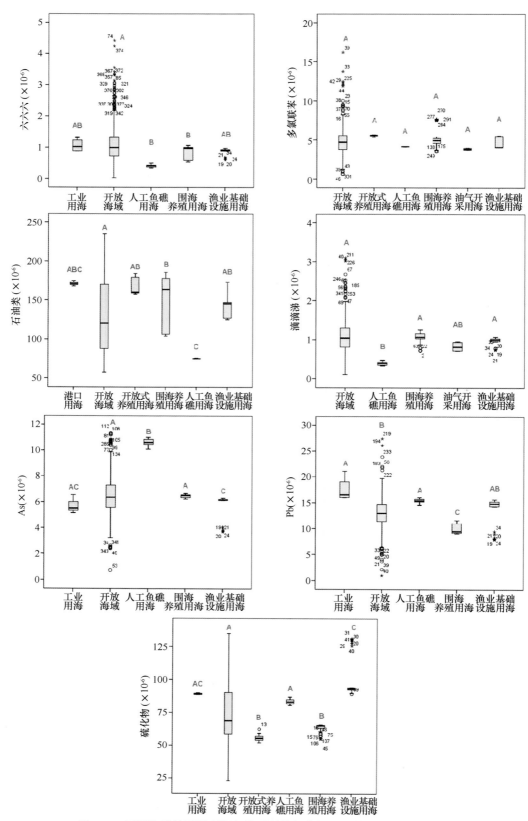

图 7-6 不同海域使用类型沉积物质量特征分析（显著性水平为 $P<0.05$）

开采用海最低，各用海类型多氯联苯含量差异不显著；石油类含量平均值最高是港口用海，人工渔礁用海石油类含量最低，石油类含量开放用海和人工渔礁用海与其他各类型含量均具有显著差异；滴滴涕含量围海养殖用海含量最高，人工渔礁用海滴滴涕含量最低，且人工渔礁用海除与油气开采差异不显著外，与其他用海类型的滴滴涕含量均具有显著差异，而其他用海类型滴滴涕含量差异不显著；砷含量人工渔礁用海最高，而工业用海砷含量最低，且开放海域、人工渔礁用海和渔业基础设施用海砷含量具有显著差异；沉积物中铅的含量工业用海最高，围海养殖用海沉积物中铅的含量最低，且工业用海、开放海域和围海养殖用海类型沉积物中铅的含量具有显著差异；沉积物硫化物含量渔业基础设施用海平均值最高，开放式养殖用海硫化物含量最低，其中开放海域、开放式养殖用海和渔业基础设施用海差异显著；而工业用海、开放海域、人工渔礁用海差异不显著，开放式养殖用海和围海养殖用海硫化物含量差异不显著。

7.3.4 不同植被演替阶段沉积物环境要素分异特征分析

沉积物质量与植被覆盖具有密切的联系，本章将辽河口植被群落划分为4个阶段，泥滩（原生阶段）—盐地碱蓬（先锋群落）—芦苇（盐生向陆生过渡阶段）—水田（陆生阶段），分析不同植被演替阶段沉积物环境要素分异特征（图7-7和图7-8）。

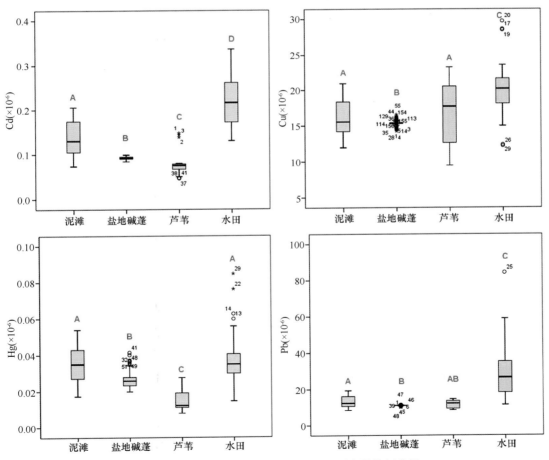

图7-7 不同植被演替阶段沉积物重金属含量特征分析

（显著性水平为 $P<0.05$）

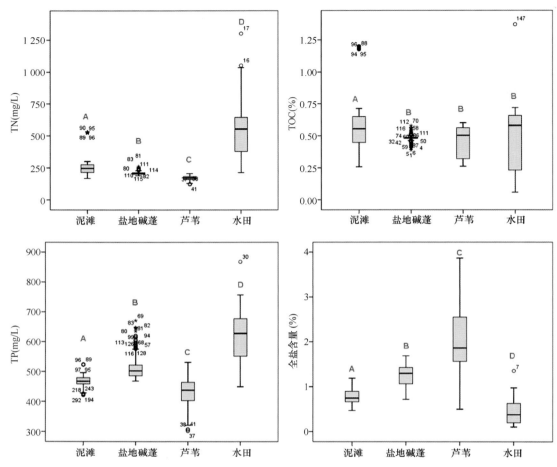

图 7-8　不同植被演替阶段沉积物质量特征分析

（显著性水平为 $P<0.05$）

不同演替阶段镉含量具有显著差异，其中水田镉含量平均值最高，而芦苇镉含量平均值最低；铜含量水田最高，盐地碱蓬和泥滩的平均含量最低，水田、芦苇和盐地碱蓬铜含量具有显著差异，而芦苇与泥滩铜含量差异不显著；汞含量水田最高，芦苇群落沉积物汞含量最低，水田、芦苇和盐地碱蓬沉积物汞含量具有显著差异，而水田和泥滩的汞含量差异不显著；铅水田含量最高，盐地碱蓬含量最低；水田、泥滩和盐地碱蓬铅含量差异显著，泥滩和盐地碱蓬差异显著，盐地碱蓬和芦苇差异不显著。

水田沉积物中总氮的含量最高，芦苇群落沉积物中总氮含量最低，泥滩、盐地碱蓬、芦苇和水田总氮含量均具有显著差异；总有机碳水田含量最高，盐地碱蓬最低，泥滩总有机碳含量与其他类型具有显著差异，而盐地碱蓬、芦苇和水田总有机碳含量差异不显著；总磷含量水田最高，芦苇最低，泥滩、盐地碱蓬、芦苇和水田总磷含量均具有显著差异；全盐含量芦苇最高、水田最低；泥滩、盐地碱蓬、芦苇和水田沉积物全盐含量均具有显著差异。

7.3.5　沉积物营养要素、重金属与植被群落 CCA 分析

采用典范对应分析方法，分析植被盖度、植被高度、植被生物量与陆域沉积物环境质量

要素之间的典范对应关系。排序结果表明，植被分布特征主要影响因素相关性 r 值大小依次为｜全盐｜＞｜TOC｜＞｜TP｜＞｜TN｜＞｜Zn｜＞｜Cd｜＞｜Hg｜＞｜Cu｜＞｜Pb｜；全盐含量与总株数呈显著正相关，这主要由于随着盐分的增高，植被群落主要以盐地碱蓬为主，而全盐含量与总生物量呈显著负相关，与平均株高和总盖度也呈显著负相关；而总有机碳、总氮和总磷与总生物量、植被平均株高和植被盖度呈显著正相关；而重金属锌、镉、铜、汞和铅与平均株高、总盖度和总生物量呈显著正相关，与总株数呈显著负相关，且锌与植被群落特征相关性最大，而铅与植被群落特征相关性最小。总体而言，研究区植被群落分布特征主要与全盐、总有机碳、总氮和总磷的含量控制（图7-9）。

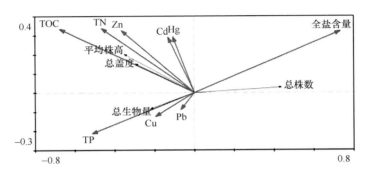

图 7-9 植被群落特征与沉积物质量要素 CCA 排序

进一步分析了不同演替阶段植被群落与沉积物环境质量要素之间的关系，发现不同演替阶段其主控影响因素具有显著差异；盐地碱蓬及芦苇混生群落主要受到全盐含量的影响，与全盐含量相关性显著；而芦苇群落和芦苇优势种的混生 I 群落则与总有机碳、总氮、总磷等影响因素相关性最为显著；而以陆生植被牛筋草为优势群落的混生 II 群落则也主要受到总有机碳、总氮、总磷等影响因素的影响；而沉积物重金属含量对不同演替阶段植被群落特征分布影响较小（图7-10）。

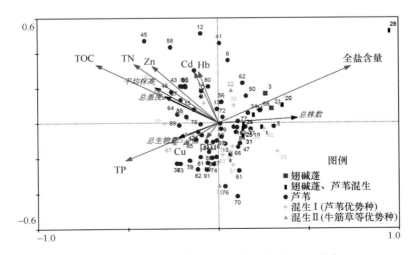

图 7-10 不同演替阶段群落与沉积物质量要素 CCA 排序

7.4 理论探讨

7.4.1 河口沉积物环境要素空间分异规律

生态脆弱性评估核心是反映生态系统的外来干扰、敏感性和恢复性；而环境要素的空间分异规律能够较好地反映外来干扰及其所处状态敏感性的程度；本章研究了沉积物的环境质量要素（状态变量）和污染物（外来干扰变量）的空间分异规律。我们研究发现研究区陆域沉积物营养盐有机碳含量由陆向海呈现显著带状分布，并由陆向海方向逐渐降低，总氮和总磷含量也呈显著带状分布，并由陆向海方向逐渐降低；全盐含量地带性分布较为不明显，但也表现出由陆向海逐渐升高趋势。这与以往 Shenetal 等（2007）在长江口研究的结果相类似。这说明环境质量要素在河口地区确实存在规律，这主要应该受到河口地区高程控制，其营养元素呈现显著的带状分布规律，这也为沉积物环境敏感性分析提供了理论支撑。

河口沉积物的研究我们发现，石油类、滴滴涕、六六六、多氯联苯、砷、铜、镉、汞和铅的含量空间分异地带性不明显，并未表现出由陆向海的带状分布空间特征；与营养盐空间分异的有所不同，这主要可能由于重金属污染物的迁移转化途径有关，也可能与人类活动类型有关。因为污染物属于外来干扰源所导致的结果，因此其在空间分异上规律并不明显。这也为开展生态脆弱性评估提供了理论支撑，说明河口地区污染物空间分布受到高程控制的影响不大，具有一定的随机性。

7.4.2 不同海域使用类型对沉积物环境要素分异特征的影响

在河口地区土地使用类型对沉积物营养元素具有显著影响，孙永光等（2011，2012）已经进行深入研究，发现长江口围垦区对土壤营养元素影响较大的主要是土地利用方式和围垦时间，他们的研究主要集中于围垦区，本研究将研究范围扩展至近岸海域，重点关注不同用海类型下，沉积物营养元素和污染物含量是否存在显著差异，结果发现六六六含量开放海域与其他用海类型具有显著差异，其他用海类型六六六含量差异不显著；多氯联苯各用海类型多氯联苯含量差异不显著；石油类含量开放用海和人工渔礁用海与其他各类型含量均具有显著差异；滴滴涕含量且人工渔礁用海除与油气开采差异不显著外，与其他用海类型的滴滴涕含量均具有显著差异，而其他用海类型滴滴涕含量差异不显著；砷含量开放海域、人工渔礁用海和渔业基础设施用海砷含量具有显著差异；沉积物中铅的含量工业用海、开放海域和围海养殖用海类型沉积物中铅的含量具有显著差异；沉积物硫化物含量渔业基础设施用海平均值最高，开放式养殖用海硫化物含量最低，其中开放海域、开放式养殖用海和渔业基础设施用海差异显著；而工业用海、开放海域、人工渔礁用海差异不显著，开放式养殖用海和围海养殖用海硫化物含量差异不显著。总体而言，研究区污染物受到不同海域使用类型的影响有一定差异显著性，因为不同海域使用类型造成一定的污染物富集效应，这也说明了为什么重金属及污染物的分布具有一定的随机性，这也主要受到人类活动的影响。该结论的获得为研究区生态脆弱性干扰指标和沉积物质量指标的选择提供了基础支撑。

7.4.3 植被不同演替阶段与沉积物环境质量内在关联规律

植被覆盖与沉积物环境要素之间的关系受到学者们广泛关注，不同植被覆盖演替阶段沉积物环境要素也开展了大量研究工作。孙永光等（2011，2012）识别了长江口围垦区植被群落与土壤环境要素之间的关系，发现植被群落分布主要受到盐度、有机碳、氮、磷含量的影响。本研究将辽河口植被群落划分为 4 个阶段，泥滩（原生阶段）—盐地碱蓬（先锋群落）—芦苇（盐生向陆生过渡阶段）—水田（陆生阶段）；与以往研究不同的是，我们研究发现，沉积物重金属含量、营养元素含量各不同演替阶段下具有显著差异。进一步分析发现，植被不同演替阶段下主控因子具有显著差异，结果显示植被演替初级阶段主要受盐度控制，而随着由盐生植被向陆生植被逐渐过渡，植被分布特征逐渐与总有机碳、总氮和总磷的内在联系逐渐增大，同时也发现重金属等污染物含量与植被群落内在联系并不显著。结果说明，植被群落主要还是受到营养元素的影响，而重金属元素在植被群落演替过程中影响较小，其还是主要受到人类活动类型的影响。

参考文献

Abd E l, Ghani M M, Amer W M. 2003. Soil vegetation relationships in a coastal desert plain of southern Sinai, E-gypt. Journal of Arid Environments, 55: 607-628.

Chen B M, Zhou X P. 2007. Explanation of current land use condition classification for national standard of the People's Republic of China. Journal of Natural Resources 22, (6): 995-1003.

Chen J Y. 2000. Reclamation projects in China. China Water Power Press, Bei Jing.

Critchley C N R, Chambers B J, Fowbert J A et al. 2002. Plant species richness, functional type and soil properties of grasslands and allied vegetationin English environmentally sensitive areas. Grass and Forage Science, 57: 82-92.

Danilo M D S, Marco A B. 2008. Soil-vegetation relationships in cerrados under different fire frequencies. Plant Soil311: 87-96. DOI 10. 1007/s11104-008-9660-y.

De Vos J A, Raats PAC, Feddes RA. 2002. Chloride transport in a recently reclaimed Dutch polder. Journal of Hydrology, 257 (1): 59-77.

Ding N F, Li R A, Dong B R. 2001. Long-term observation and study on salinity and nutrients of coastal saline soils (sandy soil). Chinese Journal of Soil science, 32 (2): 57-60.

DOI 10. 1007/s11258-008-9455-5.

Editor CCV. 1983. Chinese Vegetation. Science Press, Beijing.

El-Demerdash MA, Hegazyt AK, Zilay AM. 1995. Vegetation-soil relationships in Tihamah coastal plains of Jazan region, Saudi Arabia. Journal of Arid Environments, 30: 161-174.

Forman R T T. 1995. Land Mosaics, the Ecology of Landscape and Regions. Cambridge University Press. Cambridge, New York.

Fu B J, Zhang Q J, Chen L D, Zhao W W, Gulinck H, Liu G B, Yang Q K. 2006. Temporal change in land use and its relationship to slope degree and soil type in a small catchment on the Loess Plateau of China. Catena, 65 (1): 41-48.

Ge Z M, Wang T H, Shi W H, Zhao P. 2005. Secondary succession characteristics of vegetations on reclaimed land inside Chongming wetland seawall. Chinese Journal of Applied Ecolcgy, 16 (9): 1677-1681.

Hammersmark C T, Fleenor W E, Schladow S G. 2005. Simulation of flood impact and habitat extent for a tidal freshwater marsh restoration. Ecological Engineering, 25 (2): 137-152.

He Q, Cui B S, Zhao X S, Fu H L, Liao X L. 2009. Relationships between salt marsh vegetation distribution/diversity and soil chemical factors in the Yellow River Estuary, China. Acta Ecologica Sinica, 29 (2): 676-687.

Hesterberg D, De Vos B, Raats PAC. 2006. Chemistry of subsurface drain discharge from an agricultural polder soil. Agricultural Water Management, 86 (1): 220-228.

Hill M O. 1979. TWINSPAN-a FORTRAN program for arranging multivariate data in an ordered two-way table by classification of individuals and attributes. Section of Ecol-ogy and Systematics, Cornell University, Ithaca.

Jia X N, Chen J M, Wan H E. 2007. Application Present Situation of DCA、CCA、and DCCA Ordination of Grass-land Vegetation Communities in China. Chinese Agricultural Science Bulletin, 23: 391-395.

Jin X. 2007. Water records of Feng Xian. Shanghai Jiao Tong University Press, Shanghai Jiao Tong University, Shanghai.

Li B. 2004. Ecology. Higher Education Press, Beijing.

Li J L, Yang X P, Tong Y Q. 2007. Progress on environmental effects of tidal flat reclamation. Progress in Geography, China, 26 (2): 43-51.

Li X Z, Ülo Mander. 2009. Future options in landscape ecology: development and research. Progress in Physical Geography, 33 (1): 31-48.

Li Y, Shi Z. 2005. Study on spatio-temporal variability of soil salinity and site-specific management zones based on GIS. Journal of Soil and Water Conservation, 19 (3): 122-129.

Matheron G. 1963. Principles of geostatistics. Economic Geology, 58 (8): 1246-1266.

Ministry of Environmental Protection of The People's Republic. 2008. ecologically fragile national planning framework of Ecological protection. http://www.gov.cn/gzdt/2008 - 10/09/content _ 1116192.htm Accessed 09 October 2008.

Ou D N, Liu M, Hou L J, Liu X M, Zhan B L, Yang Y. 2002. Effect of reclamation on the distribution of inorganic nitrogen in sediments from Donghai beach. Marine Environmental science, 21 (3): 13-22.

O'Rourke S, Gauthreaux K, Noble C O, Sneddon J, Beck J N. 2001. Mercury in sediments collected at the Sabine National Wildlife Refuge Marsh reclamation site in southwest Louisiana. Microchemical Journal, 70 (1): 1-5.

Pethick J E. 2002. estuarine and tidal wetland restoration in the United Kingdom: policy versus practice. Restoration Ecology, 10: 431-437.

Puijenbroek PJTM, Janse J H, Knoop J M. 2004. Integrated modelling for nutrient loading and ecology of lakes in The Netherlands. Ecological Modelling, 174 (1): 127-141.

Reddy R A, Balkwill E K, McLellan E T. 2009. Plant species richness and diversity of the serpentine areas on the Witwatersrand. Plant Ecol, 201: 365-381.

Ren J Z. 1998. Grassland Research Methods. Chinese Agriculture Press, Bei Jing.

Shen J H, Hu Y Y, Li M H, Ding P, Yu M J, Ding B Y. 2006. Influence of reclamation on plant diversity of beach wetlands in Hangzhou Bay and Yueqing Bay in East China. Journal of Zhejiang University (Science Edition), 33 (3): 324-328.

Spijker J, Vriend S P, Van Gaans PFM. 2005. Natural and anthropogenic patterns of covariance and spatial variability of minor and trace elements in agricultural topsoil. Geoderma, 127 (1): 24-35.

Sun Yongguang, Li Xiuzhen, He Yanlong, Jia Yue, Ma Zhigang, Guo Wenyong, Xin Zaijun. 2012. Impact Factors on the Distribution and Characteristics of Natural Vegetation Community in the Reclamation Zones, Chin. Geogra. Sci, 22 (2): 154-166.

Sun Yongguang, Li Xiuzhen, Ulo MANDER, Yanlong, Jia Yue, Ma Zhigang, Guo Wenyong, Xin Zaijun. 2011. Effect of Reclamation Time and Land Use on Soil Properties in Changjiang River Estuary, China, Chinese Geographical Science, 21 (4) 403-416.

Tang C J, Lu J J. 2002. A study on ecological characteristics of community of the migrating waders in wetlands insides Cofferdam near the Pudong National Airport. Chinese Journal of Zoology, 37 (2): 27-33.

Ukpong I E. 1997. salinity in the Calabarmangrove swamp, Nigeria. Mangroves and SaltMarshes, 1: 211-218.

Wang W Y, Wang Q J, Wang H C. 2006. The effect of land management on plant community composition, species diversity, and productivity of alpine Kobersia steppe meadow. Ecol Res, 21: 181-187. DOI 10. 1007/s11284-005-0108-z.

Wu M, Shao X X, Hu F, Jiang K Y. 2008. Effects of reclamation on soil nutrients distribution of coastal wetland in south Hang Zhou Bay. Soils, 40 (5): 760-764.

Xiuzhen Li, Yongguang SUN, Ulo Mander, Yanlong He. Effects of land use intensity on soil nutrient distribution after reclamation in an estuary landscape. Landscape Ecology, 2013, DOI 10. 1007/s10980-012-9796-2.

Yang J S, Yao R J. 2009. Evaluation of soil quality in reclaimed coastal regions in North Jiangsu Province. Chinese Journal of Eco-Agriculture, 17 (3): 410-415.

Yuan X Z, Lu JJ. 2002. Distribution pattern and variation in the functional groups of zoo benthos in the changing estuary. Acta Ecologica Sinica, 21 (10): 2055-2062.

Zhou X F, Zhao R, Li Y Y, Chen X Y. 2009. Effects of land use types on particle size distribution of reclaimed alluvial soils of the Yangtze Estuary. Acta Ecologica Sinica, 29 (10): 5544-555.

Zonneveld I S. 1995. Land Ecology. SPB Academic publishing, Amsterdam, Netherlands.

第8章 辽河口海洋生物多样性时空动态及其影响机制评估

8.1 理论基础

生物多样性对人类生存具有重要价值。鉴于其目前所遭受的严重威胁，生物多样性的保护、持续利用及相关的基础研究，日益成为国际学术界关注的中心议题之一。目前，海洋生物多样性的研究集中在珊瑚礁、红树林和河口滩涂等，人类活动对海岸带生物多样性的改变及后果已成为一个热点（Eleftheriou，2000；Austin et al.，2002；Rands et al.，2010；Waldron et al.，2017）。河口是最重要的海洋生态系统之一，也是生产力最高、生物多样性丰富、开发利用强度最大的区域之一（Yokoyama et al.，2009，Savage et al.，2012）。河口区域具有丰富的边缘生态位和生物多样性（Kostecki et al.，2012），同时是大型底栖动物栖息、生长及繁殖的重要场所（Macfarlane et al.，2001）和诸多候鸟重要的停歇觅食地（杨洪燕，2012）。然而，随着社会经济的快速发展，围海造田、围海养殖、城市化建设等多种人类活动的干扰，河口生态系统功能正遭受着不同程度的退化和丧失（Elliott M and Quintino，2007），河口湿地海洋生物多样性对人类活动的响应备受关注（Martinho et al.，2008；肖洋等，2018）。因此，系统地研究河口湿地海洋生物多样性的时空变化特征，对于生物多样性的保护以及河口生物资源的恢复都具有重要的意义。

8.2 评估方法综述

当前国内外海洋生物多样性评价的主要方法包括生物群落多样性的测度方法、地球生命力指数法、海洋营养指数法和快速评估法等（杨青等，2013）。

8.2.1 生物群落多样性的测度方法

生物群落多样性的测度方法对于描述局部海域海洋生物群落多样性的时空分布格局和变化趋势具有重要作用，在当前海洋监测评价及科学研究中常常被采用，但该方法对于物种鉴定的准确度要求较高。

1. 不同空间尺度的群落多样性

Whittaker 将生物群落多样性归纳为 3 个主要空间尺度，即 α、β、γ 多样性。α 多样性主要关注局域均匀生境下的物种数目，被称为群落内的多样性；β 多样性指沿环境梯度的变化物种替代的程度；γ 多样性用于描述区域尺度的多样性。目前，开展海洋生物如浮游生物、底栖生物等群落多样性测度时，常用的 α 多样性测度方法有：马卡列夫物种丰富度指数（d）、香农-威纳物种多样性指数（H'）、皮诺物种均匀度指数（J）和优势度指数（D）；常用的 β 多样性测度方法有：杰卡德指数（Jc）和克齐卡诺基种类相似性指数（Cc）、桑德斯群落相似性指数（*PSC*）和群落演变速率（*E*）；γ 多样性的测度方法则很少被使用。马克平等（1994）归纳了生物群落 α、β 多样性的测度方法及计算公式。《海洋监测规范》（GB 17378.7—2007）推荐海洋生物多样性评价采用 *d*、*H′*、*J*、*D*、*Jc* 和 *Cc* 等测度方法。《海洋调查规范》（GB 12763.9—2007）推荐物种多样性和群落均匀度评价分别采用 *H′* 和 *J′*，群落演变评价推荐采用 *E* 进行测度。

值得注意的是，在评价工作中对 α 多样性指数存在不少误用的情况：采用其数值大小反映物种多样性状况的优劣；事实上，α 多样性指数数值大小很大程度上是由群落自身特点所决定，例如：热带海域生物群落 α 多样性一般高于温带海域。该指数的主要优势在于反映多样性空间变化规律和时间尺度的变化趋势，应对其正确认识和使用。

2. 分类多样性

鉴于传统的物种多样性指数反映的只是物种层面的多样性，未考虑各物种彼此间在进化关系及分类距离上的远近。为此，Warwick 和 Clarke（1998，2001）提出了 4 个"分类多样性指数"：分类多样性指数（Δ）、分类差异指数（Δ*）、平均分类差异指数（AvTD，Δ+）和分类差异变异指数（VarTD，Λ+）。Δ+ 和 Λ+ 的优势在于其平均值不依赖于取样大小和取样方法，对于开展不同区域、生境间以及历史数据对比研究等具有重要意义。目前，分类多样性指数在国内海洋生物多样性评价中已得到初步应用，应用于鱼类（张衡和陆建建，2007）、大型底栖动物（曲方圆和于子山，2010）、浮游桡足类等（刘光兴等，2010）的多样性研究。

8.2.2 地球生命力指数法（Living Planet Index，LPI）

地球生命力指数追踪全球近 8 000 个脊椎动物物种种群的变化，指示全球生物多样性状况和生态系统健康变化趋势，由陆地、淡水和海洋地球生命力指数共 3 部分组成。LPI 首先计算了单一物种种群的年变化速率，继而计算从 1970 年至某年各物种 LPI 年内平均变化值。即以 1970 年生物多样性作为基准（1970 年的 LPI 值 = 1），与 1970 年相比，随后各物种种群变化的平均值即该年的 LPI 值。从某种意义上来说，LPI 是对生物多样性的变化评估。

根据《2010 年生命行星报告》，海洋地球生命力指数追踪了温带和热带海洋生态系统中的鱼类、海鸟、海龟和海洋哺乳类等共 636 个脊椎动物种类的 2 023 个种群的变化，结果表明，1970—2007 年全球海洋地球生命力指数下降了 24%。截至目前，该指数在我国尚未得到应用，可能主要源于我国对海鸟、海龟、海洋哺乳类等种群长期变化数据资料的缺失。

8.2.3 海洋营养指数法（Marine Trophic Index，MTI）

海洋营养指数 MTI，起源于营养级 TL（Trophic Level），TL 最初被 Pauly et al. 用于阐明 1950 年以后渔业资源越来越依赖于生命周期短的小型鱼类和无脊椎动物，后来 CBD 对其引用和延伸，将平均营养级（mean TL）定义为 MTI。海洋营养指数的准确定义是海洋渔获物的平均营养级，其反映海洋食物链的长短，进而反映海洋生态系统的抗干扰能力和渔业资源的供应能力。Pauly 和 Watson（2005）较全面地介绍了 MTI 作为一种生物多样性测量方法的背景和内涵。营养级 TL 的表达式为：

$$TL_i = \sum_j TL_j \times DC_{ij} \qquad\qquad (8-1)$$

式中：TL_j 代表被摄食者 j 的 TL；DC_{ij} 代表摄食者 i 的食物组分中 j 所占的比例。TL 的内涵是食物网中摄食者相对初级生产者的位置；初级生产者的 TL 值为 1，大部分鱼类和其他水生动物的 TL 值介于 $2.0 \sim 5.0$。TL 的获取方法有两种：胃含物分析法和氮稳定同位素比值法。Kline&Pauly（1998）证实了上述两种方法得到的结果接近。

海洋营养指数 MTI 的计算公式如下：

$$TL_k = \sum_i TL_i \times Y_{ik} \big/ \sum_i Y_{ik} \qquad\qquad (8-2)$$

式中：Y_{ik} 代表渔获物种类 i 在 k 年份的生物量。MTI 的数据应来自总渔获量，包括商业渔获物和丢弃的渔获物。因中国较少丢弃渔获物，通常用商业渔获量来代替总渔获量（徐海根等，2010）。

目前，MTI 已经得到 CBD、"SEBI 2010"、英国皇家学会等生物多样性监测评价机构的广泛推崇，用以指示"生态系统完整性、产品和服务"，"中国 2010 年生物多样性目标的评估指标体系"也将其纳入其中，具有较好的应用前景；但该评价方法在我国的应用受到各海域渔获物 TL 基础资料缺乏、渔获量准确数据难以获取等因素的限制较大。

8.2.4　快速评估法（Rapid Assessment）

根据 CBD 与 Ramsar 秘书处联合提出的《内陆水域、沿岸和海洋水域生物多样性快速评估指南》，快速评估的定义为："一种作为紧急事项经常在尽可能短的时限内完成的概要评估，以取得可靠和可以应用的结果。"快速评估法主要适用于生物多样性组成部分中物种和生态系统水平的评估，而对于基因水平的评估则不适用；并且多次重复的快速评估可应用于生物多样性变化趋势评估。快速评估的一般目标分为：生物多样性存量评估、指示干扰与生态系统健康状况以及资源的可持续性与经济意义等。主要评估类型包括：存量评估、特定物种评估、变化评估、指标评估和资源评估 5 大类。

8.2.5　海洋生物多样性评价存在的问题及发展趋势

（1）海洋生物多样性评价的目标尚需进一步明确。当前，海洋生物多样性评价的主要问题是评价目标不明确，不能揭示一些生态问题的本质，无法为海洋生物多样性管理与保护提供准确依据。本文综述了当前国内外海洋生物多样性评价的主要方法，但开展具体评价工作时选择何种方法主要由评价目标所决定，同时评价的空间尺度（大、中、小尺度）、层面（遗传、物种、生态系统或景观多样性）等也应纳入考虑因素。作者认为快速评估法的目标设置较为清晰，基本囊括了海洋生物多样性评价的基本目标，值得借鉴。

（2）中、小尺度的海洋生物多样性评价有待进一步研究。已通过实践验证的 MTI 和 LIP 指数，对于大尺度海洋生物多样性评价具有较强指导性，可用于指示全球、区域以至国家尺度海洋生物多样性长期变化趋势。然而，对于生物多样性保育来说，中间尺度至关重要，生物多样性的评价、管理规划和实践的整合需要在中间尺度上进行；大尺度生物多样性变化可以作为整合的背景，而小尺度是保育管理行动的合适尺度。小尺度评价指标体系的构建可以借助一些理论模型来实现，以查找生物多样性受到的威胁、指导开展保护行动和制定保护措施等。

目前，较为成熟的理论模型有 PSR、DPSIR 和等级模型等以及 "状态—压力—响应—效益" 模型（马克平，2011），其中 PSR 模型在构建海湾生物多样性评价指标体系中已得到应用（俞炜炜等，2011）。

（3）海洋生物多样性评价的层面有待进一步扩展。目前的评价主要侧重于物种和生态系统多样性层面，对遗传和景观多样性涉及很少。尽管遗传多样性评价在技术上需要大量投入，且大范围推广较困难，然而一旦涉及生态安全、濒危物种保护等问题，遗传多样性评估又至关重要。随着 DNA 多态性标记及 DNA 条形码等技术的广泛应用，海洋生物遗传多样性评估将成为今后的主要发展方向之一。景观多样性指景观格局、功能和动态的多样性和复杂性，可对其进行测度和空间制图，将景观多样性研究与景观规划衔接起来，景观多样性图可直接用于景观和土地利用规划规程；Gustafson 叙述了景观格局分析的技术发展。"3S"（地理信息系统 GIS、遥感 RS 和地理定位系统 GPS）技术等的发展，为景观多样性的长期监测和评价提供了可能，有利于掌握区域内各类型生态系统、群落和物种多样性的动态变化，也将是今后海洋生物多样性评价的发展方向之一。

8.3　辽河口海洋生物多样性时空动态及其影响因素案例研究

8.3.1　海洋生物调查与数据统计分析

为保证监测结果的可比性，海洋生物多样性变化趋势分析统一选取辽河口生态监控区 2004—2014 年调查期间的海洋生物监测数据，生态监控区的海洋生物监测一般选择在每年的 5—10 月进行，站位较固定（图 8-1），具体数据由国家海洋环境监测中心提供，具体站位详见各年度《海洋环境监测工作任务》。在统计分析之前，将鉴定的种类及个体数量分别转化为单位面积的丰度（个/m²）和生物量（g/m²）。

8.3.2　海洋生物多样性分析

海洋生物物种多样性分析采用物种多样性指数和均匀度指数等指标来评价。物种多样性指数分析，采用以下计算公式：

1. 香农-威纳指数（Shannon-Wiener）（H'）

$$H' = - \sum_{i=1}^{S} (ni/N) \log2(ni/N) \tag{8-3}$$

2. 种类均匀度指数（J'）

$$J' = H'/\log_2 S \tag{8-4}$$

其中，N 为所有种类总个体数，S 为所有种类的总种类数，ni 为第 i 种的个体数。

8.3.3　不同用海类型对海洋生物多样性影响分析

不同用海类型的浮游动物生物多样性评价，采用 2014 年的高分遥感影像提取到的数据并结合现场实地验证，确保解译的准确性。

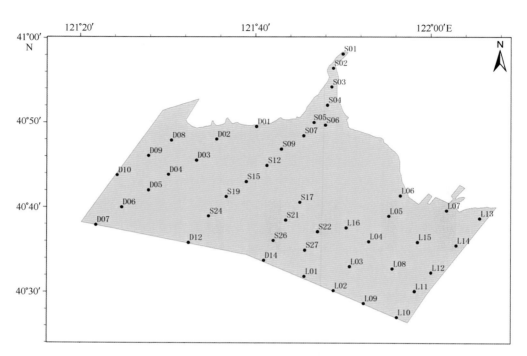

图 8-1　辽河口海洋生物采集站位分布

　　采用典范对应分析方法，分析浮游动物丰度、生物量、香农－威纳多样性指数、均匀度等与辽河口海域环境因子之间的典范对应关系。典范对应分析方法将对应分析与多元回归分析相结合，在对应分析的迭代过程中，每次得到的样方排序坐标值均与辽河口海域环境因子进行多元线性回归，最终的样方排序值反映了浮游动物种类组成及生物多样性指数对群落的作用，同时也反映了辽河口海域环境因子对浮游动物群落结构时空分布特征的影响。

8.3.4　近岸大型底栖动物生物多样性年际变化

　　底栖动物群落是湿地生态系统的重要组成部分，与湿地微生物、藻类、湿地植物根系及非生物环境因子共同构成了底栖亚系统。环境可以影响底栖动物群落的结构与功能，同样，底栖动物可以通过潜穴、爬行、觅食和避敌等活动调节底质含氧量、浮游植物生物量、能量流通、沉积物结构来影响周围环境，其群落变化通常被作为评价海域生态环境质量状况的重要指标。

　　由图 8-2 可以看出，辽河口近岸大型底栖动物的分布密度在 2005 年和 2007 年时达到最高，均为 21 个/m²，在 2010 年时达到最低值，仅为 7 个/m²，2004 年、2008 年和 2009 年间分布密度变化不大，分别为 17 个/m²、18 个/m² 和 19 个/m²。在生物量方面，辽河口近岸大型底栖动物在 2009 年达到最高值，为 32.52 g/m²，2005 年则最低，仅为 1.29 g/m²。

8.3.5　岸滩大型底栖动物生物多样性年际变化

　　由图 8-3 可以看出，辽河口岸滩大型底栖动物的分布密度变化不明显，变化范围为 2～3 个/m²，而生物量年际变化明显，变化范围为 11.98～77.11 g/m²，其中 2006 年时最高为 77.11 g/m²，在 2009 年时最低，为 11.98 g/m²。

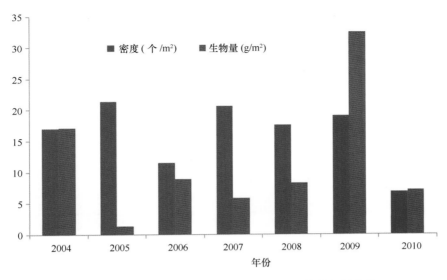

图 8-2　辽河口近岸大型动物分布密度和生物量年际变化

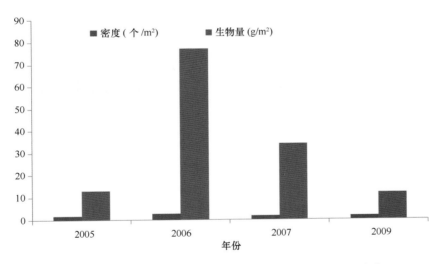

图 8-3　辽河口岸滩大型底栖动物分布密度和生物量年际变化

8.3.6　浮游动物生物多样性年际变化

河口地区环境特征独特，是河流生态系统和海洋生态系统之间的生态交错带，具有重要的生态服务功能。对浮游动物群落及辽河口理化环境进行系统监测，了解河口区域人类活动对浮游动物群落的影响机制，评估河口生态系统的演化方向具有十分积极的意义。

由图 8-4 可知，辽河口浮游动物的分布密度在 2005 年时达到最高，为 2 201.70 个/m²，在 2010 年时最低，为 117.8 个/m²。浮游动物的生物量年际变化较为明显，2005 年最高，达到 9 885.02 g/m²，其次为 2004 年，达到 3 877.18 g/m²，2009 年达到最低，仅为 6.6 g/m²。

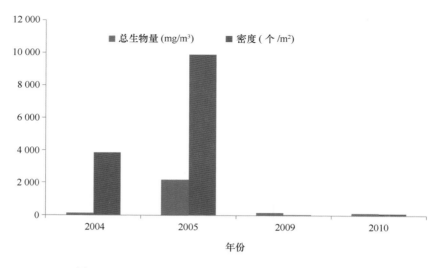

图 8-4 辽河口浮游动物分布密度和生物量的年际变化

8.3.7 辽河口浮游动物空间分布特征分析

近岸海域浮游动物种类组成和空间分布能够反映出生物群落结构受人类活动影响的程度。从图 8-5 和图 8-6 中可以看出，辽河口浮游动物的空间分布呈现明显的变化特征。浅水 I 型网浮游动物丰度高值区主要分布在辽河口上部，从河口向外呈递减分布，生物量分布则表现出从辽河口海域从东部海域向西部海域逐渐低递减的趋势。浅水 II 型网浮游动物丰度高值区主要集中在辽河口中部海域，低值区分布在辽河口西部海域和蛤蜊岗海域。

香农-威纳多样性指数（H'）是种类与种类间个体数量分配均匀性的综合表现，与均匀度一样，是反映生物群落种类组成和结构特点的数值指标，种类越多，种间个体数量分布越均匀，多样性指数越大。辽河口海域浮游动物多样性指数和均匀度大小如图 8-5 和图 8-7 所示。浅水 I 型网浮游动物香农-威纳多样性指数（H'）空间分布表现为从河口向外海逐渐递减的趋势，浅水 II 型网浮游动物香农-威纳多样性指数（H'）则表现为从东部区域向西部区域减少的趋势，浅水 II 型网浮游动物的均匀度指数也表现出类似的趋势。

辽河口海域长期处于富营养化状态，冲淡水和营养盐的输入对辽河口海域的生态环境产生了持续的影响。辽河携带的营养盐对浮游动物的数量分布有明显的影响，浮游动物群落的特征与无机氮有直接的关联。DCA 分析中 4 个排序轴的梯度值分别为 0.487、0.421、0.453 和 0.422，前三轴的梯度值均小于 3，属于线性分布，因此采用基于线性模型的冗余分析研究浮游动物群落和环境因子的相互作用关系。结果如图 8-7 所示。7 个环境因子对浮游动物的分布变化解释率为 57.6%，前两轴累计解释了 45.7% 的物种变化信息。由图 8-7 可知盐度和pH 值同第一轴的相关性较强，而可溶性磷酸盐、透明度、可溶性无机氮营养盐、水温和硅酸盐同第二轴相关性较强；浅水 I 型浮游动物的种数和浅水 II 型的种数以及丰度主要受第一轴的影响；而浅水 I 型浮游动物的生物量主要受第二轴的影响。影响浮游动物群落变化的环境因子中，前三位分别为 pH 值、可溶性磷酸盐和可溶性无机氮营养盐，对群落变化的解释率分别为 41.2%、25.3% 和 16.7%；其中浅水 I 型浮游动物的生物量同溶性磷酸盐和可溶性无

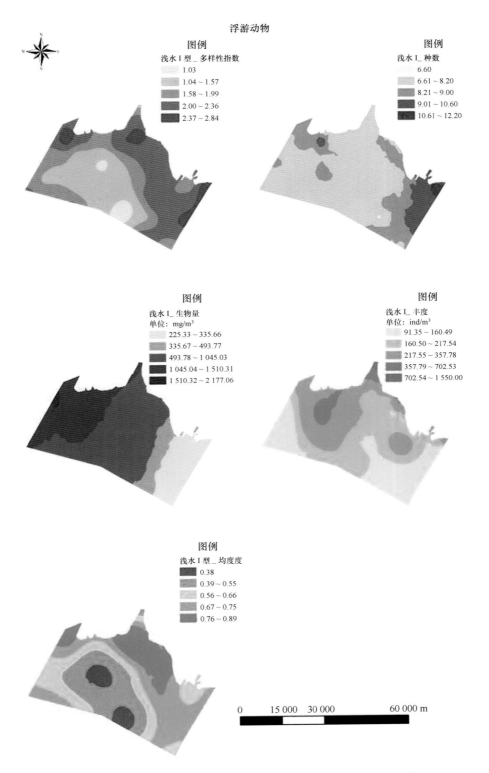

图 8-5　辽河口浮游动物（浅水 I 型）生物多样性指数空间分布特征

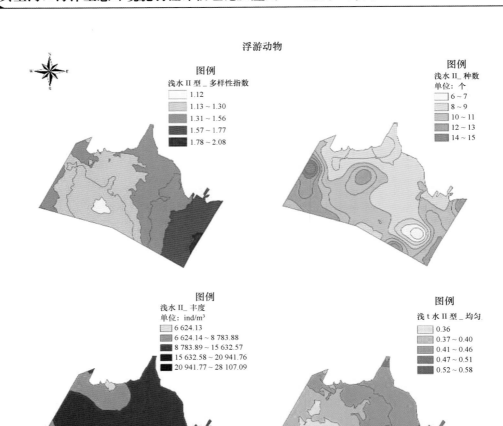

图 8-6　辽河口浮游动物（浅水Ⅱ型）生物多样性指数空间分布特征

机氮营养盐水具负相关性，同硅酸盐具正相关性。浅水Ⅱ型浮游动物的丰度同盐度具负相关性，同 pH 值具正相关性。

　　7 个环境因子对浮游动物的多样性指数的解释率为 67.4%，前两轴累计解释了 43.8% 的物种变化信息。由图 8-8 可知盐度透明度、水温和可溶性无机氮营养盐同第一轴的相关性较强，而可 pH 值和硅酸盐同第二轴相关性较强；浅水Ⅰ型的均匀度指数和浅水Ⅱ型浮游动物的种类数以及丰度主要受第一轴的影响；而浅水Ⅰ型的种类数、多样性指数以及浅水Ⅱ型浮游动物的均匀度指数和多样性指数主要受第二轴的影响。影响浮游动物群落变化的环境因子中，前三位分别为可溶性无机氮营养盐、可溶性磷酸盐和盐度，对群落变化的解释率分别为 31.7%、20.2% 和 13.1%；其中浅水Ⅰ型浮游动物的种类数同盐度具有正相关性，浅水Ⅱ型浮游动物的种类数同可溶性无机氮营养盐和磷酸盐具负相关性。

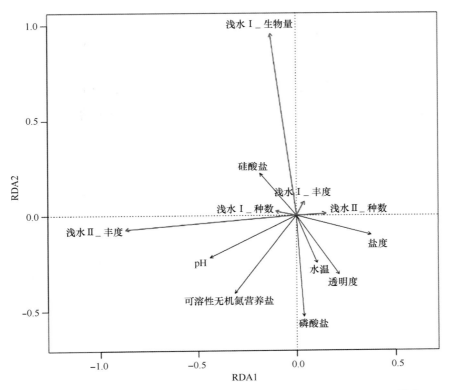

图 8-7 辽河口浮游动物（浅水 I 型）生物多样性指数环境因子 CCA 排序

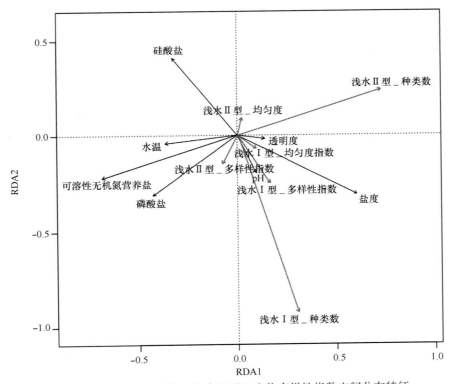

图 8-8 辽河口浮游动物（浅水 II 型）生物多样性指数空间分布特征

8.3.8 不同海域使用类型下的海洋生物多样性差异分析

基于上述辽河口生物多样性分析结果，本节将结合实际的用海类型探究区域内不同海域使用类型下浮游动物生物多样性的差异变化。通过影像解译，得到 2014 年辽河口主要用海类型 7 种，分别为人工鱼礁用海、围海养殖用海、开放式养殖用海、油气开采用海、渔业基础设施用海、港口用海、船舶工业用海。利用 GIS 软件，结合用海类型，对浮游动物生物多样性指数空间分析，获取各用海类型的浮游动物生物多样性指数相关数据，并结合 SPSS 软件进行差异性分析。结合用海类型，利用 GIS 软件，对辽河口浮游动物生物多样性指数进行空间分析，并结合 SPSS 软件进行差异性分析。如图 8-9 所示。

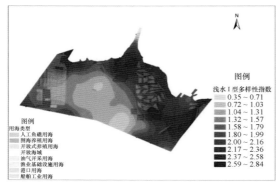
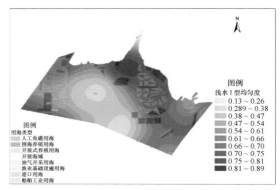
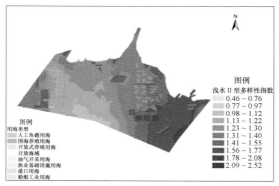
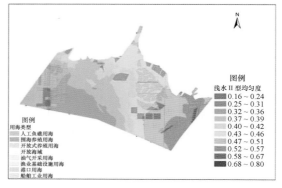

图 8-9 辽河口海域不同用海类型的浮游动物多样性指数

各用海类型浅水 I 型网浮游动物多样性指数来看，围海养殖用海浮游动物多样性指数较高，人工鱼礁用海浮游动物多样性指数较低，各用海类型的生物多样性指数无明显差异。各用海类型浅水 I 型网浮游动物均匀度值显示，围海养殖用海浅水 I 型网浮游动物均匀度较高，人工鱼礁用海浅水 I 型网浮游动物均匀度较低。

各用海类型浅水 II 型浮游动物的生物多样性指数来看，与浅水 I 型类似，围填海和开放性养殖用海海域的浮游生物多样性指数和均匀度值较高。

8.4 理论探讨

本章以遥感影像数据、现状调查数据和历史调查数据为数据源，采用空间分析方法、统计分析、多元方差分析和典范对应分析方法。分析了辽河口海洋生物多样性的时空分布特征，在此基础上分析了不同海域使用类型下浮游动物生物多样性指数的变化。结果显示不同海域使用类型对浮游动物生物多样性指数具有一定的显著影响。

参考文献

刘光兴，姜强，朱延忠，等．2010．北黄海浮游桡足类分类学多样性研究．中国海洋大学学报，40（12）：89-96．

马克平，刘玉明．1994．生物群落多样性的测度方法 Ⅰ α多样性的测度方法（下）．生物多样性，2（4）：231-239．

马克平．1994．生物群落多样性的测度方法 Ⅰ α多样性的测度方法（上）．生物多样性，2（3）：162-168．

马克平．2011．监测是评估生物多样性保护进展的有效途径．生物多样性，19（2）：125-126．

曲方圆，于子山．2010．分类多样性在大型底栖动物生态学方面的应用：以黄海底栖动物为例．生物多样性，18（2）：150-155．

肖洋，张路，张丽云，等．2018．渤海沿岸湿地生物多样性变化特征．生态学报，38（3）：909-916．

徐海根，丁晖，吴军，等．2010．2010年生物多样性目标：指标与进展．生态与农村环境学报，26（4）：289-293．

杨青，李宏俊，李洪波，等．2013．海洋生物多样性评价方法综述．海洋环境科学，32（1）：157-160．

俞炜炜，陈彬，周娟，等．2011．海洋生物多样性评价指标体系的研究及在泉州湾的应用．台湾海峡，30（3）：430-436．

张衡，陆健健．2007．鱼类分类多样性估算方法在长江口区的应用．华东师范大学学报：自然科学版，2：11-22．

Austin M C, Lambshead P J D, Hutching P A et al. 2002. Biodiversity Links above and below the marine Sediment-Water Interface that may influence community stability. Biodiversity and Conservation, 11: 113-136.

Clarke K R, Warwick R M. 2001. A further biodiversity index applicable to species list: variation in taxonomic distinctness. Marine Ecology Progress Series, 216 (2): 265-278.

Clarke K R, Warwick R M. 1998. A taxonomic distinctness index and its statistical properties. Journal of Applied Ecology, 35 (4): 523-531.

Eleftheriou A. 2000. Marine Benthos Dynamics: Environmental and Fisheries Impacts: Introduction and Overview. ICES Journal of Marine Science, 57 (5): 1299-1302.

Elliott M, Quintino V. 2007. The estuarine quality paradox, environmental homeostasis and the difficulty of detecting anthropogenic stress in naturally stressed areas. Marine Pollution Bulletin, 54 (6): 640-645.

Kostecki C, Roussel J M., Desroy N, et al. 2012. Trophic ecology of juvenile flatfish in a coastal nursery ground: contributions of intertidal primary production and freshwater particulate organic matter. Marine Ecology Progress Series, 449: 221-232.

Lalibert E, Legendre P. 2010. A distance-based framework for measuring functional diversity from multiple traits. Ecology, 91 (1): 299-305.

Lavesque N, Blanchet H, de Montaudouin X. 2009. Development of a multimetric approach to assess perturbation of benthic macrofauna in Zostera noltii beds. Journal of Experimental Marine Biology and Ecology, 368: 101-112.

Macfarlane G R, Booth D J. 2001. Estuarine macrobenthic community structure in the Hawkesbury River [C] // Australia: relationships with sediment physicochemical and anthropogenic parameters. Environmental Monitoring and Assessment, 72 (1): 51-78.

Martinho F, Viegas I, Dolbeth M, et al. 2008. Assessing estuarine environmental quality using fish-based indices:

performance evaluation under climatic instability. Marine Pollution Bulletin, 56: 1834-1843.

Muxika I, Borja A, Bald J. 2007. Using historical data, expert judgement and multivariate analysis in assessing reference conditions and benthic ecological status, according to the European water framework directive. Marine Pollution Bulletin, 55 (1-6): 16-29.

Pauly D, Watson R. 2005. Background and interpretation of the Marine Trophic Index' as a measure of biodiversity. Philosophical Transactions of the Royal Society A, 360: 415-423.

Poff N L, Olden J D, Vieira N K M, et al. 2006. Functional trait niches of North American lotic insect: traits-based ecological application in light of phylogenetic relationships. Journal of the North American Benthological Society, 25 (4): 730-755.

Rands M R W, Adams W M, Bennun L, et al. 2010. Biodiversity conservation: challenges beyond 2010. Science, 329 (5997): 1298-1303.

Ricotta C, Moretti M. 2011. CWM and Rao's quadratic diversity: a unified framework for functional ecology. Oecologia, 167: 181-188.

Savage C, Thrush S F, Lohrer A M, et al. 2012. Ecosystem services transcend boundaries: estuaries provide resource subsidies and influence functional diversity in coastal benthic communities. PloS one, 7 (8): e42708.

Warwick R M, Clarke K R. 1995. New 'biodiversity' measures reveal a decrease in taxonomic distinctness with increasing stress. Marine Ecology Progress Series, 129: 301-305.

Yan J, Xu Y, Sui J X, et al. 2017. Long-term variation of the macrobenthic community and its relationship with environmental factors in the Yangtze River estuary and its adjacent area. Marine Pollution Bulletin, 123 (1-2): 339-348.

Yang X L, Yuan X T, Zhang A G, et al. 2015. Spatial distribution and sources of heavy metals and petroleum hydrocarbon in the sand flats of Shuangtaizi Estuary, Bohai Sea of China. Marine pollution bulletin, 95 (1): 503-512.

Yuan X T, Yang X L, Na G S, et al. 2015. Polychlorinated biphenyls and organochlorine pesticides in surface sediments from the sand flats of Shuangtaizi Estuary, China: levels, distribution, and possible sources. Environmental Science and Pollution Research, 22 (18): 14337-14348.

Yuan X T, Yang X L, Zhang A G, et al. 2017. Distribution, potential sources and ecological risks of two persistent organic pollutants in the intertidal sediment at the Shuangtaizi estuary, Bohai Sea of China. Marine Pollution Bulletin, 114 (1): 419-427.

Zhang A G, Yuan X T, Yang X L, et al. 2016. Temporal and spatial distributions of intertidal macrobenthos in the sand flats of the Shuangtaizi estuary, Bohai Sea in China. Acta Ecologica Sinica, 36 (3): 172-179.

第9章 辽河口湿地生态脆弱性评估理论与方法

9.1 理论基础

9.1.1 生态脆弱性理论内涵

人类很早就认识到脆弱性（vulnerability）的含义及现象，但是直到20世纪60年代才在生态学领域对其进行学术研究，国外的国际生物学计划（International Biological Programme，IBP，60年代）、人与生物圈计划（Man and the Biosphere Programme，MAB，70年代）及之后的国际地圈—生物圈计划（International Geosphere Biosphere Programme，IGBP，80年代开始）等都把生态脆弱性作为重要的研究课题。20世纪中后期以来，随着人类经济开发活动的不断加剧与升温，以气候变化和土地利用变化为代表的全球环境变化日益凸显，生态与环境问题大量涌现。全球环境变化与可持续发展已成为当前人类社会面临的两大重要挑战，而全球变化及其区域响应则成为国内外相关研究组织和机构关注的焦点。1986年国际科学联合会理事会（International Council of Scientific Unions，ICSU）建立国际地圈—生物圈计划（IGBP），标志着全球变化科学新领域的诞生。1988年政府间气候变化专门委员会（IPCC）成立，着重关注人类社会经济活动对气候过程的影响（徐广才等，2009）。1988年在布达佩斯举办的第七届国际环境问题科学委员会（Scientific Committee on Problems of the Environment，SCOPE）大会明确了生态交错带（ecotone）的含义，丰富了生态脆弱性的理论和实证研究（宋一兵等，2014）。国外研究前期多以自然生态系统为研究对象，其中特别注重气候变化和自然灾害下的生态脆弱性研究，20世纪90年代脆弱性开始应用于社会经济领域，探讨不同社会经济系统对内外扰动的敏感性和应对能力（Timmerman，1981）。21世纪以来，自然—社会综合系统脆弱性成为研究热点，一些学者提出了融合自然、社会、经济、人文和环境、组织和机构等特征的人地耦合系统脆弱性概念（Füssel，2007；Adger，2006），多因素、多维度耦合系统分析成为国外脆弱性研究的发展趋势。近年来，脆弱性研究多从气候变化和社会经济入手，涉及农、林、牧、渔等生产部门（Bryan et al.，2001），横跨资源和灾害两大领域，同时关注自然要素与人类要素。研究尺度大，主要在区域尺度上开展生态脆弱性研究。在综合评价区域或国家的脆弱性时，多将研究对象界定为人—地系统，自然生态系统作为敏感性因子参与脆弱性评价，社会经济要素则作为适应性因子参与评价（Ma et al.，2007）。

国内脆弱性研究开展相对较晚，最早始于牛文元（1990）从生态交错带的角度识别生态脆弱区域。生态脆弱带被定义为"生态系统中，凡处于两种或者两种以上的物质体系，能量体系、结构体系、功能体系之间所形成的'界面'以及围绕界面向外延伸的'过渡带'的空间域"。该定义将中国生态脆弱性研究的总体范围较多地限制在了生态交错带。朱震达（1991）进一步指出生态脆弱带环境退化的主要表现形式是土地的荒漠化，典型区域是中国北方农牧交错带。20世纪90年代的"八五"国家重点科技攻关项目"生态环境综合整治和恢复技术研究"，对脆弱性生态环境进行了较为系统的研究（赵桂久等，1993）。之后，众多学者针对不同生态脆弱区进行了丰富的理论与实证研究，并尝试在不同尺度上对人地耦合系统的脆弱性及适应能力和策略展开探讨（赵桂久等，1995）。2008年，海洋公益性行业科研专项资助了"我国大河三角洲的脆弱性调查及灾害评估技术研究"项目，对黄河、长江、珠江三大河口三角洲生态脆弱性进行了调查评估，将脆弱性区分为固有脆弱性和特殊脆弱性，其中将区域稳定性、地层稳定性、现代动力过程、气候变化与海平面上升等自然因素作为固有脆弱性，将人为污染、海域开发、资源消耗等外部压力作为特殊脆弱性。但总体来看，我国脆弱性理论研究还相对落后，实证研究也缺乏统一标准，且自然—经济—社会综合系统的定量研究也有待进一步开展（田亚平和常昊，2012）。

9.1.2 生态脆弱性评价实证研究进展

目前，生态脆弱性评估方法总体上可分为单要素评估方法和综合评估方法。单要素评估方法多见于早期的生态脆弱性研究中，针对某一风险因子进行单维度的评价（李平星和樊杰，2014）；同时，在特定环境要素或领域的研究中，单要素评估方法也是较为常用的手段，如基于地下水污染风险评价专业模型的地下水脆弱性评估（孙才志等，2015）、基于景观指数的景观脆弱性评估（孙才志等，2014）、基于碳储量的土地脆弱性评估（艾晓艳等，2015）。单要素评估方法能够揭示单因子的影响过程以及特定要素生态脆弱性的变化特征，但难以反映自然—社会生态系统脆弱性的综合特征。随着人们对生态脆弱性的认识不断深入，自然—社会综合系统脆弱性成为研究热点，多因素、多维度耦合系统成为脆弱性研究的发展趋势（Adger，2006；Füssel，2007；池源等，2015），生态脆弱性综合评价法逐渐成为生态脆弱性评估的主要手段（刘小茜等，2009；Moreno and Becken，2009）。当前，生态脆弱性综合评价方法繁多，通过梳理不同模型和方法的特点，大体上可将现有方法归纳为两大类：目标框架法和自然—人文因子法。

9.1.3 海洋生态脆弱性理论内涵

生态脆弱性与生态敏感性的含义相近，二者均源于对生态交错带的研究。生态交错带是指在生态系统中处于两种或两种以上的物质体系、能量体系、结构体系、功能体系之间所形成的界面以及围绕该界面向外延伸的"过渡带"的空间域（牛文元，1990）；生态敏感性是指区域由于边缘效应，抗干扰能力低，或可能发生自然灾害，或受到自然变化与人类活动的干扰容易发生生态系统结构、功能演变的性质（丁德文等，2009）。可以发现，生态交错带的概念强调界面性，即区域的特殊性；生态敏感性则注重系统本身容易受到干扰影响的性质，生态脆弱性与二者相比拥有更为丰富的含义。《现代汉语词典》将"脆弱"定义为"不坚强、不牢固"，《辞海》将"脆弱"定义为"易折和易碎"，表示在汉语中脆弱的含义包含"易受损害性"和"受到损害后很难恢复到原状"。

在群落演替理论、可持续发展理论、生态平衡理论、生态承载力理论、生态安全理论、人—地（海）关系理论、生态系统控制论等理论支撑下，海洋敏感区/脆弱区的划定应以海洋资源、环境的生态完整性为评判依据，将自然干扰与人为干扰作为外来干预，当稳定系统受到干扰压力后其生态完整性随之下降，当脆弱区干扰压力上升至一定水平时，系统处于安全阈值范围内，系统仍处于安全期；当干扰压力继续上升，超过系统安全阈值介于红线阈值之间时，系统表现为脆弱性升高，但仍处于可控期；而当干扰压力超过红线阈值时，生态完整性急剧下降，超过了系统承载能力，此时即为干扰红线与系统红线阈值，干扰压力继续上升则系统逐渐走向灭亡。

国内外相关研究中，关于脆弱性或生态脆弱性的定义很多，在 IPCC 第三次报告中将脆弱性定义为"系统对气候变化（包括气候变异和极端气候事件）负面影响的敏感程度和不能处理的程度"。在地质领域 Timmermann（1981）认为"脆弱性是一种度，即系统在灾害事件发生时产生不利响应的程度，系统不利响应的质和量受控于系统的弹性，而弹性标志着系统承受灾害事件并从中恢复的能力"，Adger（2006）将脆弱性定义为"系统暴露于环境或社会变化中，因缺乏适应能力而对变化造成的损害敏感的一种状态"。国内研究中，赵桂久等（1993）认为生态脆弱性是景观或生态系统的特定时空尺度上相对于干扰而具有的敏感反应和恢复状态；刘燕华等（2001）认为生态脆弱性拥有 3 层含义，"①构成该生态系统的群体因子和个体因子存在内在的不稳定性；②生态系统对外界的干扰和影响较敏感；③在外来干扰和外部环境变化的胁迫下，系统易遭受某种程度的损失或损害，并且难以复原"；赵跃龙和张玲娟（1998）认为生态脆弱性是生态环境内部和外部的干扰活动或过程的不良反应，及对干扰活动的反应速度和程度；王小丹等（2003）认为"生态脆弱性指生态环境受到外界干扰作用超出自身的调节范围而表现出的对干扰的敏感程度"；邬建国（2007）则认为，生态脆弱性是相对而言的，绝对稳定的生态系统是不存在的。

可以看出，目前对于生态脆弱性的定义基本可分为两类：一类认为脆弱性是系统本身的属性和特质，当系统面临干扰时，这种特质便表现出来；另一类将脆弱性作为系统受到干扰时可能出现的后果，这种后果的严重程度取决于系统的暴露程度（陈萍和陈晓玲，2010）。简言之，就是把生态脆弱性作为"原因"还是"结果"看待的区别。事实上，脆弱性是一个长期变化的过程，将其一概而论地作为"原因"或"结果"均有失偏颇，任何时空尺度下的脆弱性都可以是相邻时空脆弱性的原因或结果。另外，国内外脆弱性研究的具体情况还有所不同，国外更多地研究自然灾害、气候变化、海平面上升等人类不可控或难以控制的干扰引起的脆弱性，人类因子主要是调控因子，通过有意地开展生态保护和管理缓解生态脆弱性；国内研究中，人类因子一方面是生态脆弱性的干扰或触发因子；另一方面也可以成为脆弱性的调控因子，而人类调控除了生态保护和管理之外，还包括对开发利用活动进行管控、优化以及影响减缓的各项措施，使得我国生态环境脆弱性的干扰和适应因子更加复杂。

可见，生态脆弱性一方面是生态系统的固有性质；另一方面生态脆弱性又有其相对性（相对于外部干扰），表现为生态系统在外部干扰下演化和再组织，这种演化往往是朝向不利于生态系统自身健康和人类生产生活需求的方向发展。正因为生态脆弱性是相对于外部干扰而表现出来的一种性质，前人在研究生态脆弱性时也分为两种情况：一种是针对特定干扰源的脆弱性，如海平面上升、干旱、洪涝等；另一种是不针对特定干扰源的脆弱性。本书即属于第二种情况，主要研究辽河口滨海湿地生态系统在自然因素（主要是冲淤变化）和人为干扰因素影响下表现出的生态脆弱性，因此将生态脆弱性分为敏感性和恢复力两部分，敏感性是指生态系统是否容易受到外部干扰而造成生态系统的演化或者退化，恢复力是生态系统在外部干扰下恢复原有状态或在新的状态下达到新的平衡的能力。

综上所述，海洋生态脆弱性评估是衡量一定时期内海洋生态脆弱性状态的综合评估指标；主要反映海洋生态系统受到人为干扰和自然扰动的强度；海洋生态系统自身所处的状态及海洋生态系统自身恢复的能力。可直观反映生态系统脆弱性的综合状态，进而对比不同年份生态脆弱性程度的波动，评价以区域为单元。

9.1.4 海洋生态脆弱性影响因素

海湾、河口、滨海湿地等生态服务功能突出，生态价值巨大，但同时也极为敏感，易于在外在因素干扰下发生演化和退化，表现出较强的生态脆弱性。影响河口滨海湿地生态脆弱性的外部因素非常复杂，因时间和空间的变化而异，针对本文的研究对象——辽河口滨海湿地而言，影响因素既包括自然因素，也包括人为活动影响因素，最为突出的有以下几个方面。

首先是入海河口的污染问题。河流是陆源污染物入海的主要途径，我国主要河口海域都是海洋环境污染较重的海域。例如，辽河是辽东湾顶部的主要入海水系，其上游承接东北老工业基地，重工业发达，人口众多，很多陆源污染物经辽河入海。据统计，2014 年，经辽河入海的化学需氧量（Chemical Oxygen Demand，COD）有 47 184 t，氨氮（以氮计）有 72 t，亚硝酸盐氮（以氮计）有 146 t，总磷有 137 t，石油类有 87 t，重金属有 21 t。巨大的环境输入压力造成了严重的海水污染问题，根据《海洋环境质量状况公报》显示，近年来辽河口海域均是以四类或劣四类水体为主，海洋环境的污染也直接影响了海洋生态系统的健康，辽河口生态监控区健康状况一直处于亚健康或不健康状态。

其次是河口地区的人类开发利用活动的影响。河口海岸地区是人口聚集和经济发达地区，开发利用强度很高，对于脆弱的河口湿地生态系统势必产生严重的影响。影响辽河口湿地生态环境的人类活动主要有以下几个方面：一是围填海，辽河口历史上就有围海养殖的传统，近年来随着近海工业的发展，沿海港口和工业用地需求导致大规模的围填海，围填海不但造成了湿地面积的大幅度减少，同时河口地区的海岸人工化截断了岸滩发育的自然过程，束狭了入海河口，对河口滨海湿地生态服务功能造成了严重损害；二是油田开发，辽河油田对于地区经济发展发挥了重要作用，但同时也不可避免地损伤了湿地生态环境，除石油开采产生石油污染外，井场建设和油田路面硬化道路的修筑造成了湿地生境的破碎化，降低了湿地生境的承载能力；三是养殖活动，辽河口的养殖活动除大面积围海影响湿地生态功能外，养殖活动中饵料投放、污水排放等活动也是影响湿地生态环境的重要的面源污染。

最后是河口地区自然淤长造成自然生境变化和植被演替。辽河三角洲是由辽河、大辽河、大凌河、小凌河等河流在辽东湾顶部入海形成的河口冲击三角洲，由于入海径流量和输沙量不大，加之辽东湾北部潮汐作用较强，辽河三角洲形成主要受潮汐作用控制，形成了目前内凹形状的三角洲形态。据研究，历史上辽河口区域潮滩以每年 1~2 m 的速度向外淤长，近年来，由于围填海活动的影响，潮滩淤长速度受到影响，但与此同时也加快了河口区域冲积沙洲的发育。自 20 世纪 90 年代中期以来，位于鸳鸯沟处的水下沙洲逐渐出露水面，形成低潮高地，2000 年以后完全出露水面，之后面积逐步扩大，高程逐步提升，其上的植被覆盖经历了"光滩—翅碱蓬—翅碱蓬与芦苇共生→芦苇为主"的发展过程，形成今天的鸳鸯岛。同时，位于鸳鸯岛下游的门头岗也已经露出水面，形成低潮高地。冲积作用显著改变了河口地区的自然环境，一是岸线的外扩和地形的不断抬升；二是伴随地形抬升地表植被的演替和生境条件的变化。

9.2　海洋生态脆弱性评估指标体系

9.2.1　评估指标体系构建

海洋生态脆弱性评估，从干扰脆弱度指数（Disturbance Vulnerability Index，DVI）、状态敏感性指数（State Sensitivity Index，SSI）和恢复力脆弱性指数（Resilience Vulnerability Index，RVI）3 个方面入手，构建海洋生态脆弱性综合评估指数（Ecological Vulnerability Index，EVI）。干扰脆弱度指数主要考虑人类开发活动、海洋污染、自然灾害等，状态敏感性指数主要考虑海洋生物多样性、典型生境状态、特殊保护价值生态系统等，恢复力脆弱性指数主要考虑海洋生物多样性恢复力、典型生境物种恢复力、海洋初级生产力恢复力、渔业资源恢复力等，具体见图 9-1。

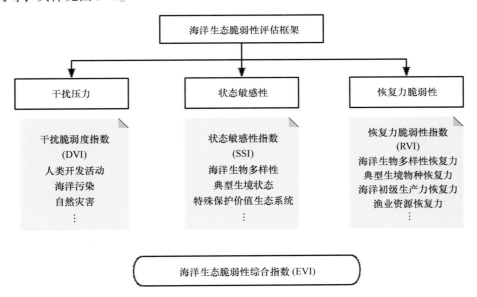

图 9-1　海洋生态脆弱性评估基本思路

综合考虑指标的科学性、代表性、可获得性和可比性，结合海洋生态脆弱性评估需求，构建海洋生态脆弱性评估指标体系，见表 9-1。

表 9-1　海洋生态脆弱性评估指标体系

目标层	因素层	指标层	指标属性		
DVI 干扰脆弱度指数	B1 人为干扰	C1 干扰度指数	Y	+	H
		C2 景观破碎度/（个/km²）	N	+	U
		C3 海水富营养化指数	Y	+	H
		C4 沉积物质量等级	Y	+	H
	B2 自然干扰	C5 生物入侵	N	+	H
		C6 风暴潮灾害（直接经济损失/亿元）	Y	+	U
		C7 岸滩下蚀速率/（cm/a）	N	+	H
EVI 生态脆弱性综合指数	SSI 状态敏感性指数	B3 海洋生物多样性敏感性	C8 浮游植物多样性	Y	−	H
			C9 浮游动物多样性	Y	−	H
			C10 大型底栖动物多样性	Y	−	H
			C11 游泳动物多样性	N	−	H
		B4 重要生境状态敏感性	C12 珊瑚礁生境	Y	+	H
			C13 红树林生境	Y	+	H
			C14 海草床生境	Y	+	H
			C15 珍稀濒危物种栖息地、候鸟迁徙通道和"三场一通道"分布区	Y	+	H
		B5 特殊保护值生态系统敏感性	C16 砂质岸线、各级保护区、重要湿地、历史文化遗址遗存和名胜古迹	Y	+	H
	RVI 恢复力指数	B6 海洋生物多样性恢复力	C17 叶绿素 a 浓度/（μg/L）	Y	−	H
			C18 浮游动物密度/（×10³个/m³）	Y	−	H
		B7 典型生境物种恢复力	C19 硬珊瑚补充量/（个/m²）	N	−	H
			C20 5 年红树林密度下降率/%	N	+	H
			C21 5 年海草密度下降率/%	N	+	H
		B8 渔业资源恢复力	C22 鱼卵密度/（个/m³）	Y	−	H
			C23 仔鱼密度/（个/m³）	Y	−	H

注：根据指标的强制性，可分为必选指标（Y）和可选指标（N）；根据指标的性质，可分为正向指标（+）和负向指标（−），正向指标值越高，生态脆弱性越不脆弱，负向指标则相反；根据指标在空间上的分布状态，可分为空间统一性指标（U）和空间异质性指标（H），空间统一性指标在相同时间内整个研究区采用同一数值，空间异质性指标数值则随着点位的不同而具有差异。

9.2.2　评估指标权重

采用专家打分法，设置海洋生态脆弱性评估中干扰脆弱度指数、状态敏感性指数和恢复力指数指标权重，见表 9-2。

表 9-2 海洋生态脆弱性评估指标权重

目标层	目标层权重（R）
DVI 干扰脆弱度指数	0.2
SSI 状态敏感性指数	0.5
RVI 恢复力指数	0.3

9.2.3 评估等级

海洋生态脆弱性综合评估分为如下 5 个级别，见表 9-3。

表 9-3 海洋生态脆弱性综合评估等级划分

等级	极脆弱	高脆弱	中脆弱	低脆弱	不脆弱
EVI	4.2~5	3.4~4.2	2.6~3.4	1.8~2.6	1~1.8

（1）极脆弱：人为高强度开发、区域海洋污染严重、自然灾害频发；海洋生物多样性易遭到严重破坏、重要生境分布高、特殊保护价值生态系统保护极差；海洋生物多样性、重要生境及海洋初级生产力易恢复性极低。

（2）高脆弱：人为开发较大、区域海洋污染较为严重、自然灾害较为严重；海洋生物多样性易遭到破坏、重要生境分布较高、特殊保护价值生态系统保护较差；海洋生物多样性、重要生境及海洋初级生产力恢复力较低。

（3）中脆弱：人为开发强度临界超载、区域海洋污染较为严重、自然灾害破坏性一般；海洋生物多样性一般、重要生境分布高、特殊保护价值生态系统保护一般；海洋生物多样性、重要生境及海洋初级生产力恢复力低。

（4）低脆弱：人为开发强度不大、区域海洋污染不重、自然灾害较少；海洋生物多样性较高、重要生境分布较少、特殊保护价值生态系统保护一般；海洋生物多样性、重要生境及海洋初级生产力恢复力较高。

（5）不脆弱：人为开发干扰程度低、区域海洋污染风险低、自然灾害发生少；海洋生物多样性高、几乎无重要生境分布、特殊保护价值生态系统保护较好；海洋生物多样性、重要生境及海洋初级生产力恢复能力高。

9.2.4 评估指标赋值及依据

海洋生态脆弱性评估指标，按极脆弱、高脆弱、中脆弱、低脆弱和不脆弱 5 个评估等级，设置评估指标赋值标准和依据，见表 9-4。

表 9-4　生态脆弱性综合评估指标评价标准

	脆弱性等级	极脆弱	高脆弱	中脆弱	低脆弱	不脆弱	依据
	指标赋值	5	4	3	2	1	
B1 人为干扰	C1 干扰度指数	>0.8	>0.6≤0.8	>0.23≤0.6	>0.17≤0.23	≤0.17	陈爱莲等，2010；孙永光等，2012
	C2 景观破碎度指数/（个/km²）	>8	>6≤8	>4≤6	>2≤4	≤2	专家咨询
	C3 海水富营养化指数	>9.0	>7.0≤9.0	>5.0≤7.0	>3.0≤5.0	>0≤3.0	《中国海洋环境状况公报》
	C4 沉积物质量等级	劣Ⅲ类	—	Ⅲ类	Ⅱ类	Ⅰ类	《海洋沉积物质量》（GB 18668—2002）
B2 自然干扰	C5 生物入侵	是	—	—	—	否	—
	C6 风暴潮灾害（直接经济损失/亿元）	>10	>5≤10	>1≤5	<1	=0	—
	C7 岸滩下蚀速率/（cm/a）	≤-15	>-15≤-10	>-10≤-5	>-5≤-1 或>1	>-1≤1	《海岸侵蚀灾害监测技术规程（试行）》
B3 海洋生物多样性敏感性	C8 浮游植物多样性	≤1	—	>1≤3	—	>3	况琪军等，2005
	C9 浮游动物多样性						
	C10 大型底栖动物多样性						
	C11 游泳动物多样性						
B4 重要生境状态敏感性	C12 珊瑚礁生境	是	—	—	—	否	—
	C13 红树林生境	是	—	—	—	否	—
	C14 海草床生境	是	—	—	—	否	—
	C15 珍稀濒危物种栖息地、候鸟迁徙通道和"三场一通道"分布区	是				否	
B5 特殊保护价值生态系统敏感性	C16 砂质岸线、各级保护区、重要湿地、历史文化遗址遗存和名胜古迹	是				否	
B6 海洋生物多样性恢复力	C17 叶绿素 a 浓度/（μg/L）	≤2	>2≤4	>4≤6	>6≤10	>10	李志鹏等，2016
	C18 浮游动物密度/（×10³ 个/m³）	>75%B ≤125%B	—	>50%B ≤75%B 或 >125%B ≤150%B	—	≤50%B 或 >150%B	《近岸海洋生态健康评价指南》（HY/T 087—2005）

续表

脆弱性等级		极脆弱	高脆弱	中脆弱	低脆弱	不脆弱	依据
指标赋值		5	4	3	2	1	
B7 典型生境物种恢复力	C19 硬珊瑚补充量/（个/m²）	<0.5	—	≥0.5<1	—	≥1	《近岸海洋生态健康评价指南》（HY/T 087—2005）
	C20 5年红树林密度下降率/%	>15%	—	>10%≤15%	—	≤10%	
	C21 5年海草密度下降率/%	>10%	—	>5%≤10%	—	≤5%	
B8 渔业资源恢复力	C22 鱼卵密度/（个/m³）	≤5	—	>5≤50	—	>50	《近岸海洋生态健康评价指南》（HY/T 087—2005）
	C23 仔鱼密度/（个/m³）	≤5	—	>5≤50	—	>50	《近岸海洋生态健康评价指南》（HY/T 087—2005）

注：各区域 B 值的依据见附表。

9.2.5 指标层计算方法

1. C1 干扰度指数（Hemeroby Index）

干扰度指数一般通过赋值法获取，基于陈爱莲等（2010）和孙永光等（2012）的研究成果，结合本课题实际情况，进一步将干扰度指数划分为 5 种类型：无干扰型（$HI≤0.17$）、低干扰型（$0.17<HI≤0.23$）、中干扰型（$0.23<HI≤0.6$）、强干扰型（$0.6<HI≤0.8$）和极强干扰型（$HI>0.8$）。干扰度指数用以表征区域生态系统受人为干扰的影响程度，干扰度指数的值越高表示受到人为干扰的程度越高，生态脆弱性程度越高（表9-5）。

表 9-5 人为干扰强度划分表

一级类型	二级类型	含义	HI
无干扰型	开放海域	低潮6 m以外浅海水域	0.10
	潮汐通道	潮沟	0.13
	芦苇群落	芦苇沼泽	0.15
	河漫滩	河漫滩、江心洲、沙洲	0.17
	泥滩	高潮被淹没、低潮裸露的沿海泥滩地	0.17
	水下三角洲	—	0.17
低干扰型	河流	一、二级永久性河流	0.23
中干扰型	岛	基岩岛	0.30
	水库坑塘	人工水库	0.30
	未利用地	—	0.45
	开放式养殖用海	—	0.50
	人工鱼礁用海	—	0.55

续表

一级类型	二级类型	含义	HI
强干扰型	滩涂养殖	滩涂鱼、虾、蟹养殖	0.63
	水稻田	—	0.65
	围海养殖	浅海区域的圈围养殖区域	0.80
极强干扰型	船舶工业用海	—	0.95
	港口用海	—	0.98
	油气开采用海	—	0.98
	交通用地	—	0.95
	居民点	—	0.95
	工业用地	—	0.99
	渔业基础设施用海	—	0.99

2. C2 景观破碎度

景观破碎度表征景观的破碎程度，描述景观由单一、均质和连续的整体趋向于复杂、异质和不连续的斑块镶嵌体的过程，能够在一定程度上反映人类对景观的干扰程度，景观破碎度越高，生态脆弱性程度越高。计算公式如下：

$$C_i = \frac{N_i}{A_i} \tag{9-1}$$

式中：C_i 为景观 i 的破碎度；N_i 为景观 i 的斑块数；A_i 为景观 i 的总面积。本评价采用自然景观破碎度。

3. C3 海水富营养化指数

海水富营养化指数表征海水富营养化状态程度，海水富营养化指数越大，说明水体富营养化程度越大，生态脆弱性程度越高。计算公式如下。

$$E = \frac{DIN \times DIP \times COD}{4\ 500} \times 10^6 \tag{9-2}$$

式中：E 为海水富营养指数值；DIN 指溶解态无机氮；DIP 指活溶解态无机磷；COD 指化学需氧量；DIN、DIP 和 COD 单位均为 mg/L。

依据《中国海洋环境状况公报（2010—2014 年）》中海水富营养化评价分级标准，将海水富营养化状态划分为 5 个等级。

4. C4 沉积物质量等级

沉积物质量等级能够表征海水沉积物综合质量状况，沉积物质量等级越高，说明海水沉积物状况越差，生态脆弱性程度越高。沉积物质量等级分类方法和标准均参考《海洋沉积物质量》（GB 18668—2002）。

5. C6 风暴潮灾害直接经济损失

风暴潮灾害直接经济损失能够在一定程度上表征风暴潮灾害状况，风暴潮灾害直接经济损失越高，说明风暴潮灾害越严重，生态脆弱性程度越高。风暴潮灾害直接经济损失数据可由各省市调查统计获取，参考《中国海洋灾害公报》中历年风暴潮灾害损失统计中的直接经济损失情况，大致将直接经济损失划分为 5 个等级。

6. C7 岸滩下蚀速率

岸滩下蚀速率指由自然或人为因素造成的岸滩滩面高程单位时间内的降低幅度，能够在一定程度上表征海岸侵蚀程度，海岸侵蚀程度越高，生态脆弱性程度越高。岸滩下蚀速率的计算方法和分级标准均参照《海岸侵蚀灾害监测技术规程（试行）》。

7. C8 浮游植物多样性指数（香农-威纳多样性指数）

香农-威纳多样性指数用来描述生态系统中的生物多样性状况，香农-威纳多样性指数值越大，说明群落结构越复杂，稳定性越强，生态脆弱性程度越低。计算公式如下：

$$H' = -\sum_{i=1}^{S} P_i \ln P_i \tag{9-3}$$

式中，H' 为香农-威纳多样性指数值；S 为物种种类总数；P_i 表示第 i 个物种个体数占全部个体总数的比例。

参考况琪军等（2005）的研究成果，将香农-威纳多样性指数划分为 3 个等级。

8. C9 浮游动物多样性

同 C8。

9. C10 大型底栖动物多样性

同 C8。

10. C11 游泳动物多样性

同 C8。

11. C17 叶绿素 a 浓度

叶绿素 a 是自养生物在单位时间、单位空间内合成有机物质的量。叶绿素 a 浓度是浮游植物生物量的重要指标，能反映出海洋初级生产力的状况。叶绿素 a 浓度越高，海洋初级生产力越高，生态系统恢复力越强，生态脆弱性程度越低。

12. C18 浮游动物密度

浮游动物密度指单位体积内浮游动物的个数，能够在一定程度上表征海洋生物的健康程度，浮游动物群落越健康，海洋生物恢复力越强，生态脆弱性程度越低。浮游动物密度分级标准参考近岸《海洋生态健康评价指南》（HY/T 087—2005）。

13. C19 硬珊瑚补充量

硬珊瑚补充量在一定程度上能表征珊瑚礁生态系统恢复力强弱，硬珊瑚补充量越高，珊瑚礁生态系统恢复力越强，生态脆弱性程度越低。硬珊瑚补充量分级标准参考《近岸海洋生态健康评价指南》（HY/T 087—2005）。

14. C20 5 年红树林密度下降率

5 年红树林密度下降率在一定程度上能表征红树林生态系统恢复力强弱，5 年红树林密度下降率越高，红树林生态系统恢复力越弱，生态脆弱性程度越高。5 年红树林密度下降率分级标准参考《近岸海洋生态健康评价指南》（HY/T 087—2005）。

15. C21 5 年海草密度下降率

5 年海草密度下降率在一定程度上能表征海草床生态系统恢复力强弱，5 年海草密度下降率越高，海草床生态系统恢复力越弱，生态脆弱性程度越高。5 年海草密度下降率分级标准参考《近岸海洋生态健康评价指南》（HY/T 087—2005）。

16. C22 鱼卵密度

鱼卵密度指单位体积内鱼卵的个数，在一定程度上能够表征渔业资源恢复力，鱼卵密度越大，渔业资源恢复力越强，生态脆弱性程度越低。鱼卵密度分级标准参考《近岸海洋生态健康评价指南》（HY/T 087—2005）。

17. C23 仔鱼密度

仔鱼密度指单位体积内仔鱼的个数，在一定程度上能够表征渔业资源恢复力，仔鱼密度越大，渔业资源恢复力越强，生态脆弱性程度越低。仔鱼密度分级标准参考《近岸海洋生态健康评价指南》（HY/T 087—2005）。

9.3 评估方法

海洋生态脆弱性评估是一项复杂系统工作，划定对象是一个"人—海"复合系统，不仅包括自然系统，同时还是包含各种复杂的人类活动及其与自然系统之间的关系；生态脆弱性同时也包含不同尺度问题：主要包含空间尺度问题、环境要素"阈值"问题，也包含复合生态问题（黄伟等，2016）。因此，海洋生态脆弱性既要有生态保护方面的理论作为支撑，同时也要有人与自然关系理论作为支撑，同时还要管理学、经济学和社会学的理论作为支撑。群落演替理论、生态平衡理论、生态承载力理论、生态安全理论为生态基本功能单元划分与资源、环境、生态现状评价提供基础理论支撑；而人—地（海）关系理论、可持续发展理论为识别海洋资源环境与人类活动之间动态平衡关系提供理论基础支撑；生态系统控制论和公共物品理论则为生态红线划定后的生态准入和生态管控提供了理论基础支撑。

海洋生态脆弱性评估是衡量一定时期内海洋生态脆弱性状态的综合评估指标，主要反映海洋生态系统受到人为干扰和自然扰动的强度，海洋生态系统自身所处的状态及海洋生态系统自身恢复的能力。可直观反映生态系统脆弱性的综合状态，进而对比不同年份生态脆弱性程度的波动，评价以区域为单元。

9.3.1 目标层计算方法

1. 干扰脆弱度指数（DVI）计算方法

由于评价指标层具有可选指标、必选指标以及各评价区域指标差异性，本次干扰脆弱度指数（DVI）模型：

$$DVI = \sum_{1}^{n} B_i \times \frac{1}{m} \tag{9-4}$$

式中，DVI 为干扰脆弱度指数；m 为要素层参评要素数量；Bi 为第 i 个要素 B 值，要素层 B 值计算公式如下：

$$B = \sum_{1}^{n} C_i \times \frac{1}{n} \tag{9-5}$$

式中，B 为要素层计算值；n 为指标层参评因子数量；C_i 为第 i 个指标层评价因子赋值。

2. 状态敏感性指数（SSI）计算方法

由于评价指标层具有可选指标、必选指标以及各评价区域指标差异性，本次状态敏感性指数（SSI）模型：

$$SSI = \sum_{1}^{n} B_i \times \frac{1}{m} \tag{9-6}$$

式中，SSI 为状态敏感性指数；m 为要素层参评要素数量；B_i 为第 i 个要素 B 值，要素层 B 值计算公式如下：

$$B = \sum_{1}^{n} C_i \times \frac{1}{n} \tag{9-7}$$

式中，B 为要素层计算值；n 为指标层参评因子数量；C_i 为第 i 个指标层评价因子赋值。

3. 恢复力指数（RVI）计算方法

由于评价指标层具有可选指标、必选指标以及各评价区域指标差异性，本次恢复力指数（RVI）模型：

$$RVI = \sum_{1}^{n} B_i \times \frac{1}{m} \tag{9-8}$$

式中，RVI 为状态敏感性指数；m 为要素层参评要素数量；B_i 为第 i 个要素 B 值，要素层 B 值计算公式如下：

$$B = \sum_{1}^{n} C_i \times \frac{1}{n} \tag{9-9}$$

式中：B 为要素层计算值；n 为指标层参评因子数量；C_i 为第 i 个指标层评价因子赋值。

9.3.2 海洋生态脆弱性综合评估方法

采用专家打分法，确定干扰脆弱度指数、状态敏感性指数、恢复力指数权重，生态脆弱性指数评价（EVI）模型如下：

$$EVI = DVI \times R_{DVI} + SSI \times R_{SSI} + RVI \times R_{RVI} \tag{9-10}$$

式中，EVI 为生态脆弱性综合指数；DVI 为干扰脆弱度指数；SSI 为状态敏感性指数；RVI 为恢复力指数；R 为目标层评价权重。

9.4 辽河口海洋生态脆弱性评估案例研究

9.4.1 案例区概况

1. 案例区位置

辽河口滨海湿地位于辽宁省辽东湾北部，距盘锦市区约 35 km，其海岸线长度为 118 km。

辽河口滨海湿地是我国极具有代表性的滨海湿地，是辽河、大凌河、小凌河、大辽河等河流入海并形成的一个复合三角洲，三角洲面积约 3 000 km²，原生湿地面积约 2 230 km²，河流和水库坑塘等水面 740 km²。考虑辽河口滨海湿地生态单元的完整性，确定研究区为向陆至芦苇湿地分布上限，向海至水下三角洲前缘约 20 m 水深处的三角状区域，见图 9-2。

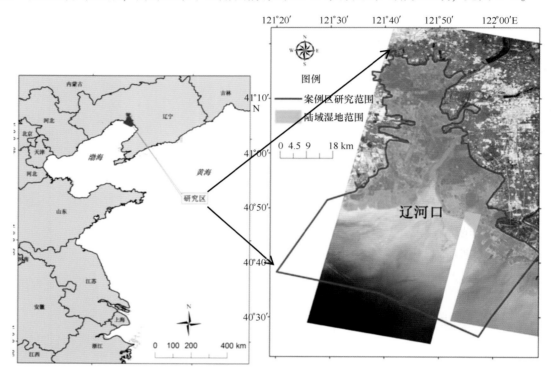

图 9-2　盘锦市案例区位置图

2. 案例区自然环境

1）气象条件

盘锦湿地地处中纬度地带，属于北温带半湿润季风型气候区，年平均气温为 8.4℃，无霜期为 167~174 d，年平均降水量为 623.2 mm，最大降水量 916.4 mm，最小降水量为 326.6 mm；年平均蒸发量为 1 669.6 mm，年日照时数为 2 768.5 h，大于 10℃积温为 3 425.3~3 475℃，多年平均光辐射量为 575.58~577.2 h·kJ/cm²。区内四季分明，春季（3—5 月）气温回暖快，降水少，空气干燥，多偏南风，蒸发量大，日照长。4—5 月，大于 8 级大风日数为 14 d，占全年大风日数的 35% 左右；降水量为 90.0 mm，占全年降水量的 15%；蒸发量为 585 mm，占年蒸发量的 60%，秋季（9—11 月）多晴朗天气，日照时数为 670 h，占全年日照数的 24%。冬季（12 月至翌年 2 月）寒冷干燥，最冷月为 1 月，平均气温为 -10.3℃，极端最低气温为 -29.3℃，降水量仅 16 mm，占全年降雨量的 2.5%，平均干燥度为 1.1，属半湿润、半干旱地区。

2）河流分布

盘锦市境内有大、中、小型河流 21 条，境内总流域面积 3 750.3 km²。其中，全程流域面积大于 5 000 km² 的大型河流有 4 条：辽河、大辽河、绕阳河、大凌河；流域面积在 1 000~

$5\ 000\ km^2$ 的中型河流有 1 条：西沙河；流域面积小于 $1\ 000\ km^2$ 的小型河流 16 条：锦盘河、月牙子河、南屁岗河、鸭子河、丰屯河、旧绕阳河、大羊河、外辽河、新开河、张家沟、东鸭子河、西鸭子河、潮沟、小柳河、太平河、一统河。外辽河与新开河是辽河与大辽河的连通河道。

3）潮汐特征

盘锦湿地海岸的潮汐为非正规半日混合潮，每日涨潮两次，落潮两次，涨落潮历时 12 h 24 min。正常情况下，潮时每日向后推迟 48 min。平均超差 2.7 m，大潮潮差大于 5.5 m，小潮潮差 3 m，因此，潮间带分布有大面积的滩涂，滩涂上有潮沟沟通海陆间的水文联系。海水平均盐度为 3.2%，枯水期年份盐度高，是平均值 2~3 倍。

3. 案例区自然资源

1）芦苇资源

芦苇，是造纸工业的重要原料，也是农业、盐业、渔业、养殖业、编制业不可缺少的生产资料。芦苇还能起到防风抗洪、改善环境、改良土壤、净化水质、防止污染、调节生态平衡的作用。盘锦的芦苇资源极其丰富，苇田总面积达 $8\times10^4\ hm^2$，其中，东郭、羊圈子、赵圈河、辽滨、新生五大苇场面积 $6.9\times10^4\ hm^2$，长苇面积 $5.5\times10^4\ hm^2$。平均年产芦苇 $28.6\times10^4\ t$。其面积集中连片，产量之高，为亚洲乃世界之最。

2）草场资源

盘锦市天然草场主要集中在盘山县及石山中畜场，总面积 $39\ 768\ hm^2$，载畜能力可达 2.7×10^4 头混合牛。

3）渔业资源

盘锦市地处辽东湾北部，海岸线从大辽河口至大凌河口全长 118 km，海域面积约 $300\ km^2$。潮下带 3 m 等深线以内浅海水域约 $1.9\times10^4\ hm^2$，海贝类蕴藏量约 $2.7\times10^4\ t$；15 m 等深线以内浅海水域约 $20\times10^4\ hm^2$，鱼、虾、蟹蕴藏量（4~5）$\times10^4\ t$，海蜇 $4~8\times10^4\ t$，海蜇蕴藏量约占辽东湾总量的 70%。滩涂面积 $3.9\times10^4\ hm^2$，水质肥沃，天然饵料丰富，适宜养殖对虾、贝类。大洼县二界沟蛤蜊岗面积 $0.77\times10^4\ hm^2$，是辽宁省文蛤繁殖基地。

4）水资源

盘锦市水资源总量为 $10.94\ m^3$。其中地表径流 $2.58\times10^8\ m^3$，第四系浅层地下水 $1.06\times10^8\ m^3$，上第三系深屋地下水 $7.3\times10^8\ m^3$。由于河川径流在年内分配不均，且集中于汛期，可利用水量很少，加之水利工程的调节控制能力不强以及上第三系深层地下水的开采能力限于成本高且有很大局限性，因此全市水资源严重不足，极易受干旱威胁。

5）油气资源

盘锦位于下辽河断陷的构造位置上，断陷内广泛分布着第四系沉积物，地下赋存着丰富的石油、天然气、盐卤水及地下水资源。

4. 案例区生态环境

1）野生植物群落多样性

双台河口保护区湿地植物物种数量相对较丰富。高等植物区系属华北植物区，受区域湿地环境影响，分布的植物种类比较多，主要由盐沼和耐盐植物组成。保护区内分布有维管束植物128种，多为草本种类，其中，芦苇为分布面积最广阔的优势种类。128种植物隶属于38科，其中豆科12种、禾本科8种、菊科26种、莎草科9种。目前，辽宁省统计到的高等植物种类有2 200种，保护区内高等植物种数占辽宁省高等植物种类的5.77%。保护区浮游植物有4门104种，辽宁省低等植物种类有8 000种，浮游植物占辽宁省低等植物种类的1.3%。

双台河口保护区内的植物具有适应耐盐碱生境的特点，在生长季节植物茎秆或叶片往往能分泌出盐分。在地势较高的陆地上有柽柳、旱柳灌丛，同时小片状地分布着国家珍稀Ⅱ级保护植物野大豆；在盐沼地主要生长着地上一年生、地下多年生的芦苇；在靠近海滩的湿地多分布着一年生的草本碱蓬—翅碱蓬群落，这就要受到周期性涨落潮水的影响，体现了河口湿地植物群落恢复演替的规律。保护区植物区系分布类型多属于世界广布种。

2）野生动物多样性

双台河口保护区野生动物资源十分丰富。保护区记录到甲壳类动物有5目22科49种，其中十足目种数最多，有38种，占绝对优势。软体类动物有4纲12目26科63种，其中双壳纲的动物有42种，在该类群中占67%。鱼类资源软骨鱼纲有4目4科5种，硬骨鱼纲有15目53科119种；鲤形目与鲈形目拥有的物种数分别是25种与39种，其占种数的比例分别为21%与33%。浮游动物、棘皮动物与寡毛类动物分别有51种、21种与11种。昆虫为保护区目前所了解的最大物种类群，共计有11目77科299种；磷翅目为该昆虫类群中最大的目，共有26科144种；鞘翅目次之，有20科69种。保护区记录到野生兽类哺乳纲动物有8目12科22种；其中啮齿目有9种，为哺乳动物纲中物种最多的目；两栖爬行类动物有无尾目和有鳞目，共有15种。保护区记录到鸟类有18目59科269种；雀形目为鸟类物种数最多的目，共有27科105种；鸻形目次之，有8科58种。

9.4.2 数据准备与处理

1. 遥感影像解译与景观分类

收集案例区1990年、2001年、2007年和2014年卫星遥感影像数据，其中2007年、2014年为高分辨率影像数据（空间分辨率为2.5 m多光谱）。完成影像解译的工作（图9-3），并完成了现场验证工作，共计获得现场验证点91个站位的调查工作，并对分类结果进行了修正，修正后的分类精度达到92%以上，能够满足本项目研究的需求。

根据遥感数据，辽河口区域海域使用类型包括开放海域、芦苇群落、盐地碱蓬、泥滩、河流、开放式养殖用海、人工鱼礁用海、水产养殖、水田、围海养殖用海、船舶工业用海、港口用海、交通用地等20个类型，景观变化情况见图9-4。

2. 生态环境数据处理

2014年8月完成了案例区野外补充调查工作，获得研究区沉积物、植被群落、生境类型调查站位91个（图9-5），植被群落物种数量、多样性、株高、生物量等生态学参数；获得沉积物全盐、有机碳、总氮、总磷、粒度、重金属含量等调查调查站位45个（图9-6），获得该区域地下水矿化度、氯度、阴离子、阳离子含量；潮间带底栖生物调查数据，获得案例

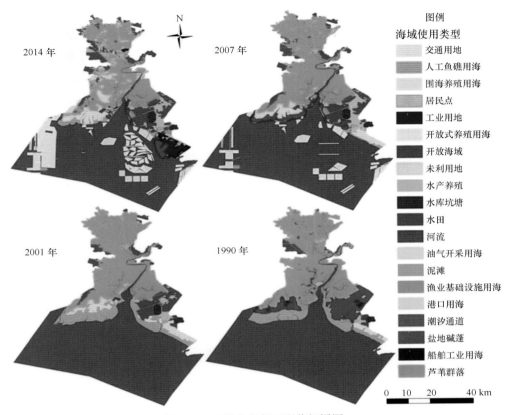

图 9-3 盘锦市案例区影像解译图

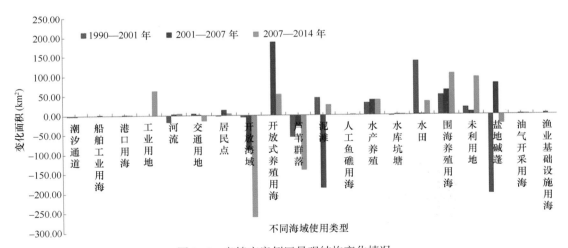

图 9-4 盘锦市案例区景观结构变化情况

区的大型底栖生物种类组成（图 9-7）、生物量、栖息密度及分布、优势种及优势度并计算出各站位点种类多样性指数（H'）和均匀度。

3. 植被群落特征分析

在 2014 年 7 月野外 91 个样方调查数据基础上，项目组初步分析了陆域湿地植被群落空间分异特征（图 9-8），包括植被生物量、盖度、密度、植株平均高度等群落特征。

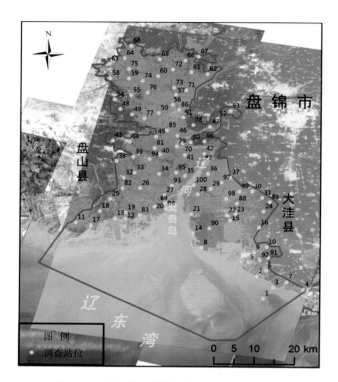

图 9-5　沉积物、植被群落调查站位布置图

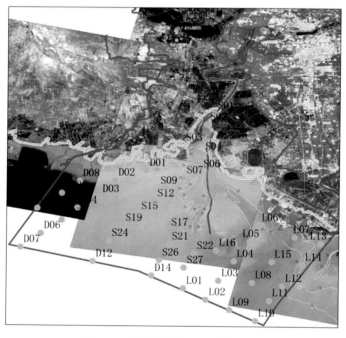

图 9-6　近岸海域调查站位布置图

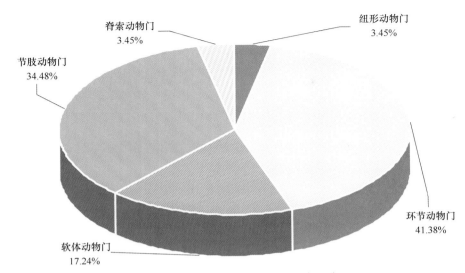

图 9-7 盘锦市案例区底栖生物种类组成

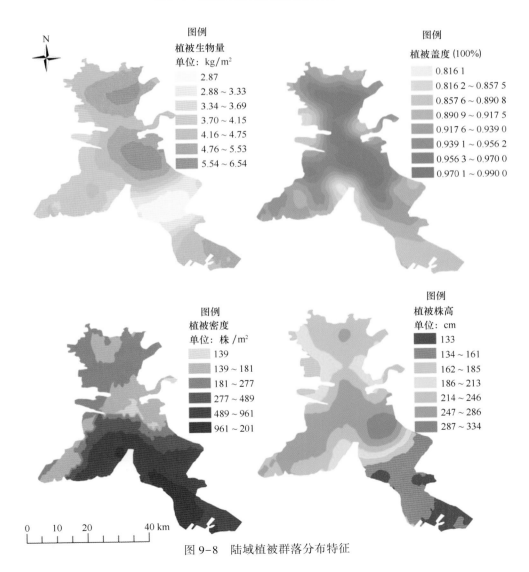

图 9-8 陆域植被群落分布特征

4. 沉积物环境质量空间分布特征

在 2014 年 7 月野外 91 个调查站位数据基础上，项目组初步分析了陆域沉积物环境质量空间分异特征（图 9-9），包括沉积物总氮、总磷、有机碳、粒度特征等参数空间分异。

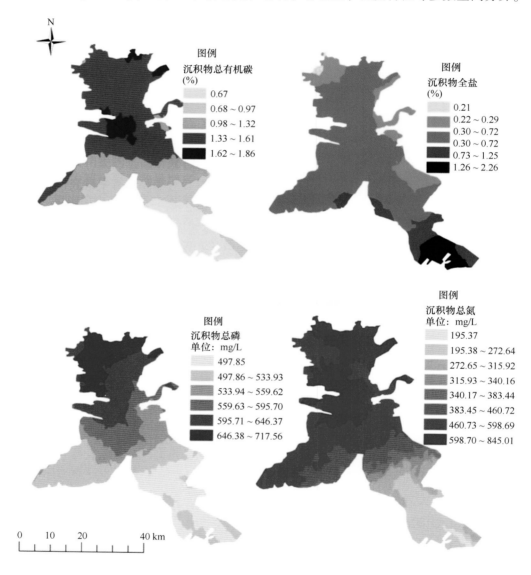

图 9-9　沉积物营养盐含量分布特征

5. 沉积物粒度空间分布特征

在 2014 年 7 月野外 91 个调查站位数据基础上，项目组初步分析了陆域沉积物粒度空间分异特征，包括沉积物粒度平均粒径、分选特征、偏态、峰态、砂、粉砂和黏土空间分布特征（图 9-10），为沉积物环境质量评价提供基础支撑。

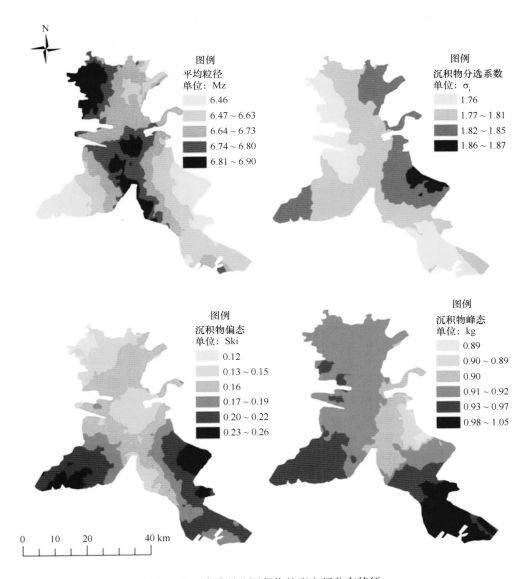

图9-10 陆域湿地沉积物粒度空间分布特征

6. 沉积物重金属污染空间分布特征

在2014年7月野外91个调查站位数据基础上，项目组初步分析了陆域沉积物重金属污染物空间分异特征，包括沉积物重金属铜、铅、锌、铬、汞等，为沉积物环境质量评价提供基础支撑。

7. 近岸海域沉积物环境质量特征分析

在2014年10月航次45个调查站位数据基础上，项目组初步分析了近岸海域沉积物环境质量空间分异特征（图9-11），包括沉积物重金属铜、铅、锌、铬、汞、石油类、总碳、总氮、总磷等12个沉积物环境质量指标，为沉积环境状况评价提供基础支撑。

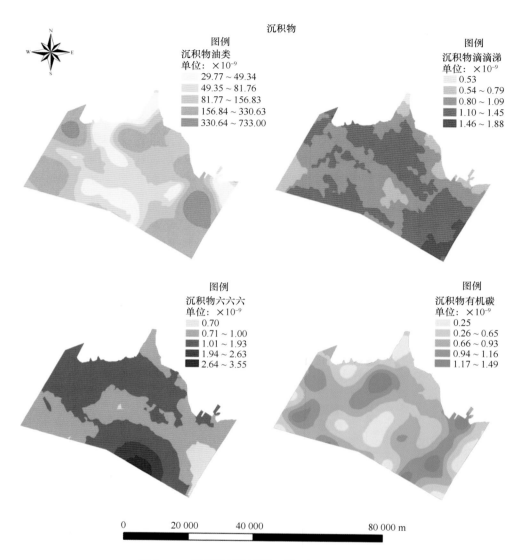

图 9-11 近岸海域沉积物环境质量空间分布特征

8. 近岸海域水环境质量特征分析

在 2014 年 10 月航次 45 个调查站位数据基础上，项目组初步分析了近岸海域水环境质量表层（图 9-12a，图 9-12b）、底层（图 9-13）空间分异特征，包括化学需氧量、溶解氧、硝酸盐、重金属含量、污染物分布、盐度等 26 个水环境质量指标，为水环境状况评价提供基础支撑。

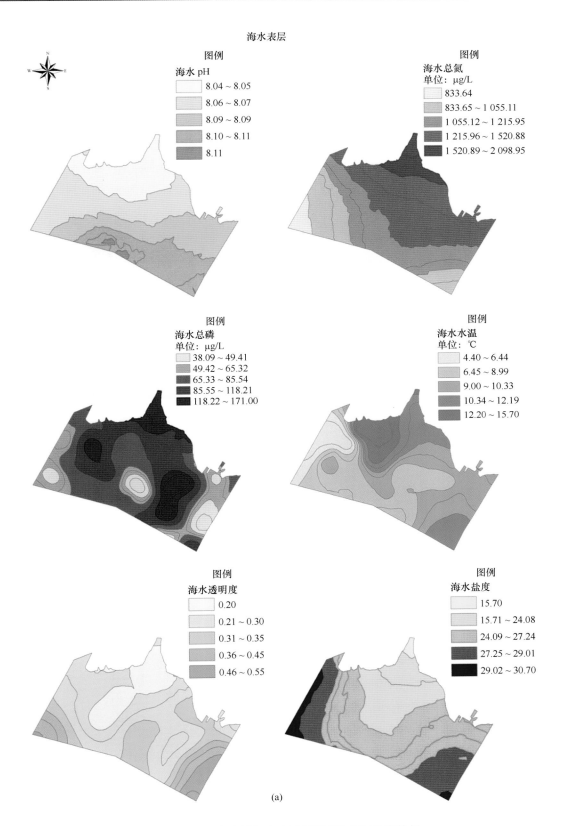

图 9-12 近岸海域海水表层环境参数空间分布特征

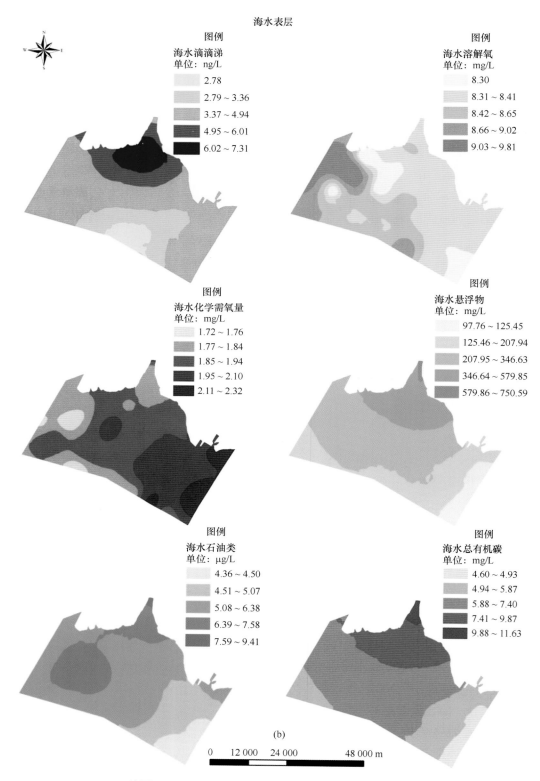

续图 9-12 　近岸海域海水表层环境参数空间分布特征

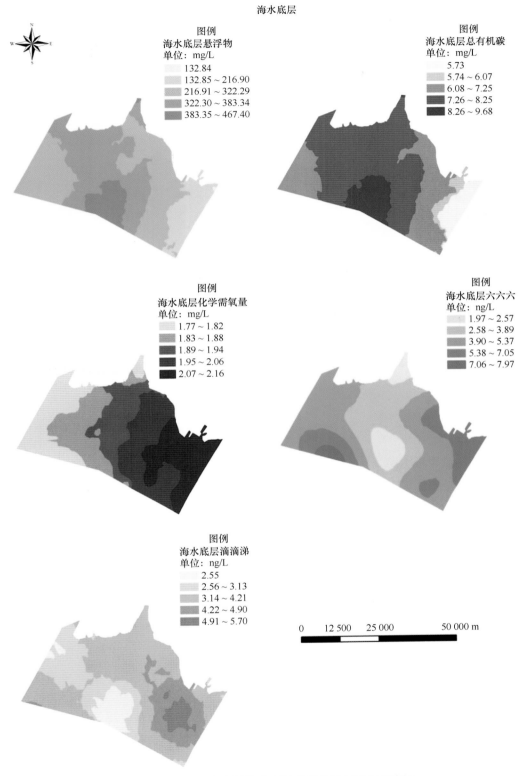

图9-13 近岸海域海水底层环境参数空间分布特征

9.4.3 海洋生态脆弱性评估结果

1. 案例区干扰状态评价结果

人为干扰度指数、景观破碎化和景观异质性脆弱性分析结果显示：干扰压力指数脆弱性较高区域主要集中在河口区域，而在东郭苇场北部居民点、城镇分布区域为脆弱性分布相对较低区域，见图9-14。

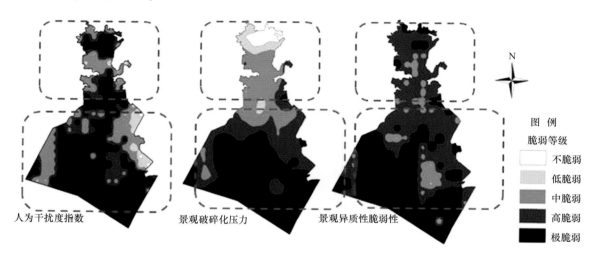

图 例
脆弱等级

□ 不脆弱
□ 低脆弱
■ 中脆弱
■ 高脆弱
■ 极脆弱

人为干扰度指数　　　　　景观破碎化压力　　　　　景观异质性脆弱性

图9-14　盘锦市案例区干扰状态空间分布

2. 案例区状态敏感性评价结果

植被敏感性高值区域主要分布在双台子河口自然保护区核心区域及河流入海口的陆域部分，植被敏感性较好地反映重点保护区域。

典型生境敏感性高值区域主要集中在河流入海口及滩涂区域，该区域主要集中潮汐通道、泥滩、盐地碱蓬及斑海豹栖息地等。

辽河口水环境污染敏感性高值区域主要集中在河口海域的东北部，反映该区域污染敏感性较高，这与该区域的海流与人类开发活动有关。

沉积物环境敏感性空间异质性相对不高，鉴于此评价过程中沉积物评价指标所占权重。

海洋生物敏感性由陆向海方向，呈现带状分布，并具有逐渐升高趋势，表明海洋生态状况较好的区域其受到人类干扰后的敏感性越高。综合而言，不同要素的状态敏感性指数评价，能够较好地反映区域内相对敏感性状态。具体见图9-15。

3. 案例区恢复力脆弱性评价分析

恢复力脆弱性主要反映生态系统自组织、自恢复的能力，选择植被、海洋生物及环境要素，如：有机碳及叶绿素a等，综合反映区域内恢复力状态，结果表明，恢复力高脆弱区域主要集中在河口近岸海域，见图9-16。

4. 案例区生态脆弱性综合评估等级

生态脆弱性综合指数（*EVI*）是干扰压力、状态敏感性和恢复力脆弱性的综合反映，从干扰压力、状态敏感性和恢复力指数空间分布来看，中脆弱区、高脆弱区、极脆弱区主要分

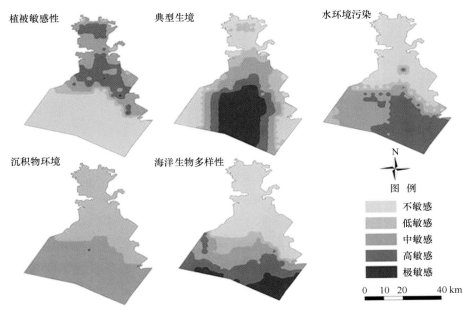

图9-15 盘锦市案例区状态敏感性空间分布

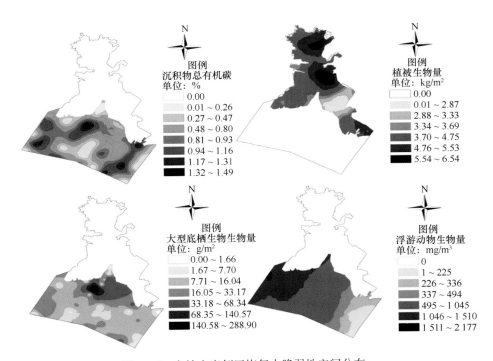

图9-16 盘锦市案例区恢复力脆弱性空间分布

布在河口海域及陆域区域,且其所占面积比值较大,这也与该区域的实际情况相符。

生态脆弱性综合指数(EVI)是在干扰压力、状态敏感性和恢复力脆弱性的综合评估基础上,进一步计算得出。结果显示(图9-17):生态脆弱性指数空间分布具有显著空间划分,中脆弱区、高脆弱区、极脆弱区主要分布在河口海域及陆域区域,并能够较好地反映植被群落及重要栖息地特征。

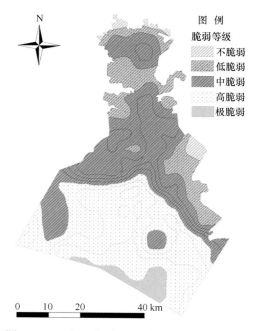

图 9-17　辽河口海域生态脆弱性综合评估等级

9.4.4　案例区评估结果验证

将生态脆弱性评估分区结果与自然保护区空间划分结果进行比对（图 9-18）表明，该评估结果能够与保护区范围具有较高的吻合，说明该指标体系的选择、评价标准和评价方法能够真实地反映客观脆弱性状况。

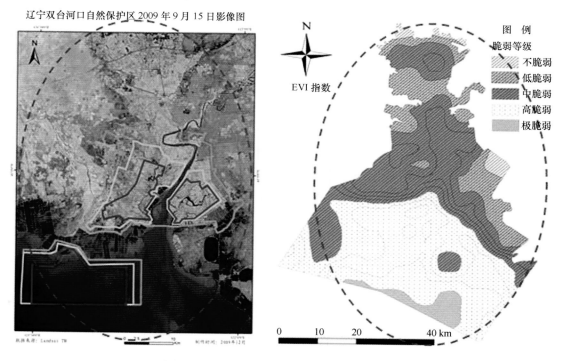

图 9-18　辽河口海域生态脆弱性吻合性分析

9.5 理论探讨

本章提出河口地区生态脆弱性综合评估指标体系、评估指标标准和评估方法。从干扰压力脆弱性、状态敏感性脆弱性和恢复力脆弱性3个方面筛选生态脆弱性评估指标，构建评估指标体系，并设置各指标的评估标准；采用模糊综合评价法，计算得到各指标的权重因子；利用干扰压力指数模型、状态敏感性指数模型、恢复力指数模型和生态脆弱性综合指数模型分别进行辽河口干扰脆弱性评估、状态敏感性评估、恢复力脆弱性评估和生态脆弱性综合评估。

评估结果显示，辽河口生态脆弱性指数空间分布具有显著空间划分，中脆弱区、高脆弱区、极脆弱区主要分布在河口海域及陆域区域，并能较好地反映植被群落及重要栖息地特征。对比评估结果和自然保护区空间划分结果，可以发现两者具有较高的吻合，说明生态脆弱性综合评估指标体系、评价标准和评价方法能够真实地反映客观生态脆弱性状况。

参考文献

艾晓艳, 赵源, 王大川 . 2015. 基于碳效应的荥经县土地系统脆弱性分析 . 中国农学通报, 31（29）: 113-122.

陈爱莲, 朱博勤, 陈利顶, 等 . 2010. 双台河口湿地景观及生态干扰度的动态变化 . 应用生态学报, 21（5）: 1120-1128.

陈金华, 郑虎 . 2014. 旅游型海岛资源环境脆弱性研究——以福建湄洲岛为例 . 资源开发与市场, 30（7）: 828-832.

陈萍, 陈晓玲 . 2010. 全球环境变化下人—环境耦合系统的脆弱性研究综述 . 地理科学进展, 29（4）: 454-462.

池源, 石洪华, 丰爱平 . 2015. 典型海岛景观生态网络构建——以崇明岛为例 . 海洋环境科学, 34（3）: 433-440.

崔利芳, 王宁, 葛振明, 等 . 2014. 海平面上升影响下长江口滨海湿地脆弱性评价 . 应用生态学报. 25（2）: 553-561.

崔毅, 陈碧鹃, 陈聚法 . 2005. 黄渤海海水养殖自身污染的评估 . 应用生态学报, 16（1）: 180-185.

丁德文, 石洪华, 张学雷, 等 . 2009. 近岸海域水质变化机理及生态环境效应研究 . 北京: 海洋出版社 .

杜军, 李培英 . 2010. 海岛地质灾害风险评价指标体系初建 . 海洋开发与管理, 27（S1）: 80-82.

胡镜荣, 石凤英 . 1983. 华北平原古河道发育的环境条件及其沉积特征 . 地理研究, 2（4）: 50-61.

黄伟, 曾江宁, 陈全震, 等 . 2016. 海洋生态红线区划——以海南省为例 . 生态学报, 36（1）: 268-276.

况琪军, 马沛明, 胡征宇, 等 . 2005. 湖泊富营养化的藻类生物学评价与治理研究进展 . 安全与环境学报, 5（2）: 87-91.

冷悦山, 孙书贤, 王宗灵, 等 . 2008. 海岛生态环境的脆弱性分析与调控对策 . 海岸工程, 27（2）: 58-64.

李培英, 杜军, 刘乐军, 等 . 2007. 中国海岸带灾害地质特征及评价 . 北京: 海洋出版社 .

李平星, 樊杰 . 2014. 基于VSD模型的区域生态系统脆弱性评价——以广西西江经济带为例 . 自然资源学报, 29（5）, 779-788.

李莎莎, 孟宪伟, 葛振鸣, 等 . 2014. 海平面上升影响下广西钦州湾红树林脆弱性评价 . 生态学报, 34（10）: 2702-2711.

李志鹏, 杜震洪, 张丰, 等 . 2016. 基于GIS的浙北近海海域生态系统健康评价 . 生态学报, 36（24）:

8183-8193.

刘杜鹃．2004．中国沿海地区海水入侵现状与分析．地质灾害与环境保护，15（1）：31-36．

刘乐军，高珊，李培英，等．2015．福建东山岛地质灾害特征与成因初探．海洋学报，37（1）：137-146．

刘小茜，王仰麟，彭建．2009．人—地耦合系统脆弱性研究进展．地球科学进展，24（8）：917-928．

刘燕华，李秀彬．2001．脆弱生态环境与可持续发展．北京：商务印书馆．

卢占晖，苗振清，林楠．2009．浙江中部近海及其邻近海域春季鱼类群落结构及其多样性．浙江海洋学院学报（自然科学版），28（1）：51-56．

马骏，李昌晓，魏虹，等．2015．三峡库区生态脆弱性评价．生态学报．35（21）：7117-7129．

马世骏，王如松．1984．社会—经济—自然复合生态系统．生态学报，4（1）：1-9．

牛文元．1990．生态环境脆弱带 ECOTONE 的基础判定．生态学报，9（2）：97-105．

秦磊，韩芳，宋广明，等．2013．基于 PSR 模型的七里海湿地生态脆弱性评价研究．中国水土保持，（5）：69-72．

石洪华，丁德文，郑伟，等．2012．海岸带复合生态系统评价　模拟与调控关键技术及其应用．北京：海洋出版社．

石洪华，郑伟，丁德文，等．2009．典型海岛生态系统服务及价值评估．海洋环境科学，28（6）：743-748．

宋一兵，夏斌，匡耀求，等．2014．国内外脆弱性研究进展评述研究．环境科学与管理，39（6）：53-58．

隋玉正，李淑娟，张绪良，等．2013．围填海造陆引起的海岛周围海域海洋生态系统服务价值损失——以浙江省洞头县为例．海洋科学，37（9）：90-96．

孙才志，奚旭，董璐．2015．基于 ArcGIS 的下辽河平原地下水脆弱性评价及空间结构分析．生态学报．35（20）：6635-6646．

孙才志，闫晓露，钟敬秋．2014．下辽河平原景观格局脆弱性及空间关联格局．生态学报．34（2）：247-257．

孙湘平，姚静娴，黄易畅，等．1981．中国沿岸海洋水文气象概况．北京：科学出版社．

孙永光，赵冬至，吴涛，等．2012．河口湿地人为干扰度时空动态及景观响应——以大洋河口为例．生态学报，32（12）：3645-3655．

汤毓祥，姚兰芳，刘振夏．1993．辽东浅滩海域潮流运动特征及其与潮流脊发育的关系．黄渤海海洋，11（4）：9-18．

田亚平，常昊．2012．中国生态脆弱性研究进展的文献计量分析．地理学报，67（11）：1515-1525．

王小丹，钟祥浩．2003．生态环境脆弱性概念的若干问题探讨．山地学报，21（b12）：21-25．

邬建国．2007．景观生态学：格局、过程、尺度与等级．北京：高等教育出版社．

肖佳媚，杨圣云．2007．PSR 模型在海岛生态系统评价中的应用．厦门大学学报（自然科学版），46（S1）：191-196．

徐广才，康慕谊，贺丽娜，等．2009．生态脆弱性及其研究进展．生态学报，29（5）：2578-2588．

余中元，李波，张新时．2014．湖泊流域社会生态系统脆弱性分析——以滇池为例．经济地理．34（8）：143-150．

张晓龙，李培英，刘乐军，等．2010．中国滨海湿地退化．北京：海洋出版社．

赵冬至，等．2013．入海河口滨海湿地生态系统空间评价理论与实践．北京：海洋出版社．

赵桂久，刘燕华，赵名茶，等．1993．生态环境综合整治和恢复技术研究（第一集）．北京：北京科学技术出版社．

赵桂久，刘燕华，赵名茶．1995．生态环境综合整治与恢复技术研究（第二集）．北京：北京科学技术出版社．

赵跃龙，张玲娟．1998．脆弱生态环境定量评价方法的研究．地理科学进展，18（1）：67-72．

周亮进．2008．闽江河口湿地脆弱性评价．亚热带资源与环境学报，3（3）：25-31．

朱震达. 1991. 中国的脆弱生态带与土地荒漠化. 中国沙漠, 11 (4): 11-22.

Adger W N. 2006. Vulnerability. Global Environmental Change, 16 (3): 282-281.

Bonati S. 2014. Resilientscapes: perception and resilience to reduce vulnerability in the island of Madeira. Procedia Economics and Finance, 18: 513-520.

Bryan B, Harvey N, BelperioT, et al. 2001. Distributed process modeling for regional assessment of coastal vulnerability to sea-level rise. Environmental Modeling and Assessment, 6 (1): 57-65.

Donato D C, Kauffman J B, Mackenzie R A, et al. 2012. Whole-island carbon stocks in the tropical Pacific: implications for mangrove conservation and upland restoration. Journal of Environmental Management, 97: 89-96.

Fairbairn T I J. 2007. Economic vulnerability and resilience of small island states. Island Studies Journal, 2 (1): 133-140.

Füssel H M. 2007. Vulnerability: a generally applicable conceptual framework for climate change research. Global Environmental Change, 17 (2): 155-167.

Guillaumont P. 2010. Assessing the economic vulnerability of small island developing states and the least developed countries. Journal of Development Studies, 46 (5): 828-854.

Halpern B S, Walbridge S, Selkoe K A, et al. 2008. A global map of human impact on marine ecosystems. Science, 319 (5865): 948-952.

Karels T J, Dobson F S, Trevino H S, et al. 2008. The biogeography of avian extinctions on oceanic islands. Journal of Biogeography, 35 (6): 1106-1111.

Katovai E, Burley A L, Mayfield M M. 2012. Understory plant species and functional diversity in the degraded wet tropical forests of Kolombangara Island, Solomon Islands. Biological Conservation, 145 (1): 214-224.

Lagerström A, Nilsson M C, Wardle D A. 2013. Decoupled responses of tree and shrub leaf and litter trait values to ecosystem retrogression across an island area gradient. Plant and Soil, 367 (1/2): 183-197.

Li K R, Cao M K, Yu L, et al. 2005. Assessment of vulnerability of natural ecosystems in China under the changing climate. Geographical Research, 24 (5): 653-663.

Ma D G, Liu Y, Chen J, et al. 2007. Farmers' vulnerability to flood risk: a case study in the Poyang Lake Region. Acta Geographica Sinica, 62 (3): 321-332.

MacArchur R H, Wilson E O. 1963. An equilibrium theory of insular zoogeography. Evolution, 17 (4): 373-387.

McGillivray M, Naudé W, Santos-Paulino A U. 2010. Vulnerability, trade, financial flows and state failure in small island developing states. Journal of Development Studies, 46 (5): 815-827.

Moreno A, Becken S. 2009. A climate change vulnerability assessment methodology for coastal tourism. Journal of Sustainable Tourism, 17 (4): 473-488.

Morgan L K, Werner A D. 2014. Seawater intrusion vulnerability indicators for freshwater lenses in strip islands. Journal of Hydrology, 508: 322-327.

Niu W Y. 1990. The discriminatory index with regard to the weakness, overlapness and breadth of ecotone. Acta Ecologica Sinica, 9 (2): 97-105.

Nogué S, de Nascimento L, Fernández-Palacios J M, et al. 2013. The ancient forests of La Gomera, Canary Islands, and their sensitivity to environmental change. Journal of Ecology, 101 (2): 368-377.

Paul M J, Meyer J L. 2001. Streams in the urban landscape. Annual Review of Ecology and Systematics, 32: 333-365.

Paulay G. 1994. Biodiversity on oceanic islands: its origin and extinction. American Zoology, 34 (1): 134-144.

Sarkinen T, Pennington R T, Lavin M, et al. 2012. Evolutionary islands in the Andes: persistence and isolation explain high endemism in Andean dry tropical forests. Journal of Biogeography, 39 (5): 884-900.

Shimizu Y. 2005. A vegetation change during a 20-year period following two continuous disturbances (mass-dieback of pine trees and typhoon damage) in the PinusSchima secondary forest on Chichijima in the Ogasawara (Bonin) Islands: which won, advanced saplings or new seed. Ecological Research, 20 (6): 708-725.

Steinbauer M J, Beierkuhnlein C. 2010. Characteristic pattern of species diversity on the Canary Islands. Erdkunde, 64 (1): 57-71.

Taramelli A, Valentini E, Sterlacchini S. 2015. A GIS-based approach for hurricane hazard and vulnerability assessment in the Cayman Islands. Ocean & Coastal Management, 108: 116-130.

Timmermann P. 1981, Vulnerability. Resilience and the Collapse of Society, No. 1 in Environmental Monograph, Institute for Environmental Studies, University of Toronto, Toronto.

Van Mantgem P J, Stephenson N L. 2007. Apparent climatically induced increase of tree mortality rates in a temperate forest. Ecology Letters, 10: 909-916.

Yamano H. 2008. Islands without maps: integrating geographic information on atoll reef islands and its application to their vulnerability assessment and adaptation to global warming. J Geogr, 117: 412-423.

Zhu Z D. 1991. Fragile ecological zones and land desertification in China. Journal of Desert Research, 11 (4): 11-22.

第 10 章　人类活动对河口生态环境影响评估机制

　　围填海、交通、工业用海等海域开发利用活动在给我们带来更多开发利用资源及产生更多经济效益的同时，也使河口海岸地区土地利用和景观格局等发生了重要改变，对河口湿地生态环境产生的影响也日益凸显。不同历史时期海域使用类型、强度以及方式的人类活动强度不同，对河口区域生态环境的影响程度也不同。生态敏感性是指生态系统对人类活动干扰和自然环境变化的反映程度，说明发生区域生态环境问题的难易程度和可能性大小及恢复程度。生态敏感性程度的高低反映了一个区域生态系统的自我调节能力和生态环境抗干扰能力，生态敏感性越高，区域的生态系统稳定性越差，越容易出现生态环境问题，它是评价生态安全、生态系统脆弱性、生态功能区划等的重要因素和指标。通过建立生态敏感性指数，能够定量反映河口地区人类活动强度，尤其是海域开发利用对河口的影响程度，进一步为海洋环境管理者提供理论依据，为评价我国近海区域海洋生态敏感性提供技术支撑；此外，通过上述方法识别出受海域使用变化影响的重点区域，将为我国典型河口区域海洋综合管理、区域经济发展和环境综合整治提供基础。本章提出了河口区域海域使用变化下的生态敏感性评价方法，并应用评价方法对辽河口区近 25 年海域使用变化下的生态敏感性评价进行了案例分析。

10.1　理论基础

　　生态敏感性是指生态系统对人类活动干扰和自然环境变化的反映程度，说明发生区域生态环境问题的难易程度和可能性大小及恢复程度。生态敏感性程度的高低反映了一个区域生态系统的自我调节能力和生态环境抗干扰能力，生态敏感性越高，区域的生态系统稳定性越差，越容易出现生态环境问题，它是评价生态安全、生态系统脆弱性、生态功能区划等的重要因素和指标。全球变化背景下，脆弱性从暴露、敏感性和适应性（恢复力）等方面开展研究，敏感性研究转为在脆弱性框架下展开，是影响脆弱性程度的一个因素。欧洲 ATEAM 项目拓宽了 IPCC 脆弱性的概念，环境变化不仅涵盖气候变化，还包括其他全球变化如社会经济因素变化、土地利用变化等，敏感性是指人类—环境系统受到环境变化的正面或负面影响的程度。全球生物多样性公约缔约大会（CBD）认为生态敏感性分析包括两个方面：一方面是分析系统内部在自然状态下的自我调节能力，取决于系统的自身结构特征；另一方面关注系统在外界压力下的抗干扰能力，即复合生态系统中，人类活动和全球变化下系统的潜在应对能力，这一部分能力不仅取决于系统自身特性，也取决于外界压力的类型和扰动强度。

　　目前，国内外对生态系统敏感性的研究较多，但多从景观生态学角度出发，以 GIS 为主要技术手段，通过对植被类型、土地利用格局等要素的识别和变化分析进行生态敏感性评价及区划，研究对象多以局部地区的陆地生态系统为主。生态敏感性评价的出发点涵盖了生态系统的各个层次，重在对研究对象本身的敏感性进行半定量的分析和评价，评价指标包括物种相关指标、景观格局指标、基于理化要素的敏感性及基于生态系统服务分析等，对整个河口生态系统包括其近岸海域的生态敏感性评价研究较少；在海域使用变化的研究方面也多集中在变化过程以及驱动力的分析上，专门对海域使用变化下河口生态系统的敏感性及其响应机制的研究还不多见。本文通过监测河口区域的海域使用变化，从时间维和空间维对该区域的人类干扰强度变化进行分析，利用生态系统服务价值变化率与人为干扰度变化率的比值对生态系统在海域使用变化驱动下的敏感性响应灵敏程度进行表征，建立海域使用变化下的生态敏感性指数，旨在建立能够反应河口生态系统对海域使用变化敏感程度的评价方法，为评价我国近海区域海洋生态敏感性提供技术支撑。

10.2 人类活动影响评估方法

10.2.1 模糊综合评价模型

模糊综合评判方法可以在对人类活动对区域影响的各个单因素进行评价的基础上，通过综合评判矩阵对人类活动干扰强度做出多因素综合评价，从而较全面地分析出人类活动对区域的扰动程度。

设给定两个有限论域 $u = \{u_1, u_2, \ldots, u_m\}$ 与 $v = \{v_1, v_2, \ldots, v_n\}$，其中 u 代表综合评判因素所组成的集合，v 代表评语所组成的集合，则模糊综合评判表示为下列模糊变换：

$$B = A o R \tag{10-1}$$

式中：A 为 u 上的模糊子集；B 表示评判结果，是 v 上的模糊子集；R 为判断矩。一般 A 可表示为 $A = \{a_1, a_2, \ldots, a_m\}$，且有 $0 \leqslant a_i \leqslant 1$；$B$ 可表示为 $B = \{b_1, b_2, \ldots, b_n\}$，且有 $0 \leqslant b_j \leqslant 1$。其中 a_i 即为 u_i 对 A 的隶属度，它表示单因素 u_i 在总评定因素中所起作用的大小的变量，也在一定程度上代表根据单因素 u_i 评定等级的能力，而 b_j 则为等级 v_j 对综合评定所得模糊子集 B 的隶属度，它们表示综合评判结果。

评判矩阵 R：

$$R = \begin{cases} r_{11} & r_{12} & \cdots & r_{1n} \\ r_{21} & r_{22} & \cdots & r_{2n} \\ \vdots & \vdots & \cdots & \vdots \\ r_{m1} & r_{m2} & \cdots & r_{mn} \end{cases} \tag{10-2}$$

式中：r_{ij} 表示因素 u_i 的评价对等级 v_j 的隶属度，因而矩阵 R 中第 i 行 $R_i = \{r_{i1}, r_{i2}, \ldots, r_{in}\}$ 即为对第 i 个因素 u_i 的单因素评判结果。

本次评价计算中 A 代表各个因素对综合评判重要性的权重系数，满足 $\sum\limits_{i=1}^{m} a_i = 1$。

同时，模糊变换退化为普通矩阵计算，即

$$b_i = \min\left\{1, \sum\limits_{j=1}^{n} a_i r_{ij}\right\} \tag{10-3}$$

10.2.2 人类活动强度的定量评价

1. 指标的选择

通常选择能够代表人类活动的指标体系如人口、GDP、产业产值、围填海数量等作为评价指标。

2. 各指标的无量纲化

由于各指标量纲不同，无法进行比较，因此需对各指标原始数据进行无量纲化。常用的指标无量纲化处理方法有规格化变换、标准化变换、对数变换和比重法。在这里选择规格化变换，将各指标原始数据变换为规格化数据，即对每一指标按以下公式计算：

$$f_{ij} = \frac{x_{ij} - x_{min}}{x_{max} - x_{min}} \tag{10-4}$$

其中，X_{ij}为第i个指标第j个原始数据，$i = 1, 2, \cdots, m$，$j = 1, 2, \cdots, n$，m为指标个数，n为第i个指标的原始数据个数；X_{max}和X_{min}分别为第i个指标的最大值和最小值，f_{ij}即为第i个指标第j个原始数据的规格化数据，又称单项指数。

3. 权重的确定

由于各指标影响的程度不同，需要给各指标一个系数，即权重ω_i，以表示它们的相对重要性。确定权重ω_i的方法很多，例如经验权数法、专家咨询法、相邻指标比较法、层次分析法、复相关系数法和变异系数法等。在这里先选择较简便的变异系数法计算，然后再根据实际情况对个别指标的权重进行调整。变异系数法计算步骤如下：每一指标的一组数据的变异系数是它的标准差除以均值的绝对值，即

$$\overline{X}_i = \frac{1}{n} \sum_{j=1}^{n} X_{ij}$$

$$s_i = \left[\frac{1}{n-1} \sum_{j=1}^{n} (x_{ij} - \overline{X}_i)^2 \right]^{1/2} \tag{10-5}$$

则变异系数V_i为

$$V_i = S_i / |\overline{X}_i| \tag{10-6}$$

再根据变异系数V_i确定各指标权重ω_i

$$\omega_i = V_i \sum_{j=1}^{m} V_i \tag{10-7}$$

4. 人类活动强度的计算

由于各指标在不同区域或不同时段变化强弱不同，为了综合各指标的影响，采用人类活动强度进行定量表达，综合的方法为指数加权法，即将上述各单项指数加权算术平均得到人类活动强度。对于某一区域或某一时段，人类活动强度F_j（无量纲）计算公式如下：

$$F_j = \sum_{i=1}^{m} \omega_i f_{ij} \tag{10-8}$$

且将F_j转换为相对强度（量纲%），即：

$$F(\%) = \frac{F_j}{\sum_{j=1}^{n} F_i} \times 100 \tag{10-9}$$

10.2.3 生态敏感度评价

目前，对河口海岸带区域人类活动尤其是海域使用变化的生态效应产生过程与机理方面

的规律总结得还较少，人类活动影响机制研究较难进行明确的定量表征。研究海岸带系统和生态系统二者的耦合变化关系，探讨海域使用人为干扰强度与生态系统服务价值的相关性，将为敏感性评价提供研究基础。

人为干扰度指数（Hemeroby Index，简称 HI）是由"生态干扰度指数"发展而来，由芬兰植物学家 Jalas 提出了"hemero choren"的概念（孙永光等，2012；Jalas J et al.），后由学者将其发展为人为干扰度指数，是用来定量评估人类活动强度的指标，其基本理论是对不同人类活动方式进行干扰度指数赋值，其值阈范围 0~1，"0"表示无干扰，"1"表示全干扰（孙永光等，2012）。

在此基础上，考虑社会经济的发展会引起海域使用变化，用海的变化又会对区域生态环境环境产生深刻的影响。海域使用产生的巨大变化影响海岸带区域生态系统物质循环和能量流动等生态过程，对生态系统的结构和功能造成影响，进而影响生态系统服务和生态环境效益。对不同海域使用类型的生态服务价值进行赋值。构建海域使用变化下的生态敏感性指数，利用生态系统服务价值变化率与人为干扰度变化率的比值对生态系统在海域使用变化驱动下的敏感性响应灵敏程度进行表征：

$$I(j) = \left| \frac{\Delta ES_{(j-1, j)}}{\Delta HI_{(j-1, j)}} \right| = \left| \frac{(ES_j - ES_{j-1}) / ES_{j-1}}{(HI_j - HI_{j-1}) / HI_{j-1}} \right| \qquad (10-10)$$

式中，$I_{(j)}$ 代表第 j 年海域使用变化的生态敏感性指数，$\Delta ES_{(j-1, j)}$ 代表第 $j-1$ 年至第 j 年生态系统服务价值变化率，$\Delta HI_{(j-1, j)}$ 代表第 $j-1$ 年至第 j 年人为活动干扰度变化率，ES_j 代表第 j 年生态系统服务价值，ES_{j-1} 代表第 $j-1$ 年生态系统服务价值，HI_j 代表第 j 年人为活动干扰度，HI_{j-1} 代表第 $j-1$ 年人为活动干扰度，以 $j-1$ 年作为研究基准年。

10.3 辽河口人类活动影响评估案例研究

10.3.1 研究区概况

辽河口位于辽东湾顶部的平原淤泥质岸段，包括双台子河口和大辽河口，为缓混合型陆海双相河口。浑河和太子河在海城三岔河汇合，之后称为大辽河，自营口流入渤海辽东湾。河长 95 km，大辽河流经海城、盘山、大石桥、大洼、营口等县市，穿行于辽河中下游区的近海地带，沿岸属于滨海与堆积平原，地势平坦，海拔在 3~10 m，属暖温带大陆性半湿润季风气候区。年平均气温 8.0℃，年平均降水量 620~730 mm，冬季盛行东北风，夏季盛行西南风。本研究以 1979 年较早期遥感影像为依据，滨海湿地陆域边界为外缘线，以河口入海向两侧过渡平缓区为边界线，并参考研究区所在的行政界线，确定研究区东西两侧边界线；向海一侧外缘线，以保持河口生态系统完整性为依据，以河口水系前水舌入海至海洋生态系统为边界最终确定研究区范围（图 10-1），地处 40°25′—41°30′ N，121°20—122°10′E。研究区位于辽河口国家级自然保护区，拥有"湿地之都"的美称。生态类型以芦苇沼泽、河流水域和浅海滩涂、海域为主，有世界上植被类型保持完好的最大芦苇沼泽地，栖息着珍稀鸟类丹顶鹤、濒危物种黑嘴鸥等各类珍稀鸟类 287 多种，也是辽河口斑海豹重要的繁殖基地。

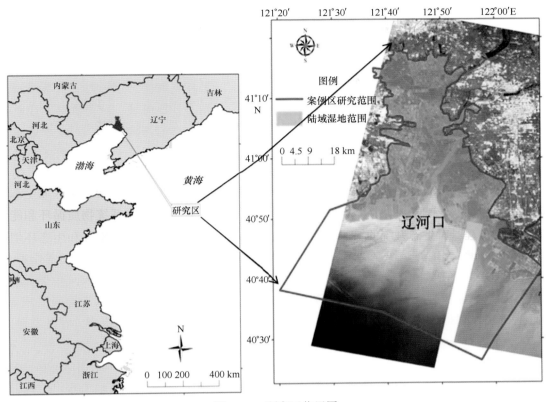

图 10-1   研究区位置图

10.3.2   数据处理与方法

1. 遥感影像获取与处理

以4个时期（1990年、2000年、2007年和2014年）遥感影像和2014年实地调查的地表覆盖信息为基础，利用ENVI软件对4个时期的遥感影像进行目视解译得到研究区滨海湿地分类图，利用GIS工具计算统计各类型面积。

1）遥感数据源

1990年和2000年的 Landsat TM 数据来自美国地质调查局（USGS），两期影像日期分别为1990年8月24日和2001年9月3日，影像含7个波段，波段1~5和波段7的空间分辨率为30 m，波段6（热红外波段）的空间分辨率为120 m；2007年和2014年的SPOT5数据由基金项目（编号：41606106）购置，两期影像日期分别为2007年6月25日和2014年5月22日，影像包含1个全色波段和3个多光谱波段，其中全色波段分辨率为2.5 m，多光谱波段分辨率为10 m。为便于区分湿地植被类型，研究选择5月底至9月初植物生长季清晰且云量少的遥感影像进行解译，以便于植被类型判别。遥感影像经过大气校正、辐射校正等预处理后采用地面控制点方法（本地区地形平坦，每2 km均匀布设1个控制点）进行图像精校正，将几何误差控制在1个像元以内。

2）实地调查

2014年9月，通过开展实地调查，共记录91个调查点的 GPS 位置和地表覆被信息，用于解译之后的精度评估。

3）遥感图像解译和修正

将 TM 遥感影像的 5、4、3 波段与 SPOT 遥感影像 3、2、1 波段进行标准组合假彩色合成，并进行地理校正。参考文献的解译标志和研究区实际采样点数据，运用人工目视解译方法进行辽河口湿地景观解译，将辽河口湿地划分为围海养殖、开放海域、芦苇群落、盐地碱蓬、泥滩、河流和水田等。利用现场调查的 91 个点对解译结果进行验证，其中 84 个采样点解译结果与现场调查结果一致，误判 7 个采样点，总体解译精度 92% 以上。对误判区进行修正，得到 1990—2014 年的 4 期滨海湿地分类专题信息数据。

2. 方法

1）海域分类方法

根据遥感解译结果，按照《海域使用分类》（HY/T 123—2009）标准，结合《滨海湿地信息分类体系》，研究区的主要海域类型包括开放海域、开放式养殖用海、人工鱼礁用海、围海养殖用海、船舶工业用海和港口用海等。根据本文研究目的，结合孙永光等研究成果，进一步将分类结果确定为 3 种类型：（几乎）无干扰型、半干扰型、全干扰型，在此基础上分出 20 个子类型。人为干扰度指数（HI）参照陈爱莲双台河口生态干扰强度确定方法，根据双台子河口人类活动频率和人类活动过程对生态系统的影响程度，对海域使用类型的人为干扰度进行赋值（见表 10-1），其中，$HI<0.3$ 为无干扰；$0.3<HI<0.75$ 为半干扰；$0.75<HI$ 为全干扰。根据海域使用分类体系，通过目视解译进行矢量信息的分类提取。在 ARCGIS10.0 支持下，采用人工目视判读方法，对聚类分类结果进行类型判定。对复杂类型或疑点区进行标记，待野外校验给予解决。信息提取完成后进行拓扑查错，建立研究区海域使用类型数据库。

2）生态系统服务价值计算

海岸带是海洋生态系统向陆地生态系统的过渡区域，是全球最重要的生态交错带。海岸带区域受海陆多种因素影响。社会经济的发展会引起海域使用变化，用海的变化又会对区域生态环境产生深刻的影响。海域使用产生的巨大变化影响海岸带区域生态系统物质循环和能量流动等生态过程，对生态系统的结构和功能造成影响，进而影响生态系统服务和生态环境效益。生态系统服务价值的估算应先知道本地区单位当量的对应值。目前，对海岸带区域及近岸海域生态服务价值当量的修订研究十分匮乏，尚需做大量的基础性工作。索安宁、苗海南在参考谢高地等修订后的《中国陆地生态系统服务价值当量表》研究的基础上，对环渤海海岸带及沿岸海域的生态系统服务价值单价进行了生物量的修订，并估算出环渤海海岸带与沿岸海域的生态服务价值。本文参照上述研究成果，分别对研究区的陆域和海域的生态服务价值进行赋值（见表 10-2）。研究区新增海域的海域开发利用活动主要采用填海和围海方式，填海方式的用海类型生态服务价值主要对应的是建设用地和裸露地，包括船舶工业用海、港口用海、油气开采和人工鱼礁用海；围海方式的用海类型主要对应围海养殖、盐田以及被围割的滩涂和开放海域，包括开放式养殖用海和围海养殖用海。其余的类型将潮汐通道对应滩涂；交通用地和居民点对应建设用地；芦苇群落和盐地碱蓬对应草本沼泽；泥滩对应滩涂；水产养殖对应水产养殖；水库坑塘对应坑塘水库；水田对应耕地；未利用地对应裸露地。

表 10-1　海域使用类型人为干扰度赋值表

一级类型	二级类型	含义	人为干扰度指数
无干扰 （几乎无人为干扰） $HI<0.3$	开放海域	低潮 6 m 以外浅海水域	0.10
	潮汐通道	潮沟	0.13
	芦苇群落	芦苇沼泽	0.15
	盐地碱蓬	碱蓬	0.15
	泥滩	高潮被淹没、低潮裸露的沿海泥滩地	0.17
	河流	一、二级永久性河流	0.23
半干扰（人为、自然 作用参半，主要为农业、 养殖业等生态系统） $0.3 \leqslant HI \leqslant 0.75$	水库坑塘	人工水库	0.30
	未利用地	未利用地	0.45
	开放式养殖用海	筏式养殖、网箱养殖等海域	0.5
	人工鱼礁用海	通过构筑人工鱼礁进行增养殖生产的海域	0.55
	水产养殖	滩涂鱼、虾、蟹养殖	0.63
	水田	水稻田	0.65
全干扰（人造构筑物 如港口、码头等） $0.75<HI$	围海养殖用海	在浅海区域的圈围养殖区域	0.80
	船舶工业用海	码头、引桥、平台、船坞、滑道、堤坝 及其他设施等所使用的海域	0.95
	港口用海	港口码头、引桥、平台、港池、 堤坝及堆场等所使用的海域	0.98
	交通用地	主干公路、一般公路、田埂	0.95
	居民点	居民地	0.95
	油气开采用海	石油平台、浮式储油装置、输油管道、 油气开采用等所使用的海域	0.98
	工业用地	矿山开采、油气开采、工业企业用地	0.99
	渔业基础设施用海	渔业码头、堤坝、渔港港池、航道、 附属的仓储地所使用的海域	0.99

表 10-2　研究区不同类型单位面积生态服务价值　　　　　单位：元/（hm² · a）

类型	食品生产	原材料	气体调节	气候调节	废物处理	生物多样性保护	水源涵养	文化娱乐	土壤形成与保护	总计
水产养殖	6 720.00	672.00	757.70	3 060.60	0		0	252.60	609.10	18 415.90
建设用地	0	0	89.20	193.10	0	0	0	3 090.20	0	3 372.50
坑塘水库	787.40	520.00	757.70	3 060.60	22 062.70	5 095.90	27 886.60	6 596.50	609.10	67 376.50
河流	787.40	520.00	757.70	3 060.60	22 062.70	5 095.90	27 886.60	6 596.50	609.10	67 376.50
滩涂	534.90	356.60	3 580.50	20 131.30	21 394.10	5 482.20	19 967.80	6 967.90	2 956.50	81 371.80
耕地	1 485.70	579.40	1 069.70	1 441.10	2 065.10	1 515.40	1 144.00	252.60	2 184.00	11 737.10
裸露地	29.70	59.40	89.20	193.10	386.30	594.30	104.00	356.60	252.60	2 065.10
草本沼泽	534.90	356.60	3 580.50	20 131.30	21 394.1	5 482.20	19 967.80	6 967.90	2 956.50	81 371.80
围海养殖	0	8 976.00	814.11	3 288.38	0	0	89 760.00	271.37	654.48	103 764.34
水域	846.04	558.71	814.11	3 288.38	23 705.06	5 475.31	29 962.55	7 087.57	654.48	72 392.21

10.3.3 研究结果与分析

1. 辽河口区域海域使用变化过程

1) 辽河口海域使用类型变化情况

1990—2014 年期间,研究区主要的滨海湿地和海域使用类型包括港口用海、潮汐通道、船舶工业用海、工业用地、河流、交通用地、居民点、开放海域、开放式养殖用海、芦苇群落、泥滩、人工鱼礁用海、水产养殖、水库坑塘、水田、围海养殖用海、未利用地、盐地碱蓬、油气开采用海和渔业基础设施用海共 20 种(图 10-2)。1990 年,研究区域主要使用类型按照面积从大到小分别为开放海域、芦苇群落和盐地碱蓬,分别占总面积的 57.08%、24.35% 和 6.96%;2001 年主要使用类型为开放海域、芦苇群落和泥滩,分别占总面积的 56.93%、22.45% 和 7.00%;2007 年为开放海域、芦苇群落、水田和开放式养殖用海,分别占总面积的 52.24%、20.88%、6.12% 和 5.96%;2014 年为开放海域、芦苇群落、开放式养殖用海和围海养殖,分别占总面积的 43.99%、16.38%、7.90% 和 7.87%(表 10-3)。

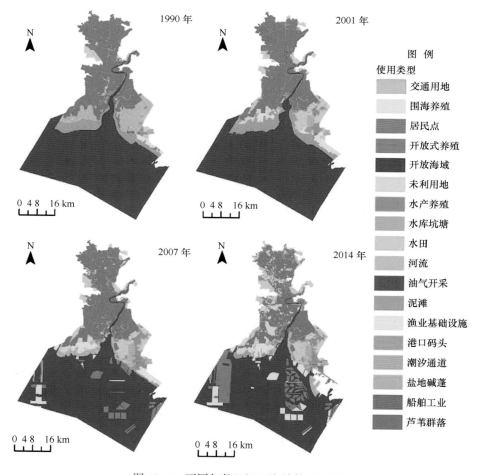

图 10-2 不同年份辽河口海域使用类型

表 10-3 1990—2014 年辽河口海域使用类型面积情况 单位：km²

序号	海域使用类型	1990 年	2001 年	2007 年	2014 年
1	潮汐通道	7.57	4.77	1.90	0.76
2	船舶工业用海	0	0	0.04	0.02
3	港口用海	0	0	0.23	0.43
4	工业用地	0	0	0	63.06
5	河流	29.23	10.54	13.23	17.72
6	交通用地	17.25	22.40	24.82	9.15
7	居民点	23.96	21.87	36.12	41.41
8	开放海域	1 699.53	1 694.21	1 606.61	1 346.19
9	开放式养殖用海	0	0	188.14	241.86
10	芦苇群落	724.90	668.12	642.12	501.14
11	泥滩	162.56	208.20	20.81	46.95
12	人工鱼礁用海	0	0	0	0.83
13	水产养殖	15.128	46.19	85.14	123.68
14	水库坑塘	23.29	20.90	20.96	21.88
15	水田	44.76	182.10	183.40	217.20
16	围海养殖用海	21.88	73.27	136.74	240.90
17	未利用地	0	19.10	26.57	122.42
18	盐地碱蓬	207.26	4.040	83.93	59.89
19	油气开采用海	0	0	0.90	0.96
20	渔业基础设施用海	0	0	3.51	3.51

据统计结果，1990—2014 年，研究区内盐地碱蓬面积共减少了 147.37 km²，年均减少 6.14 km²；芦苇群落的面积减少了 223.8 km²，年均减少 9.32 km²，大规模垦荒与水产养殖等生产的需要，使芦苇和盐地碱蓬面积减少，呈萎缩趋势。开放式养殖用海面积增加了 241.86 km²，年均增加 10.01 km²；围海养殖用海面积增加了 219.02 km²，年均增加 9.13 km²。辽河口开放式养殖用海及围海养殖面积的大幅度增加，是因为人们依托河口区域的自然禀赋、交通等优势进行大规模的养殖等生产活动所致，是河口区域人为发展经济的需要，从而导致滩涂资源逐渐减少，变化趋势明显。近 50 年来，我国沿海河口区域养殖用海活动较为剧烈，2000 年以后，福建泉州湾河口湿地水产养殖面积大幅度增加，主要由海岸带地区天然湿地转化而来。1980—2008 年，江苏盐城海岸带自然湿地面积减少 33%，其中大部分转化为养殖水域。

1990—2001 年，盐地碱蓬、芦苇群落的面积在不断减少，分别减少了 203.22 km² 和 56.78 km²；水田、围海养殖用海和泥滩的面积增多，分别增加了 137.34 km²、51.39 km² 和 45.64 km²；2001—2007 年，泥滩和开放海域面积不断减少，分别减少了 187.39 km² 和

87.61 km²；开放式养殖用海、盐地碱蓬和围海养殖用海的面积增多，分别增加了 188.14 km²、79.88 km² 和 63.47 km²；2007—2014 年，开放海域、芦苇群落、围海养殖用海和未利用地的面积变化较大，其中开放海域、芦苇群落的面积减少，分别减少 260.42 km² 和 140.98 km²，围海养殖和未利用地的面积增多，分别增加了 104.15 km² 和 95.84 km²（表 10-4）。

表 10-4　1990—2014 年辽河口不同海域使用类型面积变化情况　　　　单位：km²

序号	海域使用类型	1990—2001 年	2001—2007 年	2007—2014 年
1	潮汐通道	-2.81	-2.87	-1.14
2	船舶工业用海	0.00	0.04	-0.03
3	港口用海	0.00	0.23	0.19
4	工业用地	0.00	0.00	63.06
5	河流	-18.69	2.68	4.50
6	交通用地	5.15	2.42	-15.67
7	居民点	-2.08	14.24	5.29
8	开放海域	-5.32	-87.61	-260.42
9	开放式养殖用海	0.00	188.14	53.71
10	芦苇群落	-56.78	-26.00	-140.98
11	泥滩	45.64	-187.39	26.14
12	人工鱼礁用海	0.00	0.00	0.84
13	水产养殖	31.06	38.95	38.54
14	水库坑塘	-2.38	0.06	0.92
15	水田	137.34	1.30	33.80
16	围海养殖用海	51.39	63.47	104.15
17	未利用地	19.10	7.47	95.84
18	盐地碱蓬	-203.22	79.88	-24.04
19	油气开采用海	0.00	0.90	0.06
20	渔业基础设施用海	0.00	3.51	0.00

2）辽河口海域使用类型变化过程

辽河口海域使用的变化过程主要反映在人类活动导致的不同用海活动的面积变化。受海岸带开发利用活动的巨大影响，人类对海岸带区域的开发利用的需求不断扩张，各类型海域使用面积相应发生变化（图 10-3）。根据 1990—2014 年海域使用面积变化统计分析，开放式养殖用海的面积由 1990 年的 0 km²，增加到 2014 年的 241.85 km²，增加了 241 倍，虽然 2007—2014 年，开放式养殖用海的面积变化较少，但整体呈增长趋势；围海养殖用海由 1990 年的 21.88 km²，增加到 2014 年的 240.90 km²，增加了 11 倍；工业用地的面积由 1990 年的 0 km²，增加到 2014 年的 63.06 km²，增加了 63 倍。

分析 1990—2014 年辽河口海域使用类型转移矩阵，通过海域使用类型转移矩阵判断，研

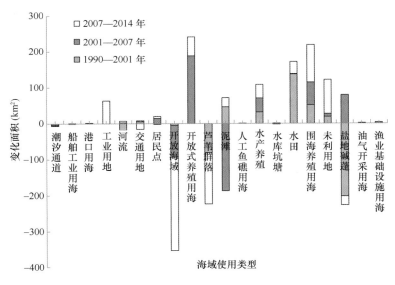

图 10-3　1990—2014 年辽河口不同类型面积变化图

究区开放式养殖用海主要由开放海域转变而来，围海养殖主要由盐地碱蓬和泥滩转变而来，面积分别为 26.81 km² 和 13.63 km²；工业用地主要由河口河道和泥滩转变而来，面积分别为 30.93 km² 和 18.17 km²。

2. 海域使用干扰强度与生态系统服务价值变化相关性

1）人为干扰度时间变化分析

研究区人为干扰度整体呈逐年增加趋势。其中，2007—2014 年人为干扰度变化最为明显（图 10-4）；1990—2007 年人为干扰度变化呈缓和上升趋势。就研究区总体而言，近 25 年来，全干扰类型的总面积呈增长趋势，从 1990 年的 63.1 km² 上升至 2014 年的 359.4 km²；半干扰类型从 1990 年的 83.2 km² 上升至 2014 年 727.9 km²（图 10-5）；而无干扰类型面积从 1990 年的 2 831.1 km² 下降至 2014 年的 1 972.6 km²。

不同时期人为干扰度变化幅度也不尽相同。2007—2014 年人为干扰度上升范围及幅度明显高于 1990—2007 年的两段时期（图 10-5）。3 个历史阶段中，1990—2001 年人为干扰度变化幅度最小；2001—2014 年人干扰度变化幅度最大。变化强度集中在 0.5～0.99。说明在此期间开发利用程度十分剧烈。人类活动破坏性较大。通过对比不同历史时期人为干扰度变化情况。我们发现：随着时间的变化，研究区人为干扰度呈上升趋势，虽在不同历史时期其变化强度存在差异，但整体呈均质化特征。

2）人为干扰度空间变化

人为干扰度在河口地区具有明显的空间分带性，逐渐由河口向海过渡（图 10-6），人为干扰度分布范围主要集中在河口湿地区，主要干扰类型以开放式养殖用海、围海养殖、水田及工业用地为主（图 10-6）。从人类活动干扰度变化率来看，高变化主要集中在 2007—2014 年。从分布范围上看，1990—2001 年，人为干扰度呈上升趋势的区域主要集中于河口湿地区域；到 2001—2007 年，人为干扰度明显上升的区域逐步转移至陆地与海洋交汇处为中心；

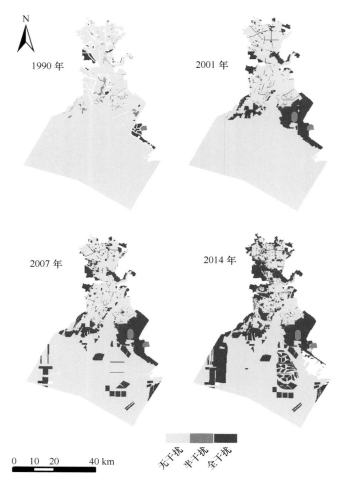

图 10-4　不同年份辽河口人为干扰度（*HI*）

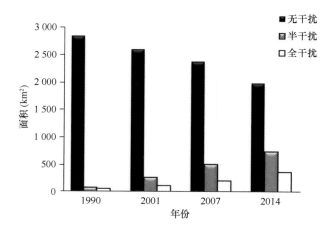

图 10-5　人为干扰度（*HI*）不同干扰类型面积历史时期统计

2007—2014 年则明显转向海洋。分析结果表明：人为干扰度变化区域的中心随着年限变化在空间上逐渐由陆向海过渡。研究区人为干扰度主控的用海类型是围海养殖、开放式养殖用海和工业用地。

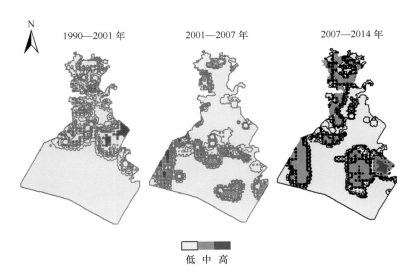

图 10-6　不同时期人为干扰度动态图

对比不同年份研究区海域使用类型的变化发现：1990 年人为干扰度低，主控用海类型是交通用地；到 2001 年，在保持交通用地的相对优势的基础上，围海养殖也逐步呈上升趋势；到 2014 年，人为干扰度变化显著。在数量方面，围海养殖的数量呈逐年上升趋势，其次为开放式养殖用海，2007—2014 年期间上升幅度和所占比例如图 10-6 所示。综上所述，辽河口湿地人为干扰度的主控类型是围海养殖和开放式养殖用海，特别是近 20 年来，以围海养殖驱动为主。

3）生态系统服务价值变化过程

根据表 10-2 对研究区不同年份、不同海域使用类型的生态系统服务价值进行赋值（图 10-7）。结果显示：1990—2014 年，研究区生态系统服务价值总体呈现减小的趋势，1990 年，辽河口区域生态服务价值总量为 4.65×10^9 元，2001 年为 4.27×10^9 元，2007 年为 3.77×10^9 元，2014 年为 3.34×10^9 元。生态服务价值的高变化区域，生态服务价值变小，高变化幅度主要发生在 2001—2014 年，位于辽河盘山县的河口滩涂区及近海区域；生态服务价值变小主要是由交通、工业等建设项目用海增加导致。

4）海域使用变化的生态敏感性评价

根据公式（10-10），计算出 1990—2014 年辽河口区域海域使用变化下的生态敏感性指数，计算结果显示：研究区海域使用变化下的生态敏感性指数呈现逐步增长的变化过程，由 2001 年的 2.50 增加到 2007 年的 4.7，2014 年增加至 4.8。2001—2007 年，研究区海域使用变化明显，人为干扰度及生态服务价值变化幅度较大，因此，生态敏感性指数变化趋势明显。

采用 ArcGIS10.0 的空间处理功能，根据公式（10-10）对 1990—2014 年不同时段的海域使用类型分布图进行叠加计算，获得 1990 年、2001 年、2007 年及 2014 年辽河口区域海域使用变化下的生态敏感性分布图（图 10-8）。并利用 ArcGIS Tabulate Area 操作功能，获得相应

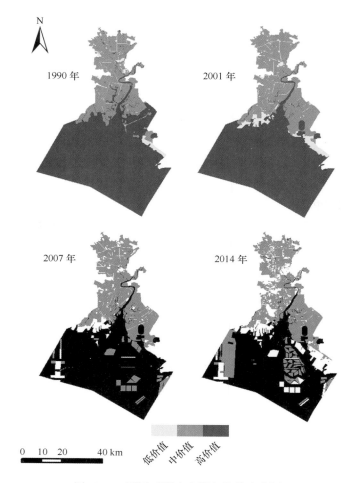

图 10-7　不同时期生态服务价值变化图

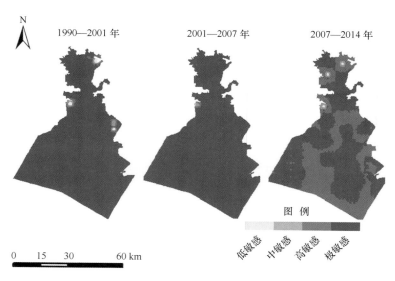

图 10-8　1990—2014 年辽河口生态敏感性分布图

研究时段的不同类型的转移矩阵。参考相关文献，对辽河口区域的生态敏感指数进行等距重新分级（表10-5）。共分为4级，分别为生态低敏感区、生态中敏感区、生态高敏感区和生态极敏感区。生态敏感区域之外的面积为生态不敏感区域，主要为两种情况构成：其一，人工建筑一般不转变为自然生态系统，形成人工建筑后，生态敏感性降低；其二，若研究前后两期海域使用类型不发生变化，生态系统服务价值也不发生变化，敏感区域不发生变化。

表 10-5　辽河口生态敏感性指数分级标准 [$I(j)$]

敏感性等级	界定范围
生态低敏感区	$0 < I(j) \leqslant 12$
生态中敏感区	$12 < I(j) \leqslant 24$
生态高敏感区	$24 < I(j) \leqslant 36$
生态极敏感区	$I(j) > 36$

河口海域使用变化下的生态敏感性计算结果表明（表10-6），虽然不同研究时期不同敏感类型的面积及比例各不相同，但总体而言，生态敏感性程度低的区域面积最少，生态敏感性程度中等和高等的区域面积和比例次之，生态极敏感区域面积的比例最高。不同研究时期，极敏感区域均占据研究区的大部分区域。

表 10-6　1990—2014 年各生态敏感性区面积情况

敏感区	2001 年		2007 年		2014 年	
	面积（km²）	比例（%）	面积（km²）	比例（%）	面积（km²）	比例（%）
生态低敏感区	6.45	0.22	0	0	2.02	0.01
生态中敏感区	0	0	0	0	26.50	0.88
生态高敏感区	16.03	0.54%	1.86	0.06	106.05	3.56
生态极敏感区	2 953.90	99.24	2 974.52	99.94	2 843.81	95.55

河口海域使用变化下的生态敏感性计算结果表明（表10-6），虽然不同研究时期不同敏感类型的面积及比例各不相同，但总体而言，生态敏感性程度低的区域面积最少，生态敏感性程度中等和高等的区域面积和比例次之，生态极敏感区域面积的比例最高。不同研究时期，极敏感区域均占据研究区的大部分区域。

5）生态敏感性指数结果讨论

生态敏感性较低的区域说明该区域生态系统受海域使用类型变化的影响程度最大，应引起高度重视。从空间分布来看，1990—2007 年，生态区整体处于极敏感区域，辽河口区域为重要河口区域，其本身就极为敏感，脆弱性较高，因此，生态敏感性指数也高；2007—2014年，生态低敏感区面积增大，主要分布在河口的开放海域，位于辽河口盘山县和大洼县。由于区域人类活动变化较大，由原有的自然敏感性较高的区域转变为敏感性不高的工业和围海养殖的区域，因此出现了现有的变化状况。生态敏感性较低的区域主要是开发海域转变为开发养殖用海以及芦苇群落、盐地碱蓬转变为围海养殖的区域，大部分为自然生态系统向人工生态系统转变的区域。辽河口极敏感区域的基数很大，说明近 25 年辽河口区域生态系统整体保护较好，虽然受到一定人类开发利用活动的影响，但在近 10 年，我国城市化进程及大规模的用海活动的大背景下，研究区域人类活动对海域生态系统的整体影响还不太强烈。

10.4　理论探讨

　　识别影响我国典型河口生态系统的主要压力，减少人类活动对脆弱生态系统的干扰，维持生态系统的重要生态功能，对解决河口地区生态环境问题具有重要意义。在辽河口区域海域开发不断推进的过程中，人类活动导致生态用地面积相应缩小，生态系统服务发生变化，耦合生态系统服务价值变化和人类干扰度的变化，能有效评价生态系统受海域使用变化影响的敏感程度。生态系统管理应针对不同生态敏感性的发生区域、发生机制和敏感程度，制定不同的生态系统管理与保护策略。

参考文献

陈爱莲，朱博勤，陈利顶，等 . 2010. 双台河口湿地景观及生态干扰度的动态变化 . 应用生态学报，21（5）：1120-1128.

陈爽，马安青，李正炎，等 . 2011. 基于 RS/GIS 的大辽河口湿地景观格局时空变化研究 . 中国环境监测，4（2）：34-40.

高莉洁，石龙宇，崔胜辉，等 . 2009. 厦门岛生态系统服务对土地利用变化的响应研究 . 生态科学，28（6）：551-556.

何显锦 . 2013. 广西钦州市海域使用变化及其驱动力研究 . 广西师范学院，硕士学位论文 .

邱彭华，徐颂军，谢跟踪，等 . 2007. 基于景观格局和生态敏感性的海南西部地区生态脆弱性分析 . 生态学报，27（4）：1257-1264.

孙永光，赵冬至，吴涛，等 . 2012. 河口湿地人为干扰度时空动态及景观响应——以辽宁大洋河口为例 . 生态学报，32（12）：3645-3655.

索安宁，于永海，韩富伟 . 2011. 环渤海海岸带生态服务价功能评价 . 海洋开发与管理，28（7）：67-73.

王佳丽，黄贤金，陆汝成，等 . 2010. 区域生态系统服务对土地利用变化的脆弱性评估——以江苏省环太湖地区碳储量为例 . 自然资源学报，25（4）：556-563.

Attrill M J, Rundle S D. Ecotone or ecocline: ecological boundaries in estuaries. Estuarine, Coastal and Shelf Science, 2002, 55（6）：929-936.

Hua L Z, Cui S H, Huang Y F, Yin K, Xiong Y Z. Analyses of peri-urban land space dynamics in the rapid urbanizing process: a case study of Xiamen. Acta Ecological Sinica, 2009, 29（7）：3509-3517.

HY/T 123-2009, 海域使用分类 .

Jagom gi J, Külvik M, Mandar, Jacuchno V. The structural-functional role of ecotones in the landscape. Ekologia, 1988, 7（1）：81-94.

Shi L Y, Lu X, Cui S H. Research progress on ecological effects of land change. China Land Science, 2008, 22（4）：73-79.

Turner B L II, Skole D L, Sanderson G, Fischer L, Fresco L, Leemans R. Land-use and land-cover change science/research plan. IGBP Report No 35, IHDP Report No 7. Stockholm: IGBP, 1995.

第 11 章　研究展望

　　河口湿地生态系统位于河流与海洋生态系统的交汇处，陆海邻接的交错区，河流径流与海水潮流的相互作用造成河口地区独特的环境和生物组成特征：盐度有周期性的变化、底质为松软的泥质、混浊度较高、植物以藻类和盐沼植物为主、鱼类多为广盐性种类且优势种较少、鸟类多为候鸟且以鸻鹬类为主、易受到人为干扰。河口是许多迁徙生物的栖息地，是自然界生物多样性最丰富的生态景观和人类最重要的生存环境之一。随着海洋经济的快速发展和沿海地区人口的高速集聚，海洋开发强度不断增加，河口湿地不断遭到侵占或破坏，保护河口湿地成为一个世界性的问题。

　　国内对湿地生态环境脆弱性评价进行了广泛的研究，包括流域、湖泊，还包括海岸带、海岛、海湾等，对于河口湿地生态环境脆弱性评价研究的文献较少。生态环境脆弱性评价方法主要是通过构建评价指标体系，利用层次分析法或主成分分析法确定各评价指标的权重，应用生态脆弱性综合评价模型得出研究区域生态环境脆弱度，或者经 GIS 栅格叠加分析得到脆弱度评价结果，根据生态环境脆弱度大小划分生态环境脆弱度等级。国内对辽河口湿地开展了大量的研究，但主要集中在生物分布特点和生态系统特征、景观格局变化、河口湿地退化、生物多样性评价与保护规划、河口湿地保护现状与对策等方面，而对辽河口湿地生态环境脆弱性评价理论及应用的研究未见报道。

　　没有认识到生湿地态环境系统的重要性是湿地水资源管理的失误，直接导致了生态环境的恶化，引发湿地、森林退化、生物多样性减少、河道断流和地下水位下降等诸多问题。处理人与生态环境的关系是管理、利用和保护好湿地的前提和基础。本文一方面是验证方法的可行性；另一方面根据研究区的生态脆弱性状况，从空间和定量统计方面做原因分析，为辽河口湿地的可持续发展提供必要支撑。

11.1　研究结论

11.1.1　湿地现状分析

　　基于对辽河口湿地的地理位置、地形地貌、土壤、生物多样性、水资源状况、大气环境及社会与经济发展状况等方面的综合研究，系统全面地分析了辽河口湿地面临的生态危机和存在的主要问题，为湿地生态恢复提供理论依据。

11.1.2　辽河口生态环境变化影响因素识别

　　自然灾害、工业污染和旅游三大影响力指标对空间格局安全敏感性与植被多样性敏感性的影响较大；人口、地形与气候因素对底栖生境敏感性、水环境污染敏感性与产卵场敏感性的影响力是最大的；自然灾害、地形与气候对沉积物的敏感性有很大的影响；地形、气候和人口因素区域生态敏感性的主要影响因素。因此，在辽河口湿地的建设过程中，首要考虑生态环境的脆弱性，结合当地地形、气候等自然因素，同时也要考虑人口等人为因素对生态环境的影响。

11.1.3　辽河口湿地景观时空动态变化特征

采用 GIS 技术等手段对卫片进行解译，解译结果很好地揭示了辽河口湿地景观格局的变化特征。由于人类活动干扰的增加导致了自然湿地面积减少，人工湿地、居民点等建设用地面积增加，且与其他类型的关系密切，连通性强，从而导致辽河口湿地土地利用性质和状况年际间发生了很大程度的改变。

近 20 年来，辽河口湿地景观结构变化主要表现为以芦苇、碱蓬、泥滩为主的自然湿地类型逐渐萎缩，以坑塘、农田（以水田为主）为代表的人工湿地类型明显扩张，区域景观结构明显趋向于人工化。各类景观的相互变化主要发生在三大区块交界处，主要表现为芦苇区向北萎缩，碱蓬区在中部锐减、分散，农田由东西两侧向中部原芦苇和碱蓬分布区域扩张，泥滩和水体向南萎缩，坑塘沿南北区块界限（即沿海岸）逐步扩张渗透，居民地主要在农田及坑塘集中区依托原有村落逐步扩展，在芦苇区内逐步有零星分布。未来一段时间区域内芦苇、碱蓬、泥滩及水体的面积还将进一步萎缩，以盐田、虾池为主的坑塘面积将迅猛增加，居民地和以水田为主的农田也将进一步增加。因此，应立即采取有效的措施，减轻湿地人工化带来的各种生态环境压力。

辽河口湿地景观变化经历由完整到细碎、由细碎到整合、再由整合到细碎的 3 个阶段；随着时间的推移，各类景观斑块形状均趋向于规则，各类景观比例也趋向于均衡。

（1）作为辽河口湿地的典型代表——芦苇景观，自 1990—2000 年主要因独立开发造成面积锐减并伴随着景观破碎化；在 2000 年之后，由于开发不断深入和全面，小型斑块不断丧失，整个景观趋向集中完整。在整个过程中斑块边界趋向于规则，人工作用影响明显。

（2）作为辽河口湿地景观的特色——翅碱蓬。1990—2001 年是碱蓬区开发利用的高峰期，碱蓬面积锐减，景观趋于破碎，斑块形状趋于简化。2001—2008 年，由于现存面积已经较少且逐步注重了景观保护，因此，碱蓬区变化较小，但依然延续了前一阶段的趋势。

（3）坑塘景观变化体现了盐田、虾池由独立分散开发到逐步连片开发的扩张过程。至2008 年，坑塘已成为本区作用和影响较为显著的景观类型，其对芦苇、碱蓬、泥滩和水体等自然景观的影响也因其边界复杂性的增加而逐渐增强。

（4）农田及其他用地景观变化主要经历两个阶段：第一阶段为快速扩张期，主要表现为开垦芦苇、碱蓬等自然湿地；第二阶段为占补扩张期，本期在农田继续扩展占用自然湿地的同时，坑塘不断扩展占用原有农田，总体上，农田面积呈缓慢增长趋势。农田景观斑块边界形状趋于规则，但由于其内坑塘开发的缘故，近年来其复杂度有所上升，表明其内部多样性和边界效应有所提升。

（5）近 20 年来，随着油气开发和芦苇采伐等活动不断广泛的深入，辽河口湿地内道路渠系长度持续增加，道路和渠系对辽河口湿地景观分割作用明显增强，以芦苇为代表的自然湿地核心区面积严重萎缩，受人为干扰的影响越来越大。

11.1.4 河口冲淤变化对湿地生境演变影响

鸳鸯岛及邻近湿地区翅碱蓬的外界线进退潮滩岸线的进退基本一致。海岛冲淤变化的不稳定预示着赤碱蓬生物群落的不稳定演替，如此势必对鸳鸯岛的生态脆弱性带来影响。河口冲淤变化改变湿地生境高程，影响各类湿地植被的存活和生长。高程作为一种重要的环境因子，对湿地景观的分异性产生重要影响。高程升降是水动力作用下泥沙沉积或冲蚀的结果，同时高程的变化又引起受盐度胁迫、淹水时间的变化，这种变化影响生物的定居与迁徙，甚至可能会扰乱生物群落的顺向演替，进而影响海岛生态脆弱性。

11.1.5 辽河口海域水环境质量变化的敏感性评估

辽河口海域水环境主要污染因子为 COD、DIN 和石油类，且水质质量呈现由劣到优再变劣的变化趋势。重金属等水质要素除个别出现超标，近5年变化不明显，总体状况良好。辽河口海水水质呈现常年性富营养化，总体呈中度—重度—中度的变化趋势，并且辽河口海水水质始终处于污染状态。河口区域有机污染处于中度、重度污染，随河流方向污染虽得到稀释而减弱，但由于河口右侧水动力状况较弱，在辽河口中部区域形成了明显的污染带，对区域水质状况造成主要影响。辽河口富营养化评价与有机污染评价的空间趋势均呈现西南—东北向的渐变趋势，水动力变化及近岸人类活动的频繁影响，一定程度上加剧了水环境的恶化。

11.1.6 辽河口沉积物环境质量时空动态变化特征

辽河口湿地石油类、滴滴涕、六六六、多氯联苯、砷、铜、镉、汞和铅的含量空间分异地带性不明显，并未表现出由陆向海的带状分布空间特征；与营养盐空间分异的有所不同。同时，辽河口湿地污染物受到不同海域使用类型的影响有一定差异显著性。辽河口湿地沉积物重金属含量、营养元素含量各不同演替阶段下具有显著差异。植被不同演替阶段下主控因子具有显著差异，植被演替初级阶段主要受盐度控制，而随着由盐生植被向陆生植被逐渐过渡，植被分布特征逐渐与总有机碳、总氮和总磷的内在联系逐渐增大，重金属等污染物含量与植被群落内在联系并不显著。结果说明，植被群落主要还是受到营养元素的影响，而重金属元素在植被群落演替过程中影响较小，其还是主要受到人类活动类型的影响。

11.1.7 辽河口海洋生物多样性时空动态变化特征

辽河口近岸大型底栖动物的分布密度在 2005 年和 2007 年时达到最高，在 2010 年时达到最低值，2004 年、2008 年和 2009 年间分布密度变化不大。在生物量方面，辽河口近岸大型底栖动物在 2009 年达到最高值，2005 年则最低。岸滩大型底栖动物的分布密度变化不明显，变化范围为 2~3 个/m^2，而生物量年际变化明显，变化范围为 11.98~77.11 g/m^2，其中 2006 年时最高，在 2009 年时最低。浮游动物的分布密度在 2005 年时达到最高，为 2 201.70 个/m^2，在 2010 年时最低，为 117.8 个/m^2。浮游动物的生物量年际变化较为明显，2005 年最高，达到 9 885.02 g/m^2，其次为 2004 年，达到 3 877.18 g/m^2，2009 年达到最低，仅为 6.6 g/m^2。

不同海域使用类型对浮游动物生物多样性指数具有一定的显著影响。围海养殖用海浮游动物多样性指数较高，人工鱼礁用海浮游动物多样性指数较低，各用海类型的生物多样性指数无明显差异。围海养殖用海浅水Ⅰ型网浮游动物均匀度较高，人工鱼礁用海浅水Ⅰ型网浮游动物均匀度较低。与浅水Ⅰ型类似，围填海和开放性养殖用海海域的浮游生物多样性指数和均匀度值较高。

11.1.8　辽河口湿地生态脆弱性评估理论与方法

利用除趋势典范对应分析法（DCCA）和灰色关联度法，对研究区域内不同生态环境要素与气候变化要素间的关联程度进行系统分析，识别不同生态脆弱性要素与自然要素之间的线性、非线性和不确定性关系。以单因子和多因子理论为指导，设计了河口地区生态脆弱性综合评估指标体系、评估指标标准和评估方法。从干扰压力脆弱性、状态敏感性脆弱性和恢复力脆弱性3个方面筛选生态脆弱性评估指标，构建评估指标体系，并设置各指标的评估标准；采用模糊综合评价法，计算得到各指标的权重因子；利用干扰压力指数模型、状态敏感性指数模型、恢复力指数模型和生态脆弱性综合指数模型分别进行辽河口干扰脆弱性评估、状态敏感性评估、恢复力脆弱性评估和生态脆弱性综合评估。辽河口生态脆弱性指数空间分布具有显著空间划分，中脆弱区、高脆弱区、极脆弱区主要分布在河口海域及陆域区域，并能较好地反映植被群落及重要栖息地特征。研究区生态环境脆弱度为潜在脆弱，即湿地景观的自然状态已经开始表现出衰退的迹象，功能水平也存在退化的可能性，对外界干扰的恢复力也开始出现减退的迹象，但其生态系统湿地景观仍然保持着良好的自然状态，结构较为完整，活力水平基本正常，恢复能力仍然较强。另外，对比评估结果和自然保护区空间划分结果两者间具有较高的吻合度，从而说明生态脆弱性综合评估指标体系、评价标准和评价方法能够真实地反映客观生态脆弱性状况。

11.1.9　人类活动对辽河口生态环境影响

由于河口区域人为发展经济的需要，人们依托河口区域的自然禀赋、交通等优势进行大规模的养殖等生产活动，从而导致辽河口开放式养殖用海及围海养殖面积的大幅度增加，滩涂资源逐渐减少，变化趋势明显。盐地碱蓬、芦苇群落的面积在不断减少；水田、围海养殖用海面积增多；泥滩和开放海域面积不断减少；开放式养殖用海、盐地碱蓬和围海养殖用海的面积增多。开放海域、芦苇群落、围海养殖用海和未利用地的面积变化较大，其中开放海域、芦苇群落的面积减少，围海养殖和未利用地的面积增多。

辽河口湿地人为干扰度的主控类型是围海养殖和开放式养殖用海，特别是近20年来，以围海养殖驱动为主。此外，从空间分布来看，1990—2007年，辽河口湿地生态敏感性指数较高；2007—2014年，生态低敏感区面积增大，主要分布在河口的开放海域，位于辽河口盘山县和大洼区。近25年辽河口区域生态系统整体保护较好，虽然受到一定人类开发利用活动的影响，但在近10年我国城市化进程及大规模的用海活动的大背景下，研究区域人类活动对海域生态系统的整体影响还不太强烈。

11. 2　研究创新

11. 2. 1　理论创新

在典型河口生态环境脆弱性形成机制理论方面，通过辽河口湿地生态环境脆弱性的评估分析，识别典型河口生态环境脆弱性的形成中其自身的内因、外部因素（气候变化和岛周边人类活动）的作用机理。确定自然要素和人类活动要素在其作用过程中的权重。

在典型河口生态环境脆弱性评价方法理论方面，通过对辽河口湿地生态环境脆弱性评价指标体系和评价方法构建，进一步建立典型河口生态环境脆弱性评估方法理论体系。

11. 2. 2　评估方法集成创新

在典型河口湿地生态环境脆弱性评估方法集成方面，通过以辽河口湿地生态环境脆弱性评估理论的构建与应用为例，构建了一套能够反映典型河口特征的河口湿地生态脆弱性评估方法，为河口湿地生态脆弱性评价提供技术方法。本文将技术、因子评价模型和指数评价模型共同引入到湿地脆弱性评价当中来，实现了对河口湿地脆弱性的量化综合评价，在评价方法上采用了先进技术与生物学模型相结合的评价方法，具有一定的创新价值。

另外，由于水环境质量和海洋生物多样性是河口湿地评价的主要指标，本文将物元分析法和模糊综合评判法引入到辽河口湿地水质质量和生物多样性的综合评价中，从海水水质和海洋生物多样性角度出发，对辽河口湿地的水环境质量和生物多样性变化进行评价，从而体现出河口湿地生态环境脆弱性评估具有一定的创新价值。

11. 3　研究展望

河口湿地生态环境脆弱性评价的重点是评价指标体系的构建和各指标权重的确定。评价指标体系构建应结合生态环境脆弱性的主要驱动力和表现，筛选结构脆弱因子指标时重点抓住能代表海水水质、海洋沉积物质量现状的指标以及指示生物（珍稀濒危物种）分布状况等典型海洋生态系统等；筛选胁迫脆弱因子指标时应结合河口湿地发生变化或退化的驱动力因素，包括入海污染物排放、主要入海河流入海径流量、围填海规模、外来物种入侵面积等。

河口湿地生态环境脆弱性的影响因素复杂多变，本文在对辽河口湿地生态环境脆弱性进行评价时，虽然是定性和定量相结合的评价方法，但存在定量评价的过程中其权值的获取仍存在主观因素的影响，采用层次分析法确定各评价指标的权重具有一定的局限性。河口湿地生态环境脆弱性评价指标体系构建及评价方法研究是一个不断完善的过程，在接下来的研究还应该对其他指标继续进行搜集和选取，探寻更为可靠的权值获取方式，还需在今后的实践中不断完善，争取更客观的评价方法。

参考文献

陈菲莉，颜利，郭洲华．2013．1989 年与 2008 年泉州湾河口湿地生态环境脆弱性变化的评价研究．应用海洋学报，32（4）：577-583．

芦晓峰，王铁良，孙毅，等．2012．盘锦双台河口湿地生态脆弱性评价研究．绿色科技，（7）：228-232．

孙毅.2011.盘锦双台河口湿地生态评价研究.沈阳农业大学2011年博士学位论文.

童春富.2004.河口湿地生态系统结构功能与服务——以长江口为例.华东师范大学2004年博士学位论文.

吴春生,黄翀,刘高焕,等.2018.基于模糊层次分析法的黄河三角洲生态脆弱性评价.生态学报,38(13):4584-4595.

徐广才,康慕谊,贺丽娜,等.2009.生态脆弱性及其研究进展.生态学报,29(5):2578-2588.

附表　监控区浮游动物密度评价标准

监控区	时间	浮游动物密度（×10³个/m³）
双台子河口	5 月	12
	8 月	40
锦州湾	5 月	20
	8 月	50
滦河口	5 月	20
	8 月	12
渤海湾	5 月	10
	8 月	6
莱州湾	5 月	20
	8 月	15
黄河口	5 月	30
	8 月	15
长江口	5 月	10
	8 月	5
杭州湾	5 月	10
	8 月	8
乐清湾	5 月	8
	8 月	10
闽东	5 月	6
	8 月	2
大亚湾	5 月	10
	8 月	40
珠江口	5 月	20
	8 月	20
粤西近岸	5 月	5
	8 月	50

注：浮游动物密度采用浅水 II 型浮游生物网垂直拖网采样的密度，见《海洋监测规范 第 7 部分：近海污染生态调查和生物监测》（GB 17378.7—2007）。